Schnittpunkt 3

Mathematik für Realschulen
Baden-Württemberg

Lösungen

Ernst Klett Verlag
Stuttgart · Leipzig

Inhalt

1 Rationale Zahlen

Auftaktseite: Unter null

Seiten 12 und 13

Wenn der Wind die Kälte macht

- Die gefühlten Temperaturen sind: 1 °C, −19 °C, −52 °C, −71 °C.
- Von den angegebenen Windchill-Kombinationen wird −10 °C bei einer Windgeschwindigkeit von 30 km/h am kältesten empfunden (gefühlte −27 °C)
- Am stärksten verändert sich die empfundene Temperatur bei der Windgeschwindigkeit 80 km/h.
- Ab einer Windgeschwindigkeit von 60 km/h ändern sich die Temperaturen nur noch um jeweils ein Grad je 10 km/h.

1 Ganze Zahlen

Seite 14

Einstiegsaufgabe

➔ Groningen liegt 1 m unter dem Meeresspiegel.

➔ b)

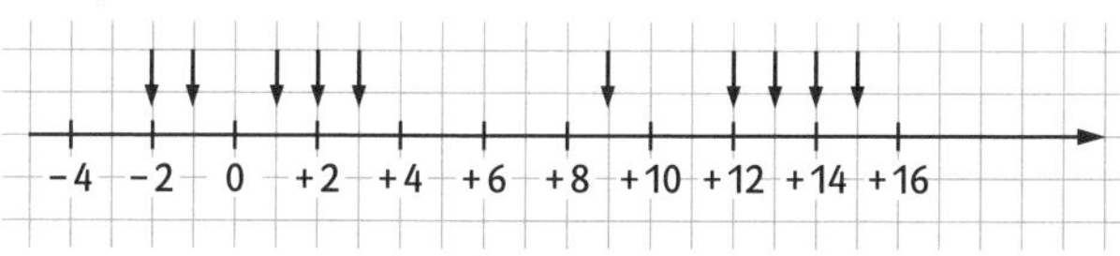

➔ Bei Temperaturangaben oder Kontoständen benutzt man negative Zahlen.

Randspalte

Die meisten Orte der Niederlande liegen nur geringfügig über dem Meeresspiegel; einige liegen sogar niedriger als der Meeresspiegel.

Seite 15

1 a) −17 °C; −31 °C c) −165 €; +485 €
b) +258 m; −59 m d) −3; 0

2 a) −27; −12; −4; +7; +19
b) −360; −190; −60; 0; +70; +240
c) −2060; −2035; −2005; −1995; −1975

3 a)

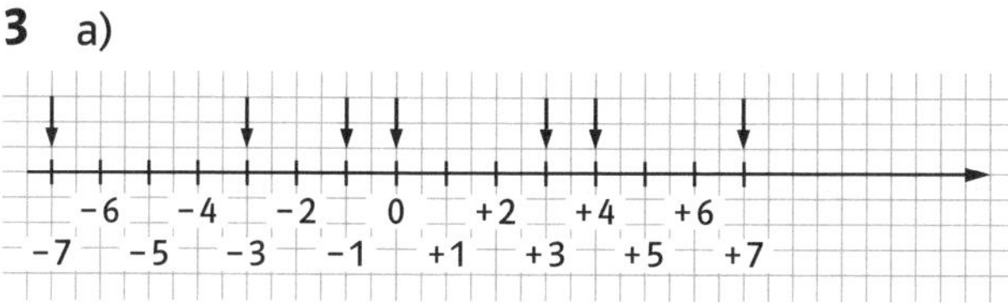

b)

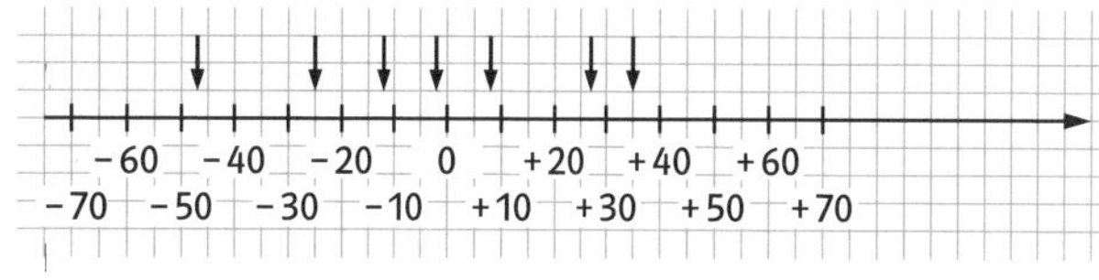

c)

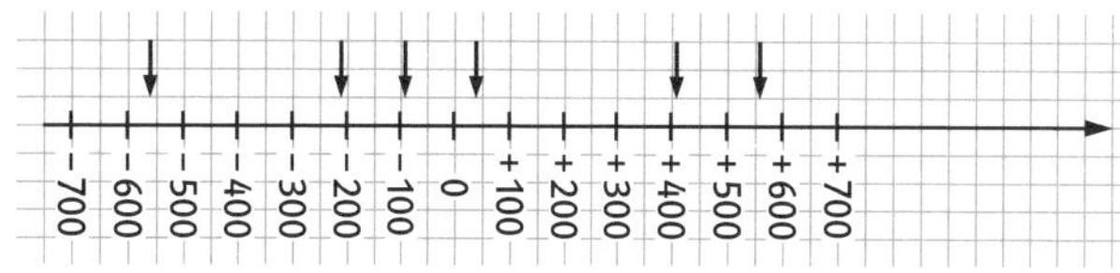

d)

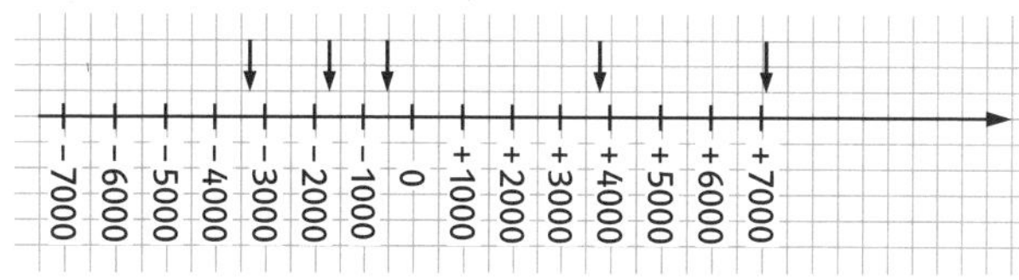

4 a)

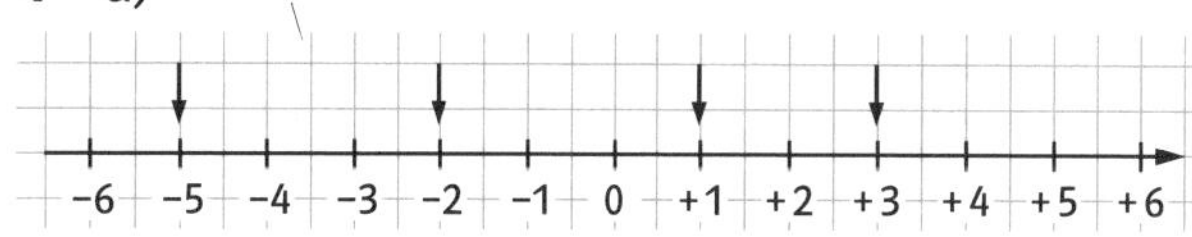

b)

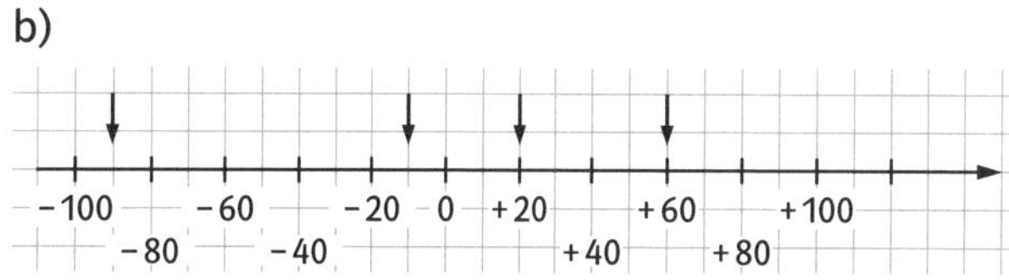

5 a) +7 b) +2 c) −4 d) −9

6 a) −7 °C b) +13 °C c) −11 °C d) 0 °C

7 a) −9; −15; −21; −27; −33; …
b) −17; −12; −7; −2; +3; …
c) +2; −10; −23; −37; −52; …
d) −11; −20; −31; −44; −59; …
e) −10; +12; −14; +16; −18; …
f) −11; −16; −22; −29; −37; …

8 a)

①	Puerto-Rico-Graben	−9219 m
②	Aconcagua	6958 m
③	Montblanc	4807 m
④	Kilimandscharo	5895 m
⑤	Mt. Everest	8872 m
⑥	Sundagraben	−7500 m
⑦	Kurillengraben	−10542 m
⑧	Marianengraben	−11034 m

b)

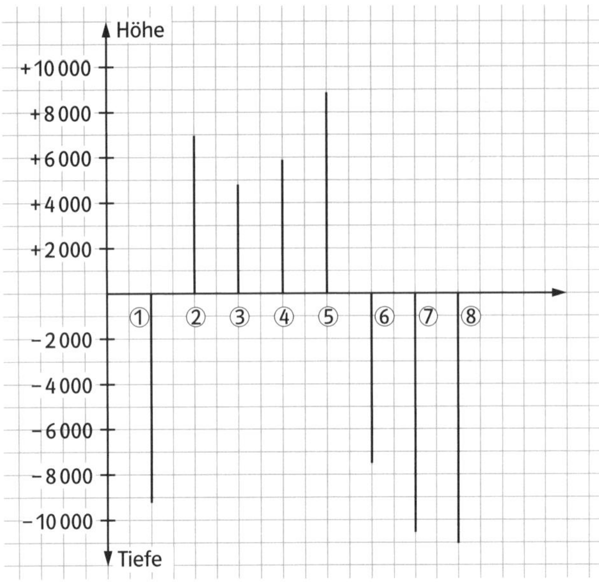

2 Rationale Zahlen

Seite 16

Einstiegsaufgabe

➔ Auf der Fahrt Richtung Süden sinkt die Temperatur.

➔

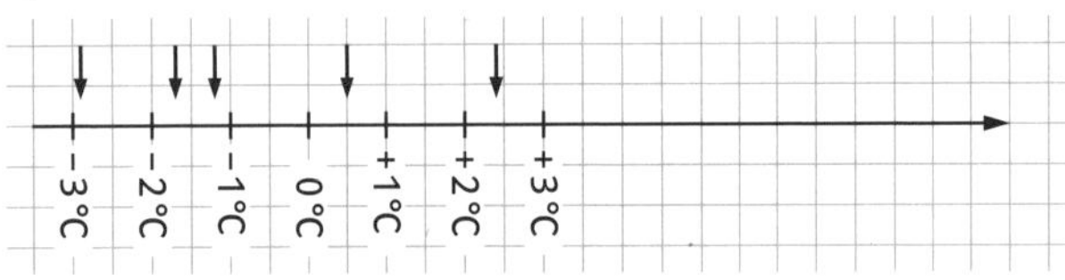

1 a) –3,5; –2,1; –0,4; +0,9; +3,8

b) –2,59; –2,55; –2,48; –2,4

c) $-\frac{13}{16}$; $-\frac{5}{8}$; $-\frac{7}{16}$; $-\frac{3}{16}$

2 a)

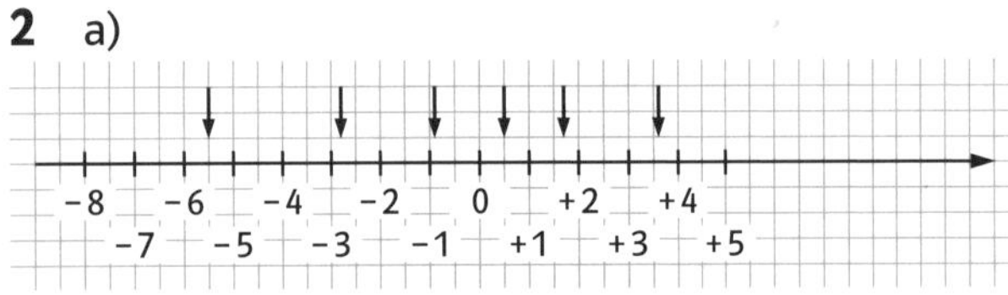

b)

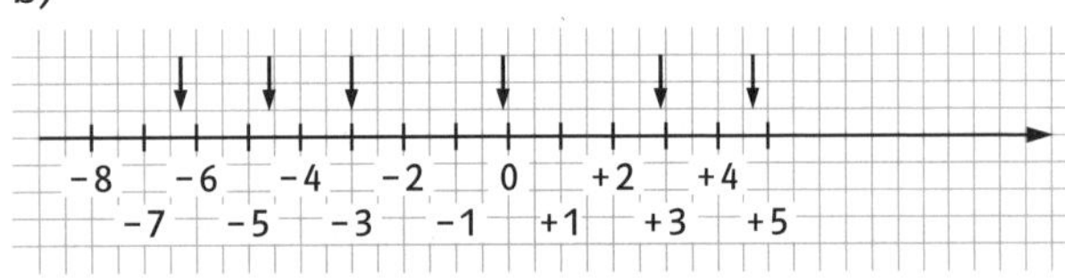

c)

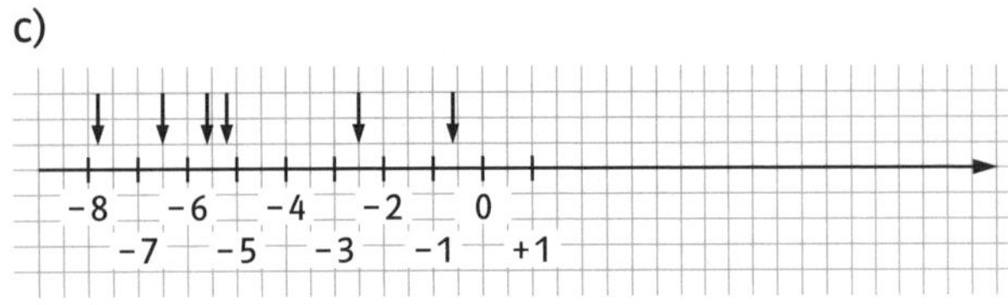

d)

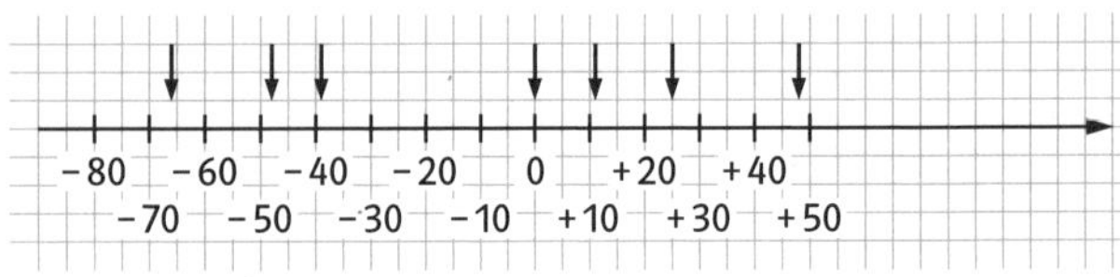

e)

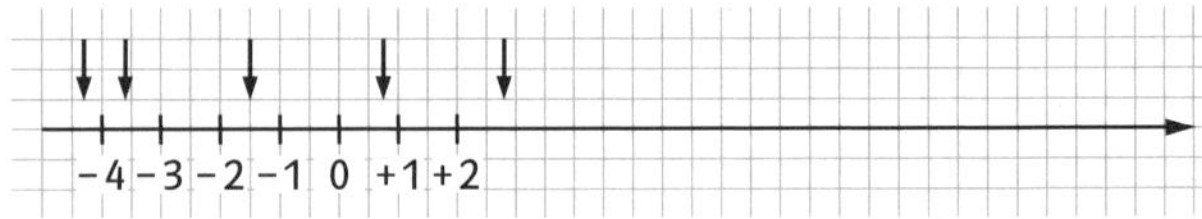

f)

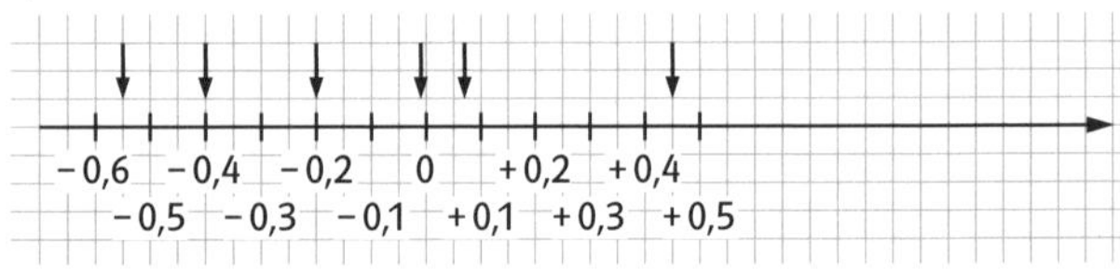

Seite 17

3 a) statt –0,9 ist es –0,1

b) statt –4,76 ist es –4,74

statt –4,65 ist es –4,675

statt –4,69 ist es –4,61

c) statt $-1\frac{1}{2}$ ist es $-1\frac{2}{5}$

statt $-\frac{1}{4}$ ist es $-\frac{1}{5}$

d) statt $-\frac{2}{3}$ ist es $-\frac{5}{9}$

statt $-\frac{1}{6}$ ist es $-\frac{2}{9}$

4 a) 5,5 cm b) 3,5 cm c) 4,6 cm

d) 6,4 cm e) 2,0 cm f) 12,2 cm

5 a) Janina hat am besten gemessen, da sie nur eine Abweichung von 0,05 m, also von 5 cm, hatte.

b) Wenn man die Abweichungen unabhängig vom Vorzeichen addiert, erhält man eine Gesamtabweichung von 0,24 m und damit tatsächlich eine durchschnittliche Abweichung von 8 cm.

6

Messpunkt	M1	M2	M3	M4	M5	M6
Höhe in mm	0,8	–0,3	–1,2	–2,3	1,1	–1,2

7 a) –2,5 b) –3,9; –0,9

c) –0,87; –0,57; –0,42; –0,12

Immer wieder neue Zahlen i

- Richtig (Brüche sind Teilmenge der rationalen Zahlen)
- Richtig (Nicht positiv sind alle negativen Zahlen und die Null)
- Falsch (Null ist eine ganze Zahl, die ganzen Zahlen sind Teilmenge der rationalen Zahlen)

- Richtig (Es liegen unendlich viele rationale Zahlen dazwischen)
- Falsch (Man kommt dann in den Bereich der negativen Zahlen)

3 Anordnung

Seite 18

Einstiegsaufgabe

➔ über Meeresspiegel: Sinai, Troodos, Jerusalem, Hermon
unter Meeresspiegel: Totes Meer, Oase Siwa, Kattarasenke

➔ höchster Punkt: Hermon (2814 m. ü. M.)
tiefster Punkt: Totes Meer (403 m. u. M.)

➔

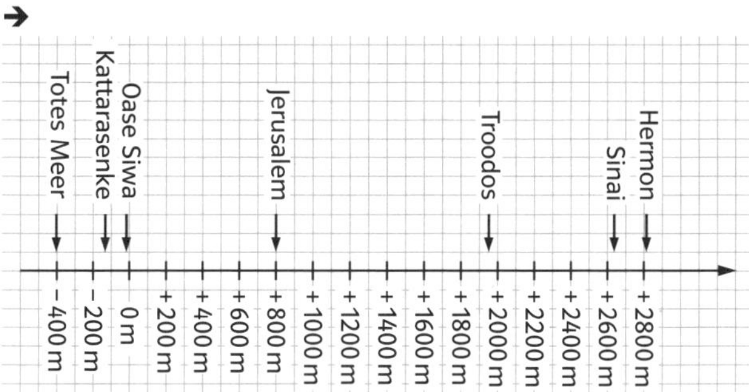

1 a) ist kälter als
b) liegt unterhalb von
c) ist weniger als
d) ist wärmer als
e) ist höher als
f) ist mehr als
individuelle Lösungen

2 a) –11 °C < –5 °C < –1 °C < +2 °C < +7 °C
b) –12,5 °C < –7,4 °C < +6,9 °C < +12,3 °C
c) –3,25 € < –1,05 € < 0,84 € < 1,50 €
d) –3,21 € < –2,31 € < –1,23 € < 3,21 €
e) –204,8 m < –24,8 m < 20,48 m < 248 m
f) –7,05 m < –0,75 m < –0,705 m < 7,50 m

Seite 19

3 a) 3 < 5 b) 5 > 3 c) –3 > –5
d) –5 < 3 e) –5 < –3

4 a) +14 > –5
–10 < –9
–1 < +1

b) +84 > +48
–217 < 172
–801 < 108

c) –4,9 > –5,3
+1,7 > –7,1
–0,6 < –0,3

d) –2,34 > –3,24
+5,05 > –5,50
0,07 < 0,70

e) $\frac{3}{4} > -\frac{4}{5}$
$-\frac{6}{7} > -\frac{7}{6}$
$-\frac{3}{5} < \frac{4}{7}$

f) $-1{,}3 < -1\frac{1}{4}$
$+1\frac{1}{2} > -2\frac{1}{2}$
$-3{,}6 > -3\frac{5}{8}$

5 a) –18 < –12 < –10 < –8 < –2 < 0 < +1 < +11
b) –40,2 < –24,0 < –4,2 < –2,4 < 2,4 < 20,4
c) –9,78 < –8,79 < –7,89 < 7,89 < 8,79 < 9,78
d) $-0{,}5 < -0{,}3 < -\frac{1}{4} < 0{,}25 < \frac{1}{3} < \frac{1}{2}$
e) $-\frac{27}{10} < -2{,}6 < -2\frac{1}{2} < -2{,}4 < -2\frac{1}{4}$

6 a) –998; 899; –989; 889; –899; –898
b) –0,55; 0,055; –0,505; –0,005; –0,05
c) $-1{,}5;\ 1\frac{1}{2};\ -1\frac{1}{3};\ 1\frac{1}{4};\ -1{,}2$
d) $-0{,}5;\ 1{,}5;\ -0{,}25;\ \frac{1}{2};\ -\frac{1}{5}$

7 mögliche Lösungen:
a) zwischen –5 und 5: –4; –3; 1
zwischen –5 und 0: –3; –2; –1
zwischen –5 und –1: –4; –3; –2
b) zwischen –3,5 und –1,5: –3,1; –2,5; –2
zwischen –3,5 und 3,5: –2; 0; 1,5
zwischen –3,5 und 0: –3,2; –2,1; –1,8
c) zwischen 0 und –0,1: –0,01; –0,02; –0,09
zwischen –1,0 und –0,1: –0,5; –0,8; –0,99
zwischen –0,1 und –0,01: –0,07; –0,06; –0,02
d) zwischen $-\frac{1}{2}$ und $\frac{3}{10}$: $-\frac{1}{10};\ -\frac{4}{10};\ \frac{1}{10}$
zwischen $-1\frac{1}{4}$ und $\frac{1}{4}$: $-1;\ \frac{1}{16};\ \frac{1}{8}$
zwischen –3 und $-\frac{1}{3}$: $-2;\ -\frac{1}{2};\ -0{,}4$

8 a) +5; +10; +15
b) –30; –20; –10
c) –12; –9; –6
d) –1,5; 0; 1,5

9 a) –3 < –2,8 < –2
–1 < –0,28 < 0
$2 < 2\frac{1}{8} < 3$

b) –29 < –28,2 < –28
–3 < –2,08 < –2
$0 < \frac{8}{21} < 1$

10 a) näher bei –3
b) näher bei –9
c) weiter entfernt von –3
d) weiter entfernt von –1

11 a)

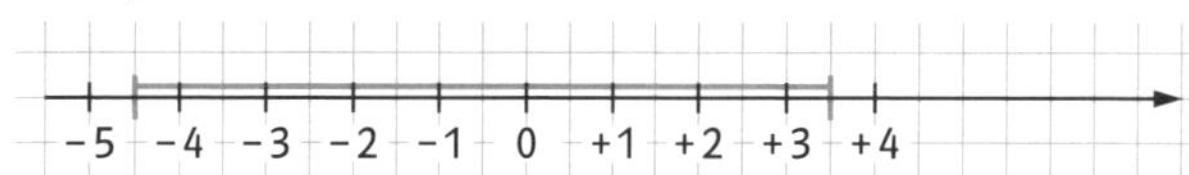

b)

c)

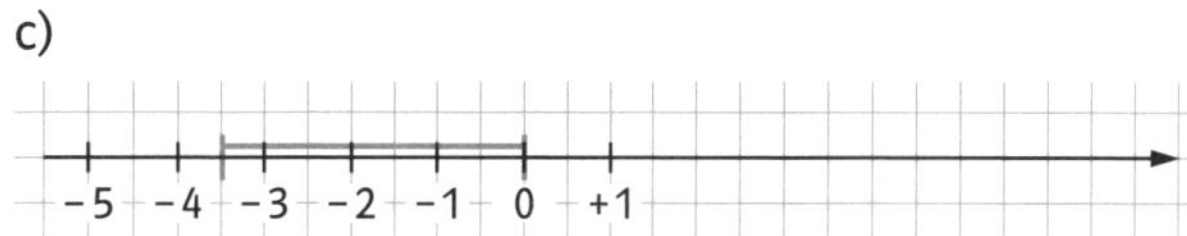

d)

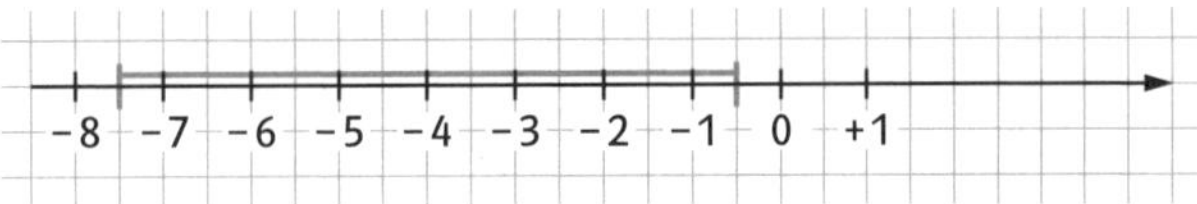

12 a) −1
b) −0,5
c) $-3\frac{2}{3}$ und −9
Drittelt man den Abstand zwischen −1 und −5, kann man eine Lösung bestimmen.
Bewegt man sich auf der Zahlengerade von −5 nach links, haben die Zahlen von −1 zunächst einen Abstand, der ausgehend von 4 wächst und der für −5 ausgehend von 0 wächst. Geht man weiter nach links, kann man eine weitere Zahl finden, für die die Bedingung erfüllt ist.
Bewegt man sich auf der Zahlengeraden von −1 nach rechts, ist die Entfernung jeder Zahl von −5 größer als von −1. Die Bedingung kann somit nicht erfüllt werden.

13 a) −3,4 °C < −2,8 °C < −2,5 °C < −1,8 °C < 0,2 °C < 0,5 °C < 1,4 °C < 3,1 °C
b) tiefste Temperatur: −3,4 °C
höchste Temperatur: 3,1 °C
c) Rostock, Leipzig, Berlin
d) Rostock, München, Hamburg, Stuttgart, Frankfurt, Köln
e) München
f) geringste Differenz: entweder Hamburg-Stuttgart oder Rostock-Leipzig
größte Differenz: Berlin-Köln

Seite 20

14 a) am höchsten: April
am niedrigsten: August
b) höher als Juli: Juni, Mai, April, März, Februar, Januar, Oktober, November, Dezember
tiefer als November: Oktober, September, August, Juli, Juni, Februar, Januar
c) Oktober, November, Dezember, Januar, März, Juni
d) Schmelzwasser im Winter, wenig Regen im Sommer

15 a) Eismitte, Jakutsk, Fairbanks, Aklavik, Ulan Bator
b) individuelle Lösung
c)

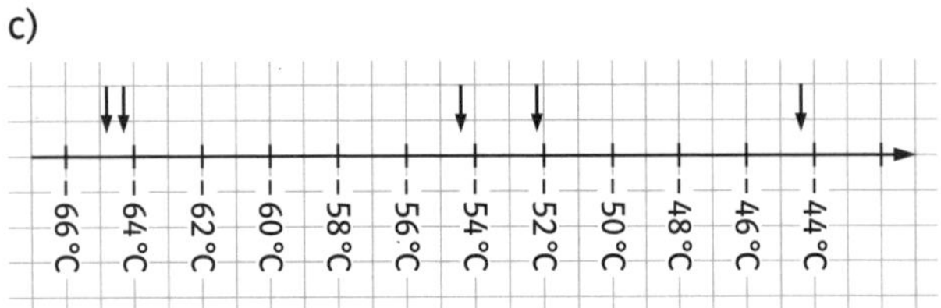

d)

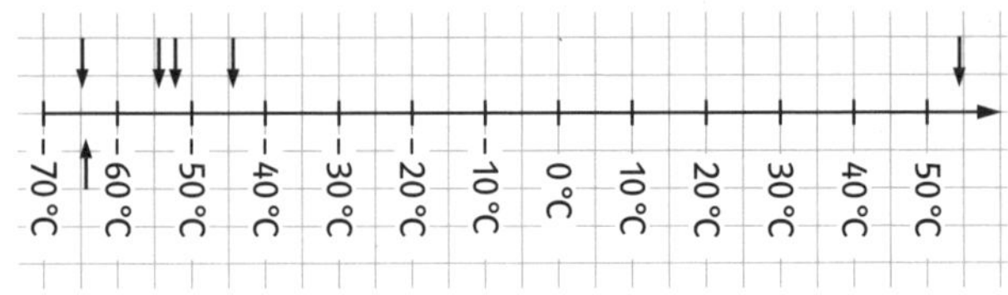

16 a) Schmelzpunkte

Ozon	−251 °C
Sauerstoff	−219 °C
Luft	−213 °C
Campinggas	−190 °C
Frostschutzmittel	−68 °C
Benzin	−57 °C
Quecksilber	−39 °C
Wasser	0 °C

Siedepunkte

Luft	−191 °C
Sauerstoff	−183 °C
Ozon	−113 °C
Campinggas	−42 °C
Wasser	100 °C
Benzin	108 °C
Frostschutzmittel	197 °C
Quecksilber	357 °C

b) Schmelzpunkte (in °C)

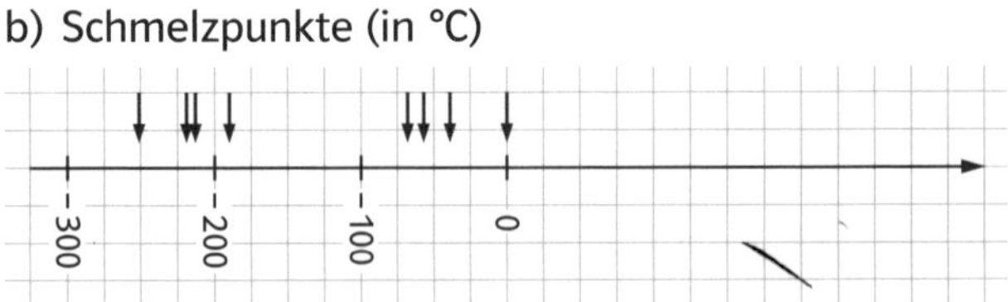

Siedepunkte (in °C)

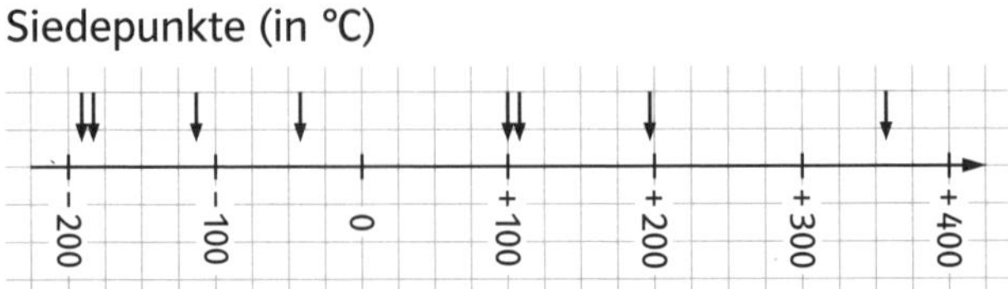

c) Aklavik:
fest: Quecksilber, Wasser
flüssig: Benzin, Campinggas, Frostschutzmittel
gasförmig: Luft, Ozon, Sauerstoff
Arouane:
flüssig: Benzin, Frostschutzmittel, Quecksilber, Wasser
gasförmig: Campinggas, Luft, Ozon, Sauerstoff

Golfspiel

- Woods, Singh, Johnson, Langer, Westwood, Norman, Faldo, Garcia
- Els, Jimenez, Siem
- Els (– 3), Siem (– 2), Jimenez (0)
- Jimenez hätte einen Albatros spielen müssen.

4 Zunahme und Abnahme

Seite 21

Einstiegsaufgabe

➔ Quelle – Düse: – 32 m
Düse - Donauhalle: – 2 m
Donauhalle – Hochland: + 22 m
Hochland – Talsenke: – 18 m
Talsenke – Wolkenhalle: + 22 m
Wolkenhalle – Talschächte: – 26 m

1 a) – 4 °C b) + 1,25 m
c) – 53 € d) + 4500 Fuß

2 a) – 5 °C b) – 46 €

Seite 22

3 a) + 8 °C b) + 5,4 °C
c) – 17 °C d) – 5,8 °C
e) – 33 °C f) – 14,1 °C
g) – 13 °C h) + 2,9 °C

4 individuelle Lösung

5 a) Nova Stoba liegt 1010 m höher als Gaschurn. Die Temperatur nimmt also um etwa 5 °C ab und beträgt an der Bergstation somit – 2,5 °C.
b) Die Nullgradgrenze wird an folgenden Orten erreicht:
– an der Mittelstation zwischen Gaschurn und Nova Stoba
– in Garfrescha.
Alle Orte, die höher als 1500 m liegen, haben Temperaturen unter dem Nullpunkt.
c) Nova Stoba: – 2,5 °C
Schwarzköpfle: – 4 °C
Kiosk: – 3,5°
Bella Nova: – 3 °C
Alpe Nova: – 1 °C
Garfrescha: 0 °C
Grandau-Maisäß: 1,5 °C
Station: – 0,75 °C
Mittelstation: 0 °C

6 a) + 25 °C b) 53 °C c) 56 °C

7 Der Fahrstuhl müsste 22 Etagen nach unten fahren.

8 individuelle Lösung, z. B.
Wie groß ist der maximale Temperaturunterschied auf dem Merkur?
Eine Raumsonde fliegt von der Erde zum Mond. Wie groß ist der maximale, wie groß der minimale Temperaturunterschied?

5 Das Koordinatensystem

Seite 23

Einstiegsaufgabe

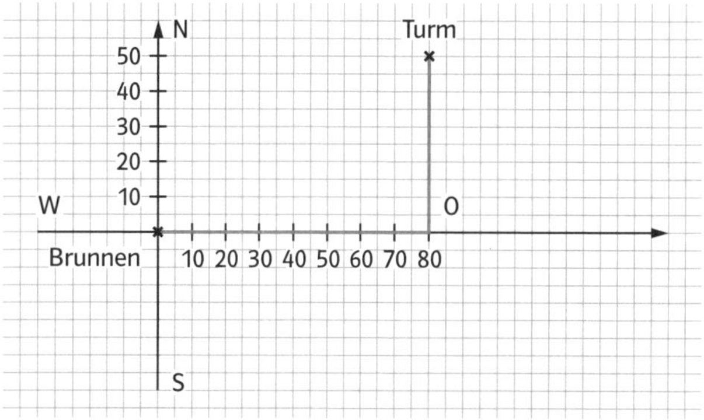

➔ Der Schatz liegt vom Brunnen aus 40 Schritte nach Westen und 20 Schritte nach Süden.
➔ 70 Schritte nach Süden, 120 Schritte nach Westen
➔ individuelle Lösungen

Seite 24

1 A (1 | 1), B (3 | 1,5), C (2 | 2,5), D (–1,5 | 2,5), E (– 2,5 | 1,5), F (– 3,5 | 1), G (– 2 | – 1,5), H (– 3 | – 2), I (– 1 | – 2,5), J (0 | – 2,5), K (1,5 | – 1,5), L (3 | – 2)

2 a) II b) III
c) IV d) III
e) y-Achse f) x-Achse
g) IV h) III
Es reicht, die Vorzeichen der Koordinaten zu betrachten.

3

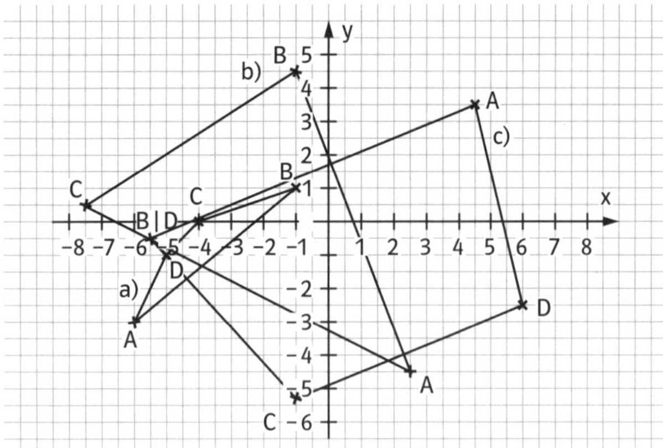

4

Quadrant	Vorzeichen x-Wert	Vorzeichen y-Wert
I	+	+
II	–	+
III	–	–
IV	+	–

5 a) D(2 | –2) b) D(2 | 0) c) D(2 | –1)

Randspalte
oberes Drachengesicht (3 | 0); (0 | 3); (–3 | 0); (0 | –5); (4 | –4); (3 | –5); (4 | –6)
unteres Drachengesicht (1 | –4); (3 | –3); (3 | 0); (4 | –1); (4 | 2); (3 | 1); (3 | 3); (0 | 5); (–3 | 3); (–3 | 1); (–4 | 2); (–4 | –1); (–3 | 0); (–3 | –3); (–1 | –4)
Liegt das Drachengesicht mit seiner Symmetrieachse auf der y-Achse, so erhält man die Koordinaten der Eckpunkte der linken Gesichtshälfte, wenn man ein Minuszeichen vor die x-Werte der Koordinaten der Eckpunkte der rechten Gesichtshälfte setzt.

6

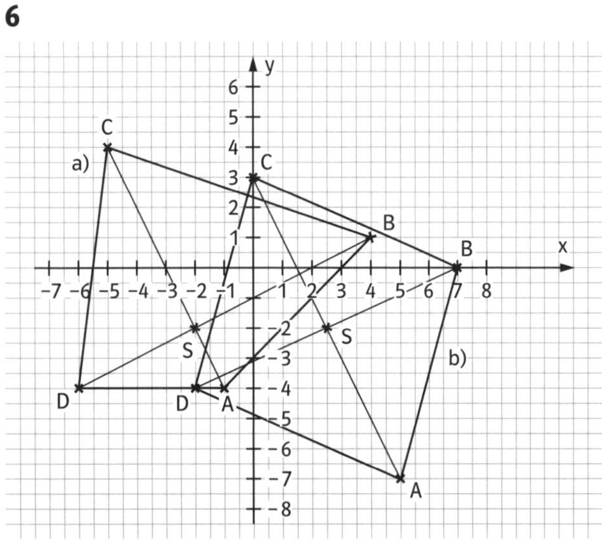

a) Schnittpunkt der Diagonalen: S(–2 | –2)
b) Schnittpunkt der Diagonalen: S(2,5 | –2)

7

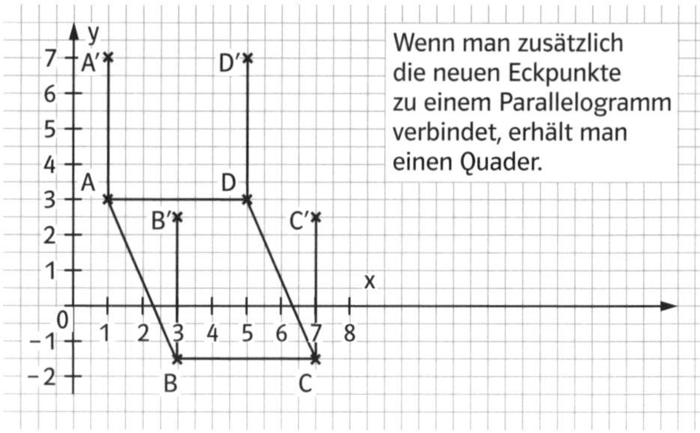

8 10. Eckpunkt: (–3 | 3)
20. Eckpunkt: (6 | –5)
100. Eckpunkt: (26 | –25)

9) a) Haus vom Nikolaus
b) Haus in Schrägansicht

Üben • Anwenden • Nachdenken

Seite 26

1 a) –1,9; –1,1; –0,4; +0,7; +1,5
b) –5,74; –5,69; –5,64; –5,59

2 a)

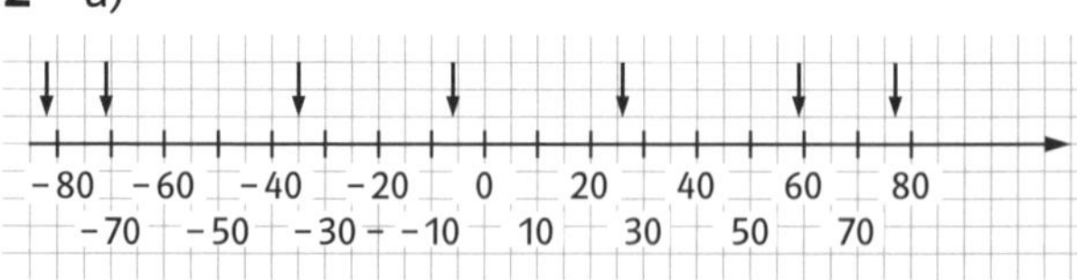

b)

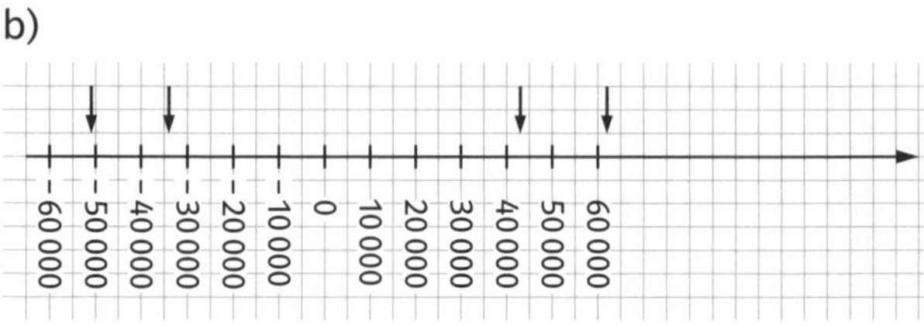

c)

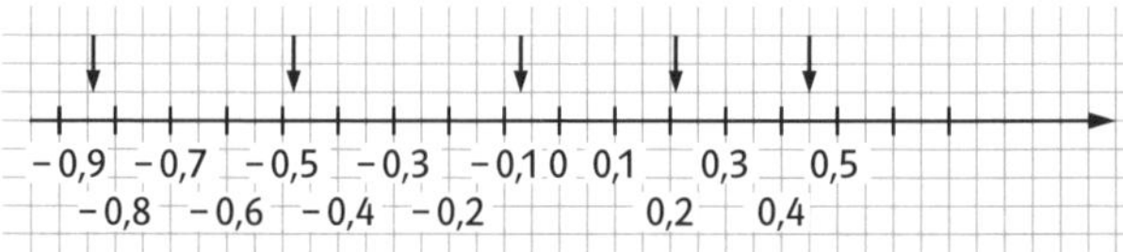

3 a) –960; –690; –609; –69; 96; 906
b) –3,2; –3,02; –2,3; –2,03; 2,3; 3,2
c) –0,7105; –0,5701; –0,1075; –0,0175

4 –2,7; –0,9; +1,3

5 a) –0,5; +0,5; +1,5; +2,5; +3,5
b) –4; –7; –10,5; –14,5; –19

6 Lösungswort: AUSDAUER

7 Diese Zeitung kann nicht erschienen sein bzw. es muss sich um eine Zeitungsente handeln: Es kann keine Münze geben, auf der 432 v. Chr. steht, da man zu dieser Zeit noch nicht gewusst hätte, wann Christus geboren wird. Von vor und nach Christus kann man erst dann reden, wenn Christus' Geburtsjahr klar ist.
Es handelt sich bei dieser Meldung also nur um einen Aprilscherz!

Zeitzonen

- mögliche Lösungen:
New York, Lima
Nuuk, Rio de Janeiro
London, Dakar
Berlin, Lagos
Helsinki, Kairo, Kapstadt
Peking, Perth
Jakutsk, Sydney
- mögliche Lösungen:
Helsinki, Kairo, Kapstadt
London, Dakar
Denver – Tokio
Mexico City – Perth
San Francisco – Sydney, Jakutsk
- Man kann von Berlin aus ab 17 Uhr in San Francisco anrufen. Dort ist es dann 8 Uhr oder entsprechend später.
- Sara könnte in San Francisco oder in Anchorage zu Hause sein.
Tim kann nicht die Wahrheit sagen.

Seite 27

8 a) Der Rechnungsbetrag war 722 €.
b) Frau Schmid kann höchstens noch 1913 € abheben.

9 a) Am Montag hat sie 5 €, am Dienstag hat sie 45 €, am Mittwoch hat sie 0 €. Bis zum nächsten Montag hat sie ihr Konto überzogen, und zwar am Donnerstag um 35 €, am Freitag, Samstag und Sonntag jeweils um 15 € und am Montag um 25 €.
b) Dienstag: +40 €,
Mittwoch: –45 €
c) Sie hat insgesamt 90 € abgehoben.
e) Sie muss 30 € einzahlen.

10 a) –4 °C b) 36 °C

11 a)

Höhe in km	0	10	20	30	40	50	60	70	80	90	100	110	120
Temp. in °C	18	–55	–55	–42	–22	0	–20	–50	–70	–82	–78	–42	50

b) Der Ballon muss Differenzen von 70 °C aushalten.
c) Die Nullgradgrenze liegt bei 2,5 km, 50 km, 115 km.

12 a)
Mittagstemperaturen

	12 Uhr
Zugspitze	–16
Großer Arber	–10
Garmisch-P.	–3
Ulm	–3
München	–1
Leipzig	0
Stuttgart	0
Berlin	1
Frankfurt	3
Helgoland	5

Nachttemperaturen

	24 Uhr
Zugspitze	–21
Großer Arber	–12
Garmisch-P.	–10
Ulm	–9
München	–8
Stuttgart	–6
Leipzig	–1
Berlin	0
Frankfurt	0
Helgoland	3

Man kann beide Tabellen aber auch genau umgekehrt gestalten, das heißt mit der höchsten Temperatur beginnen.
b) größte Schwankungen: Garmisch-Partenkirchen, München (7 °C)
kleinste Schwankungen: Großer Arber, Helgoland, Leipzig (3 °C)
c)

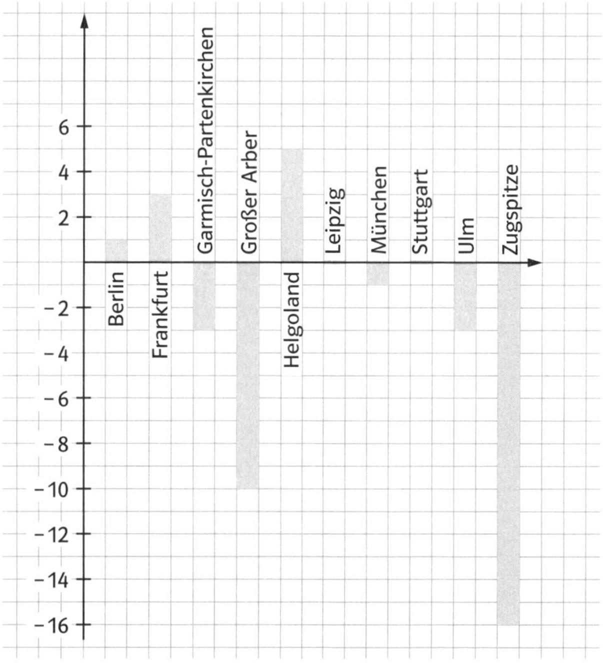

d) Mittags bildete München und Leipzig die Mitte, nachts sind es München und Stuttgart.

Seite 28

Temperaturrekorde

- Die Rekorde in Deutschland sind geringer als die weltweiten Rekorde.
- Januar: −46 °C, Februar: −42,5 °C, März: −30 °C, April: −12,5 °C, Mai: +2,5 °C, Juni: 13 °C, Juli: 15 °C, August: 11 °C, September: 2,5 °C, Oktober: −15 °C, November: −36 °C, Dezember: −44 °C
- Die größte Differenz beträgt 61 °C.
- Die Differenz in Werchojansk beträgt 106,6 °C, ist also größer als die mittlere Differenz.
- 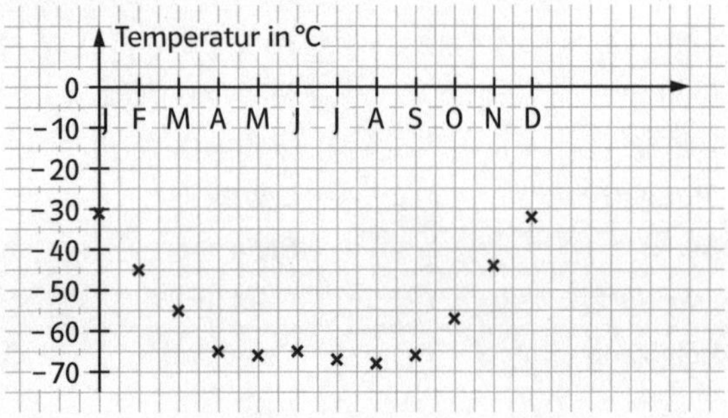

  Die Schwankungen sind weniger stark ausgeprägt. Die Temperaturen sind immer unter 0 °C und in den Sommermonaten am niedrigsten.
- Bratsk: 41 °C, Berlin: 19 °C
- Berlin, Warschau, Moskau, Tobolsk, Bratsk.

Die Differenzen wachsen mit dem Abstand vom Meer.

2 Rechnen mit rationalen Zahlen

Auftaktseite: Zahlen nachgehen

Seiten 30 bis 31

- Hatice steht auf dem Feld – 6.
- Sie muss 16 Schritte in positive Richtung gehen.
- individuelle Lösung

- Sina und Pierre treffen sich bei – 7.
- Nach 10 Schritten steht Lara bei – 3 und Max steht bei – 13.
- individuelle Lösung

- Thorben macht von – 7 bis + 8 genau 5 Schritte, von der – 4 bis zur 5 macht er drei Schritte.

- Wenn Vanessa in positive Richtung gegangen ist, ist sie bei – 23 gestartet, sonst bei + 5.

1 Addieren

Seite 32

Einstiegsaufgabe

➔ Ende Juni waren es 7 Mitglieder weniger.
➔ Es werden im Juli also 7 Mitglieder eintreten.
➔ Die Änderung beträgt + 7, es sind also 7 Personen eingetreten.

Seite 33

1 a) positives Ergebnis: + 14
b) negatives Ergebnis: – 19
c) negatives Ergebnis: – 22
d) negatives Ergebnis: – 30
e) positives Ergebnis: + 17
f) negatives Ergebnis: – 70
g) negatives Ergebnis: – 35
h) negatives Ergebnis: – 210

2 a) 17 b) – 15 c) 14
d) – 14 e) – 108 f) 13
g) 45 h) – 470

3 a) 5 b) – 2,7 c) – 9,1
d) 7,4 e) – 4,8 f) – 58,9
g) – 1,2 h) – 12,22

4 a) $-\frac{1}{2}$ b) $-\frac{1}{5}$ c) $-\frac{1}{8}$
d) $-\frac{31}{20}$ e) $-\frac{1}{4}$ f) $-\frac{1}{24}$

5 a) 16 + 13 = 29 b) – 12 + – 24 = – 36
c) – 12 + 13 = – 1

6 a) (– 16) + (– 7) = – 23 b) (+ 28) + (– 41) = – 13
c) 8,1 + (– 10,7) = – 2,6 d) – 1,6 + 0,9 = – 0,7

7 a) Um eine möglichst große Summe zu erhalten, müssen beide Summanden groß (positiv) sein:
(+ 975) + (+ 863) = 1838
b) Um eine möglichst kleine Summe zu erhalten, müssen beide Summanden klein (negativ) sein:
(– 975) + (– 863) = – 1838
c) Damit der Wert der Summe möglichst nahe bei null liegt, müssen die Summanden unterschiedliche Vorzeichen haben und ohne Vorzeichen möglichst nah beeinander liegen; mögliche Lösungen:
3 = (+ 601) + (– 598) oder (– 601) + (+ 598) = – 3

8

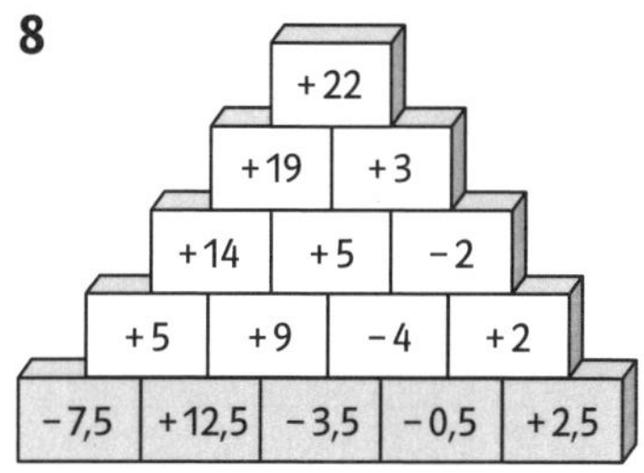

9 weitere Beispiele:
2,1 + 3,5 – 4,6 = 1
1,2 + 4,3 – 6,5 = – 1
5,4 – 2,3 – 1,1 = 2

Wege und Summen

▪ Du siehst hier zwei Beispiel-Lösungen. Gemeinsam haben die Lösungen die Null in der Kreuzmitte. Außerdem unterscheiden sich die Einträge der waagrechten und senkrechten Zahlenreihen nur durch die Vorzeichen.

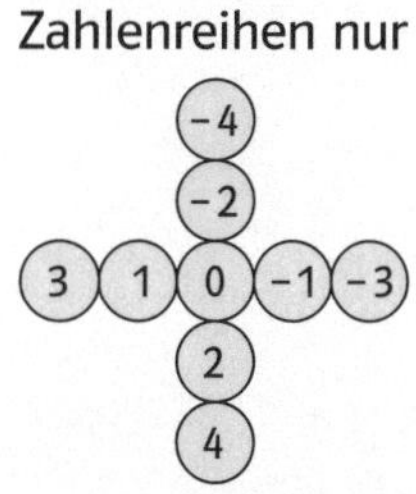

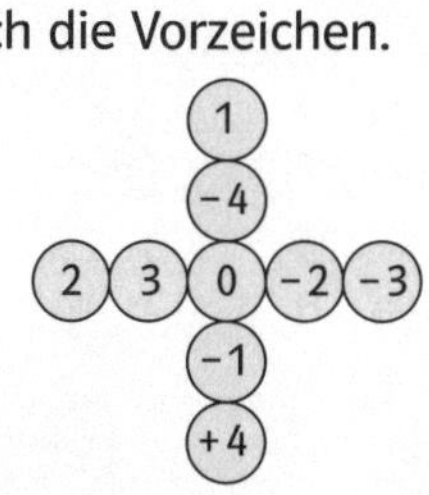

▪ Die Summe ist immer gleich – 19. Sie ist vom gewählten Weg unabhängig, da die Addition kommutativ ist, d. h., es kommt nicht auf die Reihenfolge der Summanden an.

2 Subtrahieren

Seite 34

Einstiegsaufgabe
In der ersten Auflage des Schülerbuches ist leider ein Fehler: Markus hat nach der ersten Runde nicht vier blaue, sonder vier **rote** Marken.
Geht man von diesen vier roten Marken für beide Spieler aus, dann ergeben sich folgende Werte (b steht für die blauen und r für die roten Marken):

	Hanna	Markus
Runde 1	4r	4r
Runde 2	4r + 3b ist dasselbe wie 1r, da drei blaue und drei rote abgelegt werden können.	4r − 3r = 1r
Runde 3		1r + 2r + 2b − 2b = 3r

1 individuelle Lösung, Beispiele:
(+16) − (+32) = (+16) + (−32) = −16
(−8) − (−20) = (−8) + (+20) = +12
(−24) − (+9) = (−24) + (−9) = −33
(+7) − (−5) = (+7) + (+5) = +12

2 a) (+7) − (+10) = (+7) + (−10)
b) (−12) − (+4) = (−12) + (−4)
c) (+22) − (−19) = (+22) + (+19)
d) (−18) − (−11) = (−18) + (+11)
e) (+45) − (−27) = (+45) + (+27)

Seite 35

3 a) negatives Ergebnis: −27
b) positives Ergebnis: +11
c) negatives Ergebnis: −21
d) positives Ergebnis: +85
e) negatives Ergebnis: −147
f) positives Ergebnis: +67
g) positives Ergebnis: +420
h) negatives Ergebnis: −300

4 −25 − (+12) = −37
21 − (+36) = −15
−19 − (−18) = −1
5 − (−17) = 22

5 a) 18 − 23 = −5 b) −28 − 16 = −44
c) −44 + 19 = −25 d) 67 + 78 = 145
e) 899 − 998 = −99 f) −989 − 898 = −1887
g) −9889 − 8989 = −18 878 h) −8998 + 9898 = 900

6 a) (−45) − (−28) = −17 b) (+45) − (−28) = +73
c) (−45) − (+28) = −73 d) (+45) − (+28) = +17

7 a) (−7) − (−18) = +11 b) (−17) − (+19) = −36
c) (+26) − (−15) = +41
d) (−29) − (−38) = +9 oder (+29) − (+38) = −9

8 a) −5 b) −31,3 c) 12,9 d) 4,0
e) −2,6 f) 5,3 g) 92 h) 1,4
Lösungswort: LÖSUNGEN

9 a) $\frac{1}{4}$ b) −1,4 c) −0,23 d) $-\frac{1}{24}$

10 a) −1111111111 b) −77777777
c) −4444444444

11 a)
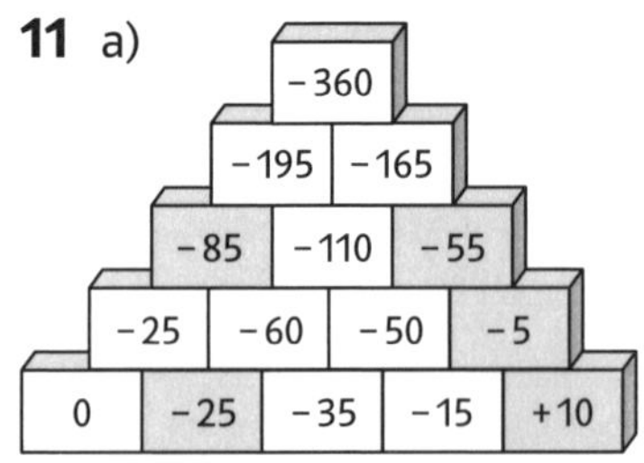

b)
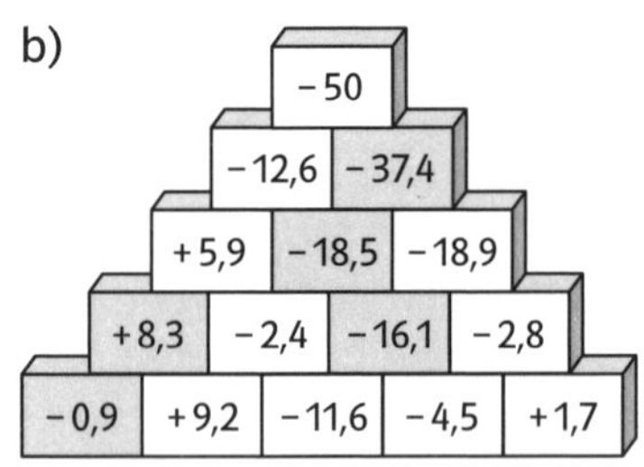

Mit Koordinaten rechnen

- A′(−3,5 | −1), B′(1 | −2), C′(0 | 2).
- 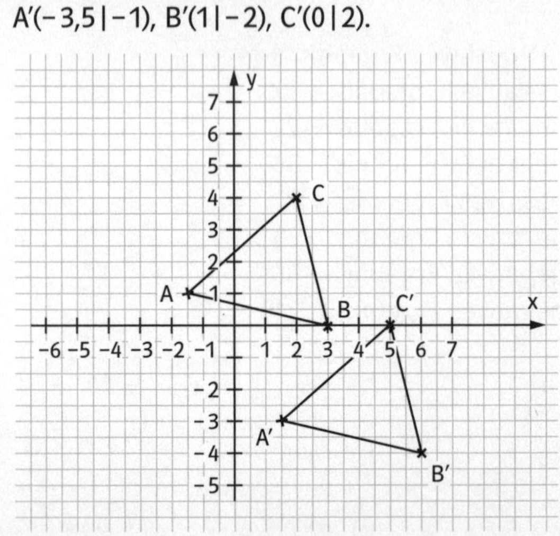

- Man muss von der ersten Koordinate eine Zahl größer 3 subtrahieren, von der zweiten Koordinate muss man eine Zahl größer als 4 subtrahieren.

Seite 36

Kontoführung

- Die Summe der Einzahlungen war 100,00 €; der Gesamtbetrag der Abhebungen betrug 113,87 €.
- Laras Kontostand am 11.10. betrug 55,11 €. Am Geldautomaten hätte sie wohl höchstens 55 € erhalten können.
- Der Kontostand beträgt dann 41,24 € + 40 € = 81,24 €. Sie kann die neue Jeans kaufen.
- Frau Möllers Kontostand beträgt nach der Abbuchung 450,10 €.
- Sie kann mit dem zusätzlichen Überziehungskredit über 3450,10 € verfügen.
- 1483,50 € – 450,10 € = 1033,40 €; sie muss also mindestens 1033,40 € abbuchen, um ihr Konto nicht überziehen zu müssen.

12 a)

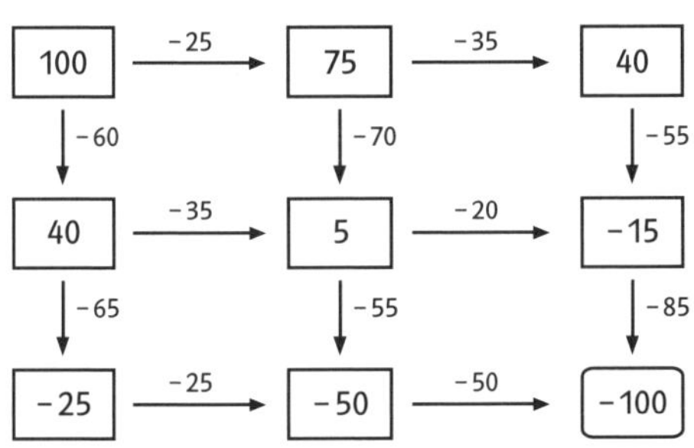

b)

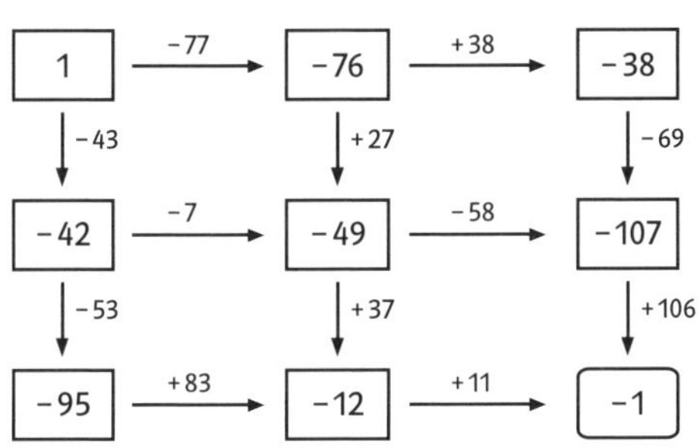

13

5	-8	-9	2
-6	-1	0	-3
-2	-5	-4	1
-7	4	3	-10

14 a) Der Wert der Differenz ist möglichst groß, wenn der Minuend möglichst groß und der Subtrahend möglichst klein ist: +975 – (–843) = 1818.
b) Der Wert der Differenz ist möglichst klein, wenn der Minuend möglichst klein und der Subtrahend möglichst groß ist: (–975) – (+843) = –1818.

c) Damit die Differenz nahe bei null liegt, müssen Minuend und Subtrahend etwa gleich groß sein:
3 = –498 – (–501) oder (+498) – (+501) = –3 bzw.
3 = –398 – (–401) oder (+398) – (+401) = –3

3 Addition und Subtraktion. Klammern

Seite 37

Einstiegsaufgabe

→ Tim und Linda haben beide –21 Punkte.
→ Um Stefanies Punktestand geschickt zu bestimmen, kann man zunächst die positiven Punkte addieren: 36 + 44 = 80 und davon die negativen Punkte abziehen: 80 – 40 = 40. Sie hat also +40 Punkte.

Seite 38

1 a) (16 + 54) + (–29) = 70 – 29 = 41
b) 47 + ((–38) + (–22)) = 47 + (–60) = –13
c) (–15 + (–35)) + 63 = –50 + 63 = 13
d) (–21 + (–39)) + 33 = –60 + 33 = –27
e) (65 + 35) + (–57) = 100 – 57 = 43
f) (237 + (–187)) + 49 = 50 + 49 = 99
g) (5,5 + 4,5) + (–6,7) = 10 – 6,7 = 3,3
h) (–8,1 + (–1,9)) + 6,8 = –10 + 6,8 = –3,2

2 a) –21 + 18 – 33 – 19
b) +77 – 36 + 68 + 41
c) –1,8 + 7,2 – 4,5 – 0,6

3 a) –13 + 42 – 19 = 29 – 19 = 10
b) 73 – 49 + 37 = 24 + 37 = 61
c) 97 – 56 – 84 + 41 = 41 – 84 + 41 = –43 + 41 = –2
d) –42 + 78 – 36 + 66 = 36 – 36 + 66 = 66
e) 97 + 56 + 84 – 41 = 196
f) –3,4 – 6,5 + 10,2 = –9,9 + 10,2 = 0,3
g) –63,7 + 49,8 + 28,0 – 32,5
= –13,9 + 28,0 – 32,5 = 14,1 – 32,5 = –18,4
h) –4,57 – 7,54 + 5,74 – 4,75 = –12,11 + 5,74 – 4,75
= –6,37 – 4,75 = –11,12

4 a) 44 + 26 + (–37) + (–63) = 70 – 100 = –30
b) –79 + (–41) + 65 + 15 = –120 + 80 = –40
c) –91 + (–19) + (–77) + 46 + 64 = –187 + 110 = –77
d) –77 + (–43) + (–39) + 68 + 82 = –159 + 150 = –9
e) –234 + (–466) + 123 + 77 = –700 + 200 = –500
f) 157 + 243 + (–127) + (–151) + (–122) = 400 – 400
= 0
g) 43,9 + 36,1 + (–24,4) + (–45,6) = 80 – 70 = 10
h) –52,3 + (–32,7) + (–15,0) + 63,6 + 26,4
= –100 + 90 = –10

Randspalte
(−1) + ((−2) + (−3)) = −6
(−3) − ((−1) − (−2)) = −4
(−2) − ((−1) + (−3)) = 2
...

5
a) (23 + 71 + 59) − (92 + 47 + 54) = 153 − 193 = −40
b) (62 + 35 + 43) − (87 + 26 + 53) = 140 − 166 = −26
c) (89 + 98) − (61 + 16 + 85 + 58) = 187 − 220 = −33
d) 444 − (98 + 87 + 76 + 65 + 54 + 43 + 32)
= 444 − 455 = −11
e) (38,4 + 62,6 + 159,8) − (82,7 + 79,5 + 99,9)
= 260,8 − 262,1 = −1,3
f) 280 − (55,5 + 66,6 + 77,7 + 88,8) = 280 − 288,6
= −8,6

6 a) 25 + 64 + 36 − 53 − 39 − 47 = 125 − 139 = −14
b) −81 − 65 − 44 + 67 + 48 + 72 = −190 + 187 = −3
c) −55 − 71 − 22 − 37 + 94 + 86 = −185 + 180 = −5
d) −57 − 76 − 63 − 4 + 68 + 31 + 93 = −200 + 192
= −8
e) −15,3 − 89,7 − 39 + 43 + 72,4 + 21,8
= −144 + 137,2 = −6,8
f) 24,25 + 90,9 + 21,95 − 36,6 − 105
= 137,1 − 141,6 = −4,5

7 a) individuelle Lösung
b) +24 + (+8) − (−15 + (−10)) = 57
c) (+24) + 8 + (−10) + (−15) = 7

8 a) −25 + 90 − 15 − 45 = 5
b) −25 − 5 − 45 = −75
c) −25 + 150 = 125
Je mehr negative Summanden in der Minusklammer stehen, desto kleiner wird deren Wert der Klammer. Und je kleiner deren Wert, desto größer das Endergebnis.

Seite 39

9 a) Addiere zur Zahl 28 die Differenz der Zahlen 45 und 62.
b) Subtrahiere von der Zahl minus 69 die Summe der Zahlen 25 und 48.
c) Subtrahiere von der Differenz der Zahlen 35 und 54 die Summe der Zahlen 27 und 46.
d) Subtrahiere von der Zahl minus 50 die Differenz der Zahlen minus 87, 68 und 26.

10 a) (45 − 99) + (−33) = −54 + (−33) = −87
b) (−49 + 32) − (41 + 17) = −17 − 58 = −75
c) (39 − 83) + (−26 + (−73)) = −44 + (−99) = −143

11 a) 65 − 78 + 35 − 42 + 18
= 65 + 35 + 18 − 78 − 42 = 118 − 120 = −2
b) −24 − 61 + 52 + 88 − 73
= 52 + 88 − 24 − 61 − 73 = 140 − 158 = −18
c) 57 + 14 − 37 + 75 − 34 − 49
= 57 − 37 + 14 − 34 + 75 − 49 = 20 − 20 + 26 = 26
d) −62 + 17 − 94 + 83 − 28 + 64 = 17 + 83 − 94 + 64
− 62 − 28 = 100 − 30 − 90 = −20
e) −53 + 47 − 35 + 133 − 61 − 76
= 47 + 133 − 53 − 35 − 61 − 76 = 180 − 225 = −45

12 individuelle Lösung

13 Beispiele: 20 − (+24) − ((−15)+(−18)) = 29
20 − ((+24) − (−15) + (−18)) = −1

14 a) 47 − (85 + 29 − 53) = 47 − 85 − 29 + 53 = −14
b) −66 − (−35 − 74 − 49) = −66 + 35 + 74 + 49 = 92
c) (−38 + 17 + 81 − 43) − 62 + 79
= −38 + 17 + 81 − 43 − 62 + 79 = 34
d) −(55 − 71 + 96 − 38 + 53) + 53
= −55 + 71 − 96 + 38 − 53 + 53 = −42
e) −67 − (−89 + 42 + 17 − 77)
= −67 + 89 − 42 − 17 + 77 = 40

Plus und Minus

- 1 − 2 = −1
1 − 2 + 3 = 2
1 − 2 + 3 − 4 = −2
1 − 2 + 3 − 4 + 5 = 3
1 − 2 + 3 − 4 + 5 − 6 = −3
1 − 2 + 3 − 4 + 5 − 6 + 7 = 4
1 − 2 + 3 − 4 + 5 − 6 + 7 − 8 = −4
...
- Das Ergebnis für die 10. Zeile ist 6, das Ergebnis für die 11. Zeile ist −6. In der 37. Zeile ergibt sich −19, in der 100. Zeile steht die 51.
- Da man jeweils zwei Zahlen zu −1 verbinden kann (siehe Erklärung Seite 39), erhält man das Ergebnis für eine „gerade Zeile", indem man die Hälfte der Zahl plus 1 rechnet. Beispiel: In der 1000. Zeile steht $\frac{1000}{2}$ + 1 = 501. Für die nachfolgende „ungerade Zeile" dreht man das Vorzeichen des Ergebnisses um.

4 Multiplizieren

Seite 40

Einstiegsaufgabe
➔ −8
−16
−32

➔ −32
−16
0
16
32

➔ In der linken Reihe erhält man bei den letzten drei Aufgaben als Ergebnis eine negative Zahl. Man multipliziert ja auch mit einer negativen Zahl. In der rechten Reihe ist das Ergebnis der ersten beiden Rechnungen noch negativ, die Ergebnisse werden aber dann wieder positiv. Und zwar dann, wenn man zwei negative Zahlen miteinander multipliziert.

1 a) −35 b) −36 c) +20
d) −56 e) −72 f) +60

2 a) +25 b) −24 c) −30
d) +2,8 e) −20 f) +72

Seite 41

3 a) −300 b) −360 c) +288 d) −672
e) −2009 f) +901 g) −1197 h) +4510

4 a) −1056 b) −3388 c) +1815 d) −5561
e) −1656 f) +7375

5 a) −14 991 b) +9917 c) −7314
d) +6596 e) −535 f) −176,64
g) +3,36 h) −1,0125

6 a) $-\frac{1}{3}$ b) $-\frac{3}{10}$ c) $-\frac{1}{12}$
d) $\frac{1}{2}$ e) $-\frac{1}{2}$ f) $\frac{9}{20}$

7 a) größter Wert: (−4,5)·(−8,2) = 36,9
kleinster Wert: (7,2)·(−8,2) = −59,04
b) positives Ergebnis: 8
negatives Ergebnis: 8

8 a) +48 b) −288 c) +200
d) +960 e) −600 f) +180

9 Null. Wenn ein Faktor gleich null ist, dann ist das ganze Produkt gleich null.

10 a) 2·(−5)·7·(−12) = (−10)·(−84) = 840
b) 4·(−25)·(−5)·8·(−9) = (−100)·360 = −36000
c) (−8)·(−125)·50·(−6) = 1000·(−300) = −300 000
d) (−4)·(−25)·(−4)·(−5)·(−8) = 100·(−160) = −16 000

11 a) Damit der Wert des Produktes möglichst groß wird, müssen beide Faktoren dasselbe Vorzeichen und möglichst groß sein: (+87)·(+9) = 783
b) Damit der Wert des Produktes positiv und möglichst klein wird, müssen beide Faktoren dasselbe Vorzeichen haben und möglichst klein sein: (+24)·(+1) = 24
c) (+24)·(−1) = −24 oder (−24)·(+1) = −24

12 a) (−2)·(−2) = +4
(−2)·(−2)·(−2) = −8
(−2)·(−2)·(−2)·(−2) = +16
...
(−2)·(−2)·(−2)·(−2)·(−2)·(−2)·(−2)·(−2)·(−2)·(−2) = +1024
b) Das Produkt muss negativ sein, da der Faktor in einer ungeraden Anzahl auftritt.

13 a) (−35)·24 = −840
b) (−18)·(−45) − 888 = −78
c) ((−60)·42)·(−5) = 12 600

14 individuelle Lösung

5 Dividieren

Seite 42

Einstiegsaufgabe
➔ Die durchschnittliche Temperaturänderung in einer Stunde war −2 °C.

1 a) −8 b) −8 c) +7
d) −4 e) −9 f) +6

2 a) −8 b) −12 c) +5
d) −9 e) +9 f) −8

Seite 43

3 a) negatives Ergebnis: −11
b) negatives Ergebnis: −8
c) positives Ergebnis: +6
d) negatives Ergebnis: −18
e) negatives Ergebnis: −6
f) negatives Ergebnis: −13
g) positives Ergebnis: +27
h) negatives Ergebnis: −22

4 a)

:	−2	+5	−8	−12
+24	−12	+4,8	−3	−2
−64	+32	−12,8	+8	$+5\frac{1}{3}$
+72	−36	+14,4	−9	−6
−108	+54	−21,6	+13,5	+9

b)

·	9	−12	−18	−42
−6	−54	72	108	252
15	135	−180	−270	−630
44	396	−528	−792	−1848
−78	−702	936	1404	3276

5 a) $(-128):(+16) = (-8)$ b) $72:(+4) = (+18)$
c) $(+105):(-7) = -15$ d) $(-300):25 = -12$

6 a) $72:(-8) = -9$
$(-72):8 = -9$
$(-72):(-8) = 9$
$72:8 = 9$

b) $(-84):12 = -7$
$(-84):(-12) = 7$
$84:12 = 7$
$84:(-12) = -7$

7 a) $48:(-12) = -4$ b) $(-72):9 = -8$
c) $-57:(-19) = 3$ d) $(-182):(-14) = 13$
e) $207:(-23) = -9$ f) $(-756):(-21) = 36$

8 a) −1,3 b) −1,7 c) 5,5 d) −1,2
e) 4,8 f) −15 g) −4,25 h) 22,88

9 a) $\left(+\frac{2}{3}\right)\cdot\left(-\frac{9}{4}\right) = -\frac{3}{2}$ b) $\left(-\frac{4}{7}\right)\cdot\left(\frac{7}{6}\right) = -\frac{2}{3}$
c) $\left(-\frac{3}{4}\right)\cdot\left(-\frac{8}{7}\right) = \frac{6}{7}$ d) $\left(-\frac{35}{36}\right)\cdot\frac{48}{25} = -\frac{28}{15}$

10 a) Damit der Wert des Quotienten möglichst groß wird, muss der Dividend möglichst groß und der Divisor möglichst klein sein, beide müssen außerdem dasselbe Vorzeichen haben:
$(+97):(+2) = 48{,}5$ oder $(-97):(-2) = 48{,}5$
b) Damit der Wert des Quotienten möglichst klein wird, muss der Dividend möglichst groß und der Divisor möglichst klein sein, beide müssen außerdem verschiedene Vorzeichen haben: $(+97):(-2) = -48{,}5$ oder $(-97):(+2) = -48{,}5$
c) Damit der Wert des Quotienten so nah wie möglich an der Null liegt, müssen Dividend und Divisor nahe beieinander liegen: $(-23):(-9) = 2\frac{5}{9}$ (oder andere Vorzeichen)

11 $(-11{,}2):3{,}2 = -3{,}5$ $9{,}12:(-22{,}8) = -0{,}4$
$(-5{,}1):(-8{,}5) = 0{,}6$ $81:(-10{,}8) = -7{,}5$
$(-9{,}8):(-3{,}5) = 2{,}8$

12

−11	(−84):(−7)
−9	136:(−8)
6	(−126):9

12	(−198):22
−17	(−96):(−16)
−14	165:(−15)

Zahlenzauber

▪

−4	72	−6
18	12	8
−24	2	−36

−6	−4,5	−1
−0,5	−3	−18
−9	−2	−1,5

▪

−33	−85	7	26
−2	−91	55	51
65	3	−34	−77
119	22	−39	−5

Die unterschiedlich gefärbten Gruppen haben jeweils den Produktwert 510 510.
▪ Auch im rot umrandeten Zentrum erhält man als Produktwert 510 510.
▪ Es gibt jeweils acht Plus- und Minuszeichen.

Seite 44

13 mögliche Lösungen:
a) $(-2):((-2):(-2)):(-2) = (-2):1:(-2) = 1$
b) $(-4):(-4):((-4):(-4)) = 1:1 = 1$
c) $(-2):((-2)\cdot(-2):(-2)) = (-2):(4:(-2))$
$= (-2):(-2) = 1$
d) $(-4):((-3):(-2)):(-1) = (-4):(1{,}5):(-1) = \frac{8}{3}$

14 a)

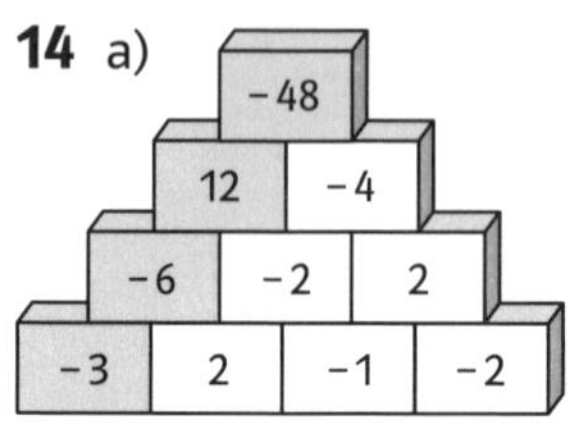

b)

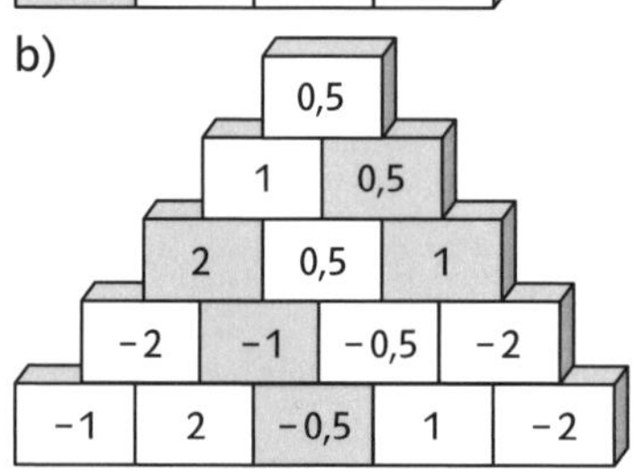

15 a) $(-48):6\cdot(-13) = (-8)\cdot(-13) = 104$
b) $72:(-8) - (-10) = -9 + 10 = 1$
c) $(-35):5:(49:(-7)) = -7:(-7) = 1$
d) $(12{,}5\cdot(-4)):((-6{,}0):(-1{,}2)) = -50:5 = -10$

16 a) $x = -3$ b) $x = -5$
c) $x = -9$ d) $x = -7$

17 Falsch. Gegenbeispiel: Produkt $(-2)\cdot(-3)\cdot(-4)\cdot 5\cdot 6\cdot 7$. Hier ist die Hälfte der Faktoren positiv, das Produkt ist allerdings negativ. Es kommt auf die Anzahl der negativen Faktoren an. Ist sie gerade, ist das Produkt positiv. Ist sie ungerade, ist das Produkt negativ.

Rechennetze

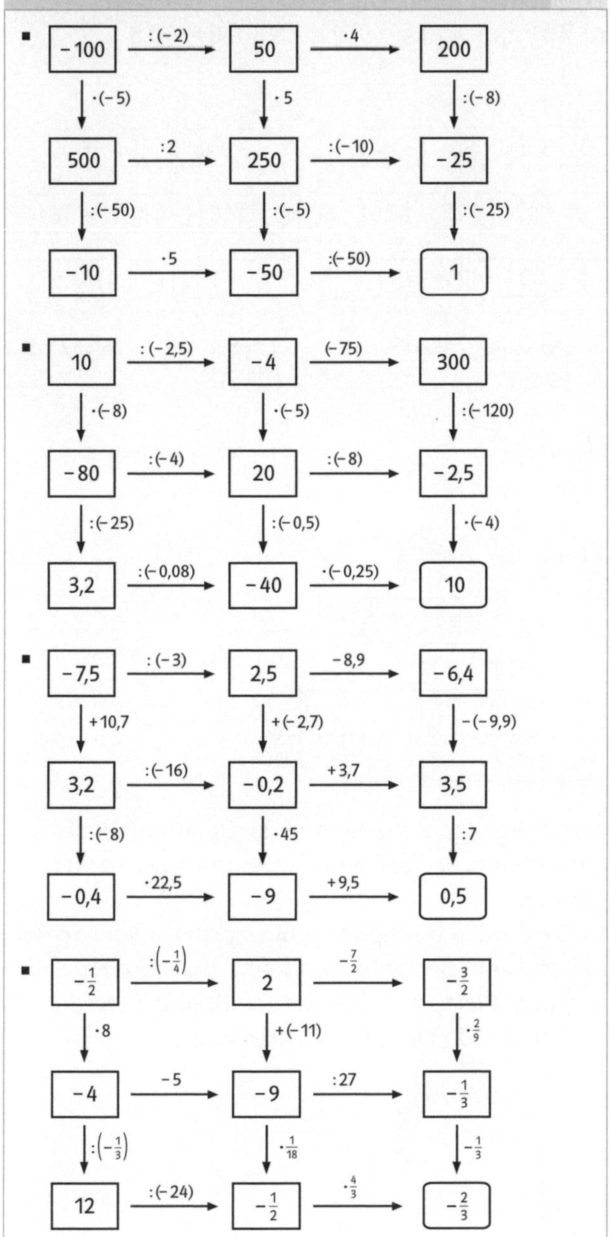

6 Verbindung der Rechenarten

Seite 45

Einstiegsaufgabe

➔ $7\cdot(-12) + (-5)\cdot(-12) = -24$
$7\cdot(-12 + (-5)) = -119$
$7\cdot(-12) + 7\cdot(-5) = -119$
$-12\cdot(7 + (-5)) = -24$

➔ Je zwei Werte stimmen überein.
➔ individuell

Seite 46

1 a) −20 b) −8 c) −26 d) −1
e) −42 f) −63 g) −9 h) 1

2 a) 90 b) −1 c) 20,5 d) −16,1
e) −8,5

3 a) 1300, 3400, 3000, −1400 b) 190, 47, 150, −45

4 a) $(-100)\cdot(-100)\cdot(-7) = -70\,000$
b) $(-1000)\cdot(-9)\cdot(-200) = -1\,800\,000$
c) $(-6)\cdot 100\cdot(-500) = 300\,000$
d) $(-200)\cdot(-90)\cdot(-3) = -54\,000$
e) $200\cdot 30\cdot(-1000)\cdot(-3) = 18\,000\,000$

5 a) $-100 + 48 = -52$ b) $320 - 600 = -280$
c) $100 - 480 = -380$ d) $350 - 160 = 190$
e) $-50 + 76 = 26$ f) $-12 + 42 = 30$
g) $-6 + 9{,}6 = 3{,}6$ h) $2 + 2{,}8 = 4{,}8$

6 a) $15\cdot 12 - 7 = 173$ ist das größtmögliche Ergebnis.
b) $7 - 15\cdot 12 = -173$ ist das kleinste Ergebnis.

7 a) $(-9)\cdot(14 + 6) = (-9)\cdot 20 = -180$
b) $42\cdot((-14) + (-16)) = 42\cdot(-30) = -1260$
c) $(-19)\cdot((-73) + (-27)) = (-19)\cdot(-100) = 1900$
d) $(-16)\cdot(33 - 23) = (-16)\cdot 10 = -160$

8 a) $(-9)\cdot(16 + 23 + 11) = (-9)\cdot 50 = -450$
b) $(-18)\cdot(59 - 32 + 73) = (-18)\cdot 100 = -1800$
c) $12\cdot(-2{,}3 - 4{,}9 - 2{,}8) = 12\cdot(-10) = -120$
d) $(-12{,}4)\cdot(4{,}75 + 4 + 1{,}25) = (-12{,}4)\cdot 10 = -124$

9 a) $(-5)\cdot 50 = -250$ b) $-200 + 35 = -165$
c) $-260 - 39 = -299$ d) $9\cdot(-10) = -90$
e) $-4 + 3 = -1$ f) $(-9)\cdot\frac{1}{8} = -\frac{9}{8}$
g) $66 - \frac{1}{4} = 65\frac{3}{4}$ h) $-\frac{1}{5} + 4 = 3\frac{4}{5}$

10 a) 6 b) −280 c) −120
d) 7 e) 101 f) 41

11 a) −87 b) 623 c) 9
d) 99 e) −225

12 a) $(-5)\cdot(3 - 9) = 30$ b) $(-28 - 21):7 = -7$
c) $(3\cdot 5 + 9)\cdot(-2) = -48$ d) $((-2)\cdot 8 - 4)\cdot 5 = -100$

Seite 47

Die Temperaturmessung

- $100:5\cdot9 + 32 = 212$, also sind 100 °C gleich 212 °F.
$0:5\cdot9 + 32 = 32$, also sind 0 °C gleich 32 °F.
$50:5\cdot9 + 32 = 122$, also sind 50 °C gleich 122 °F.
$10:5\cdot9 + 32 = 50$, also sind 10 °C gleich 50 °F.
$-10:5\cdot9 + 32 = 14$, also sind −10 °C gleich 14 °F.
- $(68 - 32):9\cdot5 = 20$, also sind 68 °F gleich 20 °C.
$(140 - 32):9\cdot5 = 60$, also sind 140 °F gleich 60 °C.
$(100 - 32):9\cdot5 = 37{,}78$, also sind 100 °F gerundet gleich 37,78 °C.
$(0 - 32):9\cdot5 = -17{,}78$, also sind 0 °F gerundet gleich −17,78 °C.
$(-148 - 32):9\cdot5 = -100$, also sind −148 °F gleich −100 °C.
- Es gilt: −40 °F = −40 °C.
- Tims Aussage kann stimmen, denn 100 °F entsprechen rund 37,78 °C.
- Am wärmsten war es in Phoenix, am kältesten war es in Melbourne.
- Auf der Nordhalbkugel herrschte Sommer. Dies kann man z. B. an der Temperatur in Stuttgart erkennen.

Üben • Anwenden • Nachdenken

Seite 49

1 a) 23 b) −100 c) −91 d) −12
e) −17 f) 40 g) −181 h) 9

2 a) $-85 + 38 = -47$ b) $-29 - (-12) = -17$
c) $63:(-9) = 7$ d) $-13\cdot(-8) = 104$
e) $18\cdot(-3{,}25) = -58{,}5$ f) $(-4{,}8):(-0{,}8) = 6$

3 a) −5,3 b) 24,1
c) −5 d) −0,5
e) −8,5 f) 0,2

4 a) $74 + 26 - (143 + 57) = 100 - 200 = -100$
b) $17 + 83 - (29 + 44 + 71) = 100 - 144 = -44$
c) $12 + 58 - (63 + 47 + 39) = 70 - 149 = -79$
d) $95 + 59 + 21 - (107 + 45 + 43) = 175 - 195 = -20$
e) $71 + 133 + 109 + 57 - (48 + 29 + 42) = 370 - 119$
$= 251$

5 a) $100\cdot7{,}5\cdot(-9) = -6750$
b) $-20\cdot(-4) = 80$
c) $1000\cdot100\cdot(-3{,}8) = -380\,000$
d) $-\frac{1}{2}\cdot\left(-\frac{2}{5}\right) = \frac{1}{5}$

6 $3{,}8 + (-4{,}2) + 0{,}8 = 0{,}4$
$0{,}9 - 7{,}1 + 2{,}7 = -3{,}5$
$-7{,}2 - 3{,}5 + 5{,}8 = -4{,}9$
$-1{,}6 + 4{,}4 - 9{,}3 = -6{,}5$
$-9{,}8 + 4{,}3 + 5{,}1 = -0{,}4$

7 a) $-23 - 9 + 13 = -19$
b) $82 - (37 + 32 + 35) = 82 - 104 = -22$
c) $67 - (-29 + 19) - 13 = 67 + 10 - 13 = 64$
d) $7{,}8 - (4{,}1 + 10{,}4 - 5{,}9) = 7{,}8 - 8{,}6 = -0{,}8$

8

① −3,4	(−56):(−14) ②	② 4	(−7,5)·16 ③
③ −120	−77 − 83 ④	④ −160	(−43) + (−26) ⑤
⑤ −69	−42:(−2,4) ⑥	⑥ +17,5	(−0,4)·8,5 ①

9 a) 204 b) 110 c) −98 d) 132
e) −26 f) 110 g) −98

10 a) 3 b) −5 c) −21 d) 7
e) 5 f) 15 g) −7

11 a)

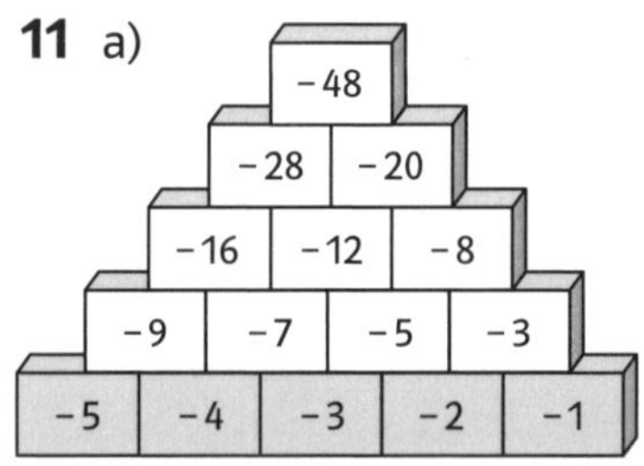

Wenn die Summanden in einer Zahlenreihe alle gerade sind, so bleiben alle weiteren Werte auch gerade.
b) Die Zahl in der Spitze muss positives Vorzeichen haben, da in der untersten Reihe immer zwei negative Werte miteinander multipliziert werden und die Produkte damit positiv sind.

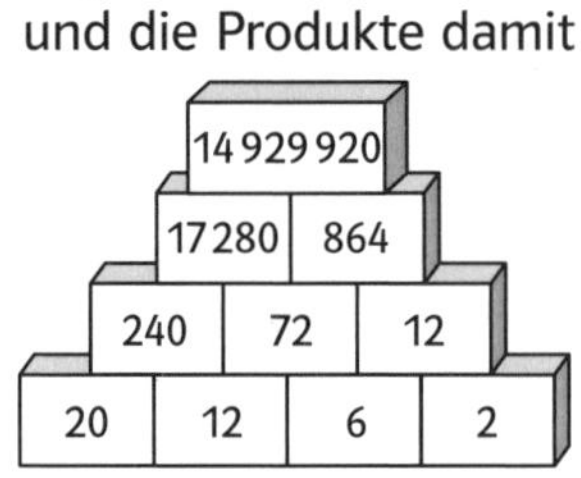

c) Die obige Mauer ist ein Gegenbeispiel zu Lissys Aussage.

Seite 50

12 $10 + (-2) + (-5) + 8 = 11$
$10\cdot(-2) + (-5) + 8 = -17$
$10\cdot(-2)\cdot(-5)\cdot8 = 800$
$10 + (-2) + (-5) - 8 = -5$
$10:(-2) + (-5) + 8 = -2$

Der größte Wert ist 800, die Aufgabe mit dem kleinsten ganzzahligen Wert lautet:
$(-5) + (-2) - 10 \cdot 8 = -87$.

13 a) −157 b) 38 c) −351 d) −2
e) −105 f) 80 g) 100 h) 57

14 a) $-8 \cdot 6 \cdot 5 = -43$
b) $20 - 36 : (-12) = 23$
c) $-5 + 7 \cdot (-2) = -19$
d) $2 \cdot (-6) - 7 = -25 - (-6)$
e) $(3 \cdot (-1) - 1) : (-4) = 2 \cdot (-1) + 3$

15
Ergebnisse von innen nach außen:
a) 2; −2; 1; −3; −15; 5; −1
b) $-\frac{175}{64}$; $\frac{175}{32}$; $-\frac{175}{96}$; $\frac{175}{24}$; $-\frac{35}{24}$; $\frac{35}{4}$; $-\frac{5}{4}$

16 a)

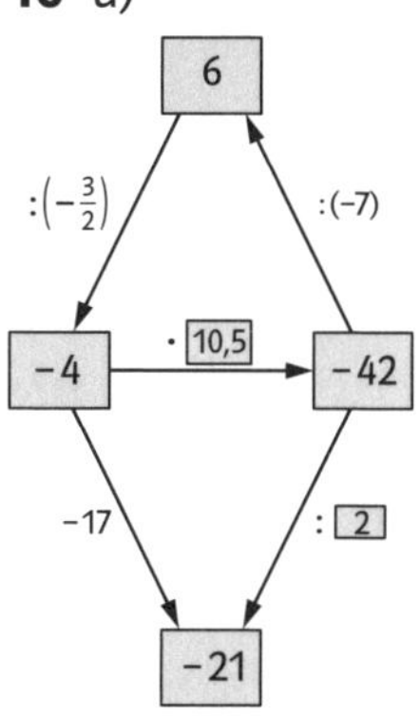

b) mögliche Lösung

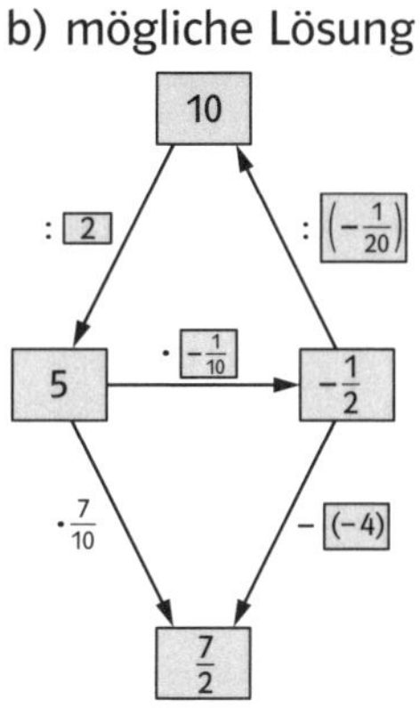

Zahlenreihen

- a) 3; −6; 12; −24; 48; −96; 192; −384; 768; …
b) 256; −128; 64; −32; 16; −8; 4; −2; 1; $-\frac{1}{2}$; …
c) −2; −4; −5; −10; −11; −22; −23; −46; −47; −94; −95; −190; …
d) 1; −2; 6; −24; 120; −720; 5040; −40 320; 362 880; −3 628 800; …
e) 3; −2; 10; 5; −25; −30; 150; 145; −725; −730; 3650; 3645; …
- individuelle Lösungen
- 63 − 55 = 8
8 − 18 = −10
−10 + 15 = 5
5 − 13 = −8
−8 + 11 = 3
- 1 − 2 = −1
−1 + 2 − 3 = −2
−(1 + 2)· (3 − 4) = −3
1·(2 + 3) − 4 − 5 = −4
−(1 − 2) − 3 − (4 + 5) + 6 = −5
−1 + (2 − 3) + 4 + 5 − (6 + 7) = −6
−1 + (2 − 3) + 4·(5 − 6) + 7 − 8 = −7
1·(2·(3 − 4) + 5·(6 − 7) + 8 − 9) = −8
1 + 2 + 3 − 4 − 5 − 6 − 7 + 8 + 9 − 10 = −9
−(1 − 2) + (3 − 4) − (5 − 6) + 7 − 8 − 9 + 10 − 11 = −10
- −3 − 6 = −9
−9 + 7 = −2
−2 − 8 = −10
−10 + 9 = −1
−1 − 10 = −11
−11 − 11 = −22

Seite 51

17 Ist die Summe von Max positiv, so besteht die Summe aus einer geraden Anzahl von Summanden, ansonsten besteht sie aus einer ungeraden Zahl von Summanden. Sarah muss vom genannten positiven Ergebnis das Doppelte rechnen, bzw. vom genannten negativen Ergebnis das Doppelte plus 1 rechnen. Eine genauere Erklärung findest du bei der Aufgabe „Plus und Minus“ auf Seite 39.

18 a) Gegenbeispiel: $(-5) + (-7) = -12$
b) Beispiel: $-3 - (-4) = 1$
c) Beispiel: $5 \cdot (-7) = -35$
d) Beispiel: $(-12) : 6 = -2$

19 individuelle Lösungen

20 alle Angaben in €:

Alter Kontostand	64,25	−408,52	−19,29	−273,16	−24,36
Buchung	−103,50	396,83	−72,63	+184,86	−47,37
Neuer Kontostand	−39,25	−11,69	−91,92	−88,30	−71,73

Rechnen im Koordinatensystem

- A'(−7 | −7), B'(5 | −9), C'(2 | −5), D'(−8 | −3)

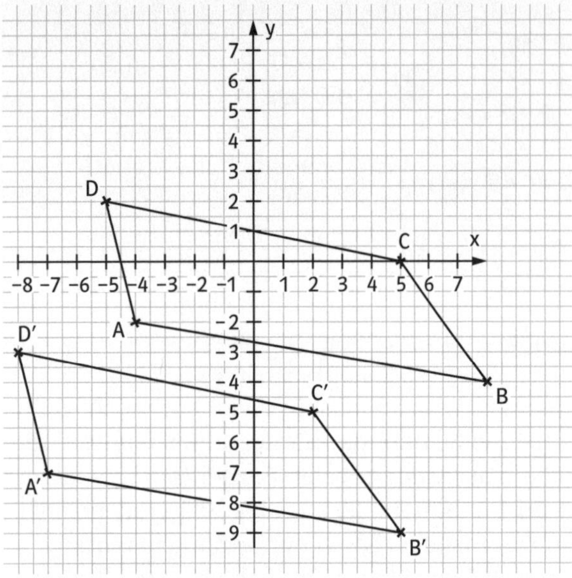

- Das Viereck wird an der 2. Achse gespiegelt.
- Das Viereck wird an der 1. Achse gespiegelt.
- Das Viereck wird am Koordinatenursprung um 180° gedreht.
- Die 1. und 2. Koordinaten wurden jeweils verdoppelt.

Seite 52

Rund um die Temperaturmessung

- Zwischen der höchsten Temperatur (3 °C) und der tiefsten Temperatur (−38 °C) liegen 41 °C.
- Die Durchschnittstemperatur aller Messstationen beträgt rund −17,72 °C.
- Der Unterschied beträgt 27,92 °C.
- Mittlere Tagestemperatur in Berlin: 2 °C, New York: −13,25 °C, Sydney: 26,25 °C, Jakutsk: −33 °C.
- Jährliche Durchschnittstemperatur in Werchojansk: −15,3 °C, Reykjavík: 4,4 °C.
- Am besten eignen sich Säulendiagramme. Nicht gut geeignet sind z. B. Kreisdiagramme.
- Der Golfstrom, der auch Island erreicht, hat enorme Auswirkungen auf die klimatischen Bedingungen und somit auch auf die Temperaturen. Zusätzlich wird das Wetter in Werchojansk vom so genannten Kontinentalklima geprägt, das wiederum sehr heiße Sommer und extrem kalte Winter mit sich bringt.
- Am Abend herrschte in der Wüste Gobi eine Temperatur von −2 °C.

3 Dreiecke

Auftaktseite: Dreiecks-Experimente

Seiten 54 bis 55

Dreiecke in der Schule
Bildet man mit der Knotenschnur oder mit einer Kette aus Schülerinnen und Schülern Dreiecke, so haben diese verschiedene Formen. Sie unterscheiden sich in der Länge der einzelnen Seiten und in der Größe ihrer Winkel. Bei bestimmten Knotenzahlen kann man Dreiecke bilden, die einen rechten Winkel besitzen (z. B. bei 13 Knoten), oder Dreiecke, die zwei oder drei gleich lange Seiten haben.

Im Team experimentieren
Nein, nicht alle Kombinationen von Streifenlängen sind möglich, um ein Dreieck zu bilden. Die Kombination der Streifen von 2 cm, 4 cm und 8 cm Länge ergibt kein Dreieck.
Regel: Bilde die Summe von jeweils zwei Seitenlängen. Ist diese Summe größer als die Länge der dritten Seite, ergibt sich aus den Seiten ein Dreieck.

1 Winkelsumme im Dreieck

Seite 56

Einstiegsaufgabe
➔ individuelle Lösungen
➔ Gehe vor wie auf dem Bild gezeigt.
➔ Der entstehende Winkel beträgt 180°.
Er heißt „gestreckter Winkel".

1 Die drei ursprünglichen Dreiecke hatten die folgenden Winkel:
Dreieck 1: 106° + 44° + 30° = 180°
Dreieck 2: 90° + 66° + 24° = 180°
Dreieck 3: 84° + 60° + 36° = 180°

2

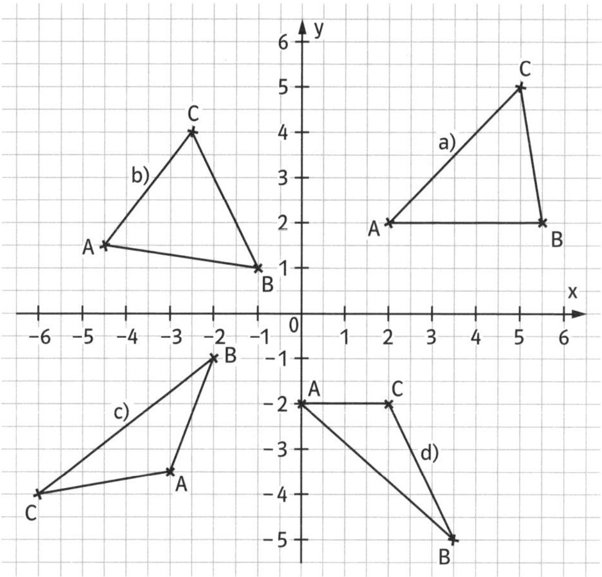

Winkelsummen:
a) 45° + 80° + 55° = 180°
b) 60° + 55° + 65° = 180°
c) 122° + 31° + 27° = 180°
d) 40° + 23° + 117° = 180°

3 Ein Dreieck kann zwei oder drei spitze Winkel, aber jeweils nur einen stumpfen oder rechten Winkel besitzen, weil sonst die Winkelsumme von 180° überschritten würde.

4

	α	β	γ
a)	40°	60°	80°
b)	33°	60°	87°
c)	105°	25°	50°

5 a) $\gamma = 102°$; $\delta = 78°$ b) $\gamma = 34°$, $\beta = 35°$

Seite 57

6 a) $\beta = 60°$; $\gamma = 120°$
b) $\alpha = 100°$; $\gamma = 35°$
c) $\beta = 40°$; $\gamma = 80°$
d) $\alpha = 110°$; $\delta = 70°$; $\varepsilon = 100°$

7 $\beta' = 80°$; $\gamma' = 75°$

8 $\beta = 100°$; $\gamma = 50°$

9 $\gamma = 96°$; $\delta = 60°$

10 a) mögliche Lösungen:
$\alpha = 90°$; $\beta = 60°$; $\gamma = 30°$ oder $\alpha = 105°$; $\beta = 45°$; $\gamma = 30°$ oder $\alpha, \beta, \gamma = 60°$
b) mögliche weitere Aufgaben:
- Wie groß können die Winkel sein, wenn zwei bzw. drei Winkel gleich groß sein sollen?
- Wie groß können die Winkel sein, wenn ein Winkel größer als 130° sein soll?

11 Winkel unten links: 180° – 40° – 85° = 55°
Winkel unten rechts: 180° – 42° – 71° = 67°
Winkel oben: 180° – 67° – 55° = 58°

Dynamische Geometriesoftware (DGS)

- Verkleinert man einen Winkel, so vergrößert sich die Summe der beiden anderen Winkel um diesen Betrag. Vergrößert man einen Winkel, so verkleinert sich die Summe der beiden anderen Winkel um diesen Betrag. Verschiebt man zwei Eckpunkte so, dass eine Seite parallel verschoben wird, bleiben alle Winkel gleich. Insgesamt bleibt die Summe aller Winkel immer gleich, nämlich bei 180°.

2 Dreiecksformen

Seite 58

Einstiegsaufgabe
➔ „Dreiecksfamilien" sind zum Beispiel:
- Dreiecke mit drei gleich langen Seiten und drei gleichen Winkeln
- Dreiecke mit zwei gleich langen Seiten und zwei gleichen Winkeln
- Dreiecke, die einen rechten Winkel haben
- Dreiecke, die einen stumpfen Winkel haben
- Dreiecke, die drei unterschiedliche Seitenlängen und drei unterschiedliche Winkel haben.

Seite 59

1 Beispiele sind das Warndreieck (gleichseitig), Verkehrsschild „Vorfahrt achten" (gleichseitig), Geodreieck (gleichschenklig und rechtwinklig), Rahmen von Fahrrädern (verschiedene Dreiecksformen), Dachgiebel (meistens gleichschenklig), Stützbalken in Fachwerkhäusern (verschiedene Dreiecksformen), Wimpel (gleichseitig).

2 a) ABD; BCD
b) ABC; AEC; BCD; CDF; EBC; ACF
c) gleichschenklig (nicht gleichseitig): ABI; BCI; CAI; EFI; FDI; DEI
gleichseitig: ABC; AFE; BDF; DCE; DEF

3

	Winkel			
	α	β	γ	Dreiecksart
a)	30°	60°	90°	rechtwinklig
b)	40°	60°	80°	spitzwinklig
c)	40°	40°	100°	stumpfwinklig
d)	60°	60°	60°	spitzwinklig

a) und b): allgemeine Dreiecke: Die Seiten sind unterschiedlich lang. Die längste Seite liegt dem größten Winkel und die kürzeste Seite dem kleinsten Winkel gegenüber.
c) Gleichschenklig, wobei die Basis länger ist als die Schenkel.
d) gleichseitig

4 Sie liegt dem rechten Winkel gegenüber.

5

	spitzwinklig	rechtwinklig	stumpfwinklig
gleichseitig	5		
gleichschenklig nicht gleichseitig	2	3	1
allgemein	7; 8	4; 9	6

6

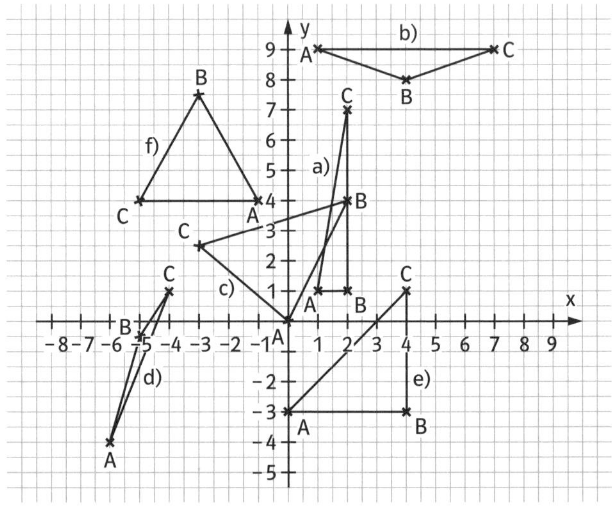

a) allgemein, rechtwinklig
b) gleichschenklig, stumpfwinklig
c) allgemein, spitzwinklig
d) allgemein, stumpfwinklig
e) gleichschenklig, rechtwinklig
f) gleichseitig (und spitzwinklig)

Seite 60

7 a) obere Konstruktion: gleichschenklige Dreiecke mit spitzem, rechtem oder stumpfem Winkel und allgemeine rechtwinklige Dreiecke
untere Konstruktion: gleichseitige Dreiecke, die aus zwei allgemeinen rechtwinkligen Dreiecken entstehen, allgemeine rechtwinklige Dreiecke und stumpfwinklige gleichschenklige Dreiecke
b) Bilder finden sich unter anderem im Internet oder in Broschüren über Fachwerkhäuser, Messebau oder das Münchner Olympiastadion.

8 a) wahr b) falsch c) falsch
d) falsch e) wahr

9 a) b)

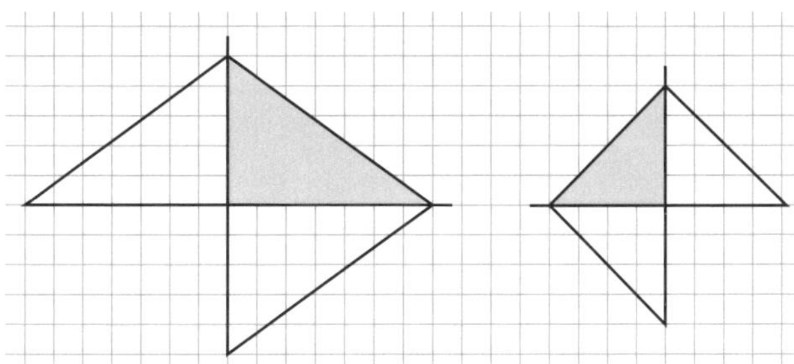

c) d)

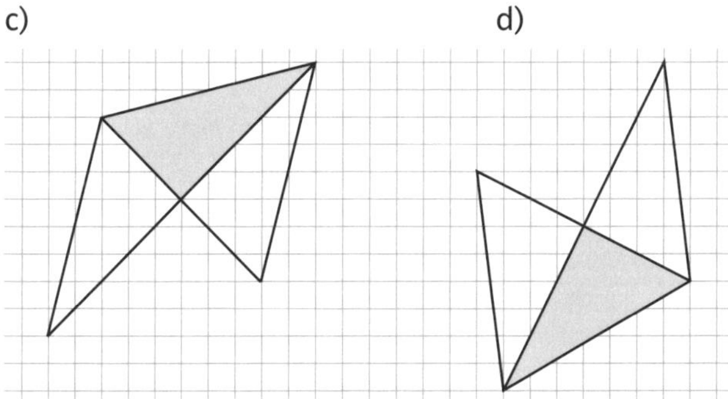

Es ergeben sich jeweils gleichschenklige Dreiecke.

Randspalte
Man berechnet aus den beiden gleich großen spitzen Winkeln eines Dreiecks die Größe des stumpfen Winkels. Ergänzt man diesen zu einem gestreckten Winkel erhält man die Größe des spitzen Winkels des nächsten Dreiecks. Insgesamt ergibt sich:
$10° + 20° + 40° = 70°$

10 Es ergibt sich ein gleichseitiges Dreieck mit doppelt so langen Seiten.

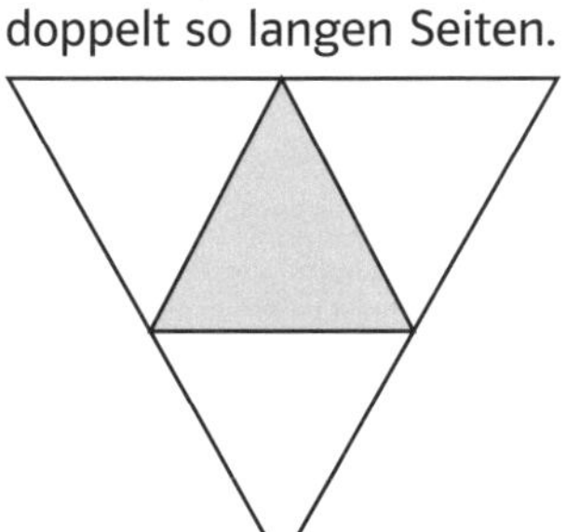

11 a) $\gamma = 140°$; $40°$; $18°$; $2°$
b) $\alpha = 75°$; $65°$; $30°$; $1°$

12 Der Winkel β ist zwischen 20° und 40°.
Die Leiter reicht zwischen 2,3 m und 2,8 m hoch.

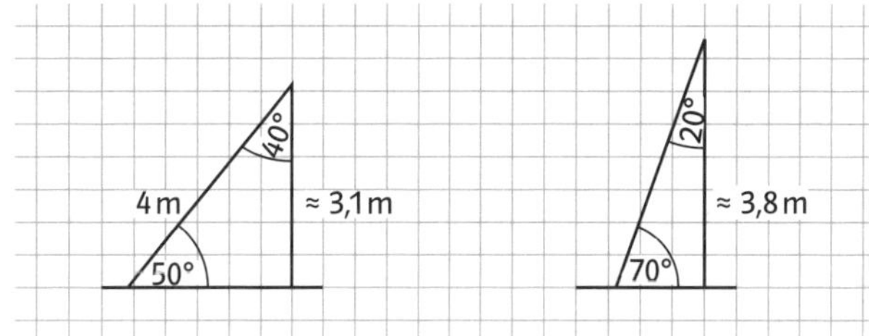

13 Ein Winkel muss größer als 90° sein, also ist der stumpfe Winkel 91° und der dritte Winkel 1°.

14 a)

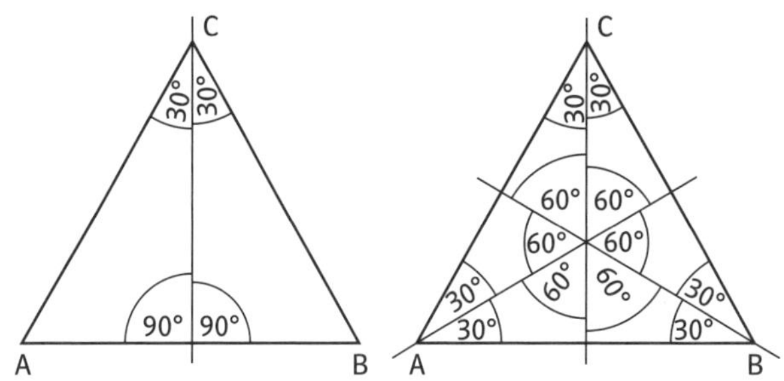

15 Ein Dreieck, das weder rechtwinklig, noch gleichseitig, noch gleichschenklig ist, könnte man als ein Dreieck bezeichnen, an dem nichts Besonderes ist. Zeichnung:

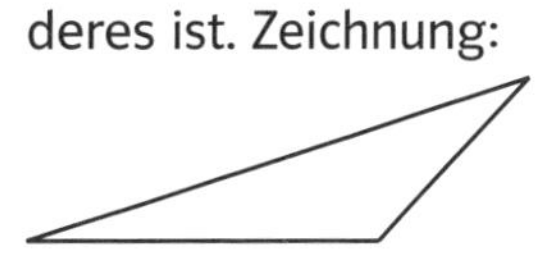

3 Konstruktion von Dreiecken

Seite 61

Einstiegsaufgabe
➔ individuelle Lösungen
➔ Zweimal zu Würfeln reicht nicht aus. Um das Dreieck zu Ende zu zeichnen, muss man selbst noch eine Seitenlänge oder einen Winkel wählen.
➔ Man kann aus drei der Angaben ein Dreieck konstruieren, die vierte Angabe stimmt dann aber nicht mit der tatsächlichen Länge oder dem tatsächlichen Winkel überein. Eine Ausnahme ergibt sich, wenn man die drei Winkel und eine Seite erwürfelt.

Seite 62

1 Der Zollstock hat 20 Abschnitte. Will man ein Dreieck knicken, muss die längste Seite aus weniger als zehn Abschnitten bestehen. Der Umfang muss aber immer 20 sein. Knickt man systematisch alle Dreiecke, so ergeben sich acht verschiedene Möglichkeiten.

2 SSS-Konstruktion wie im Beispiel a), Schülerbuchseite 61
Planfigur:

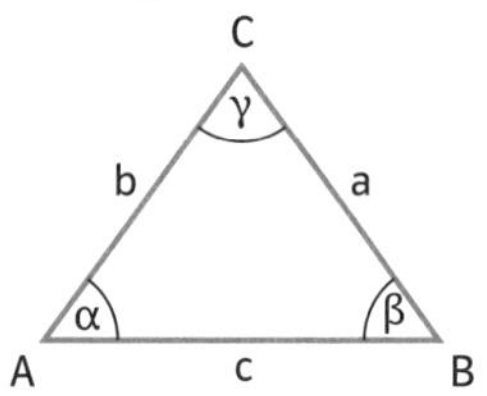

a)

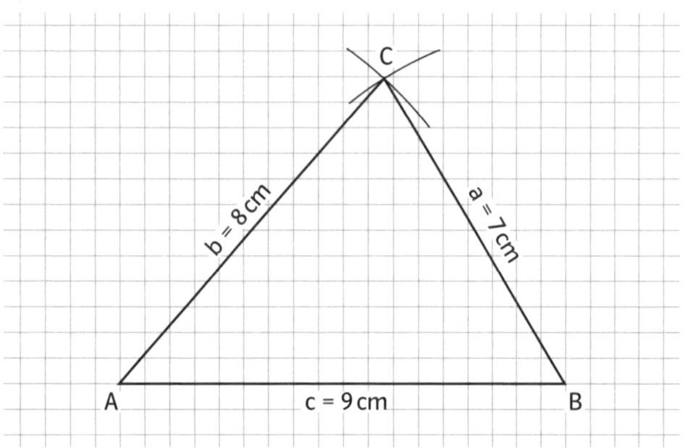

b)

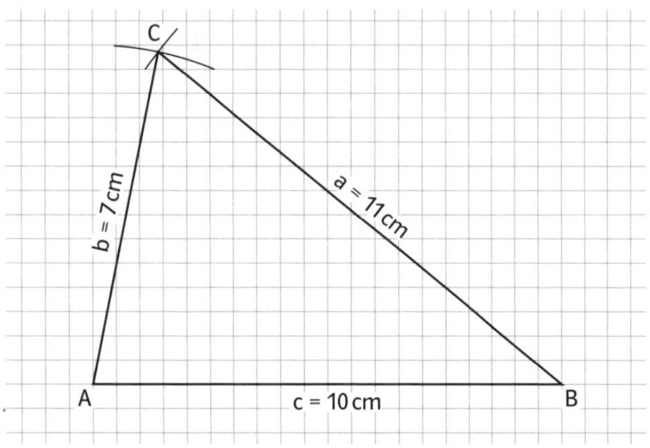

c)

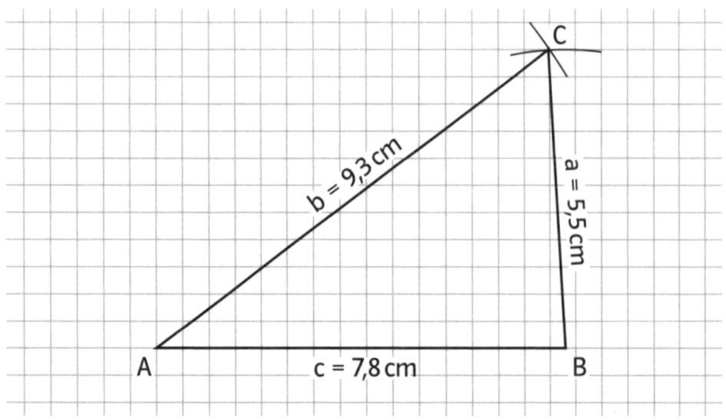

3 SWS-Konstruktionen wie im Beispiel b), Schülerbuchseite 61
Planfigur:

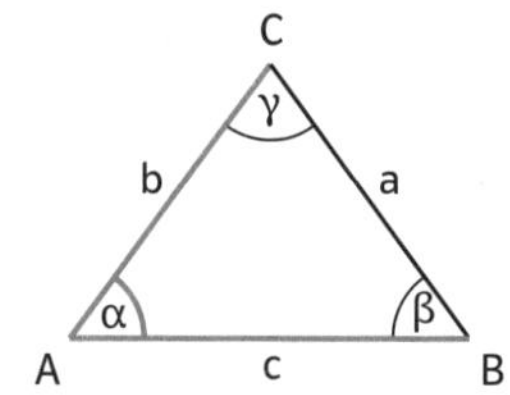

a)

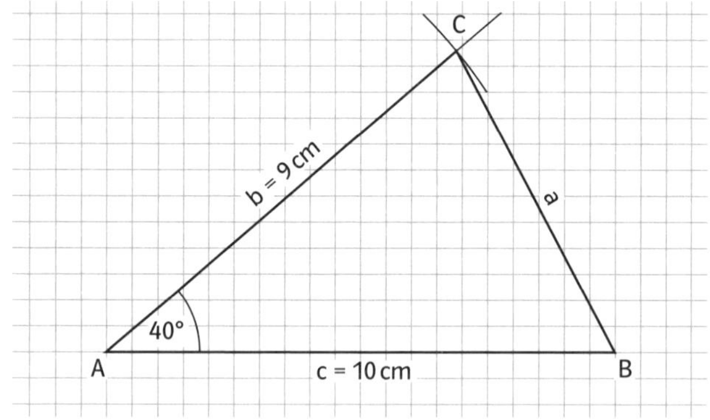

b)

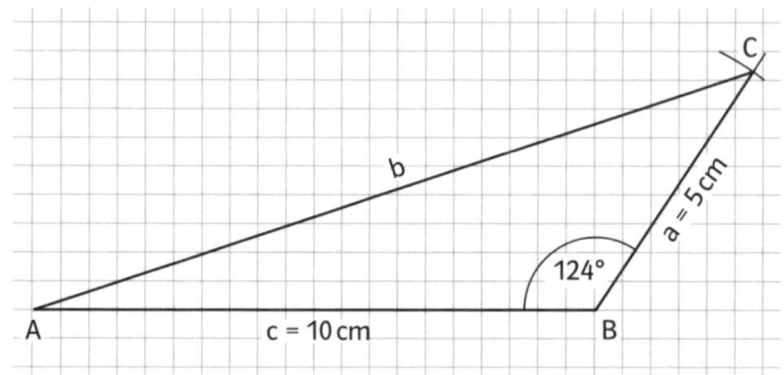

c)

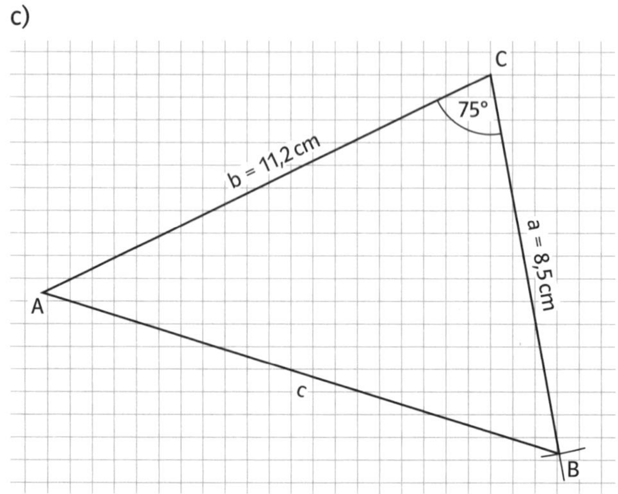

4 WSW-Konstruktionen wie im Beispiel c), Schülerbuchseite 62
Planfigur:

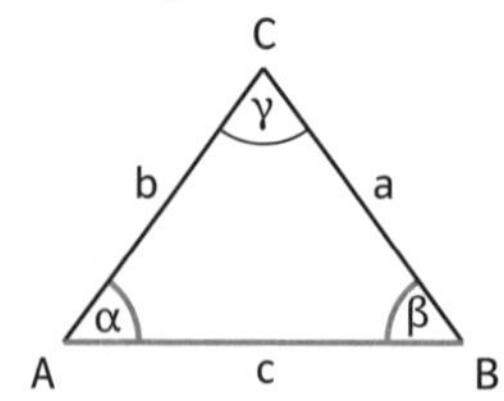

a)

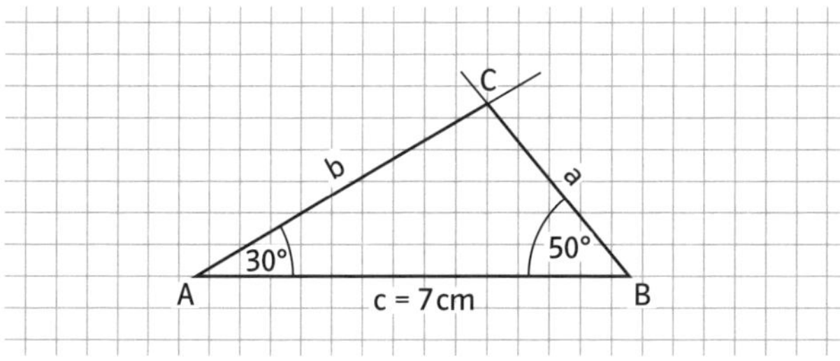

b)

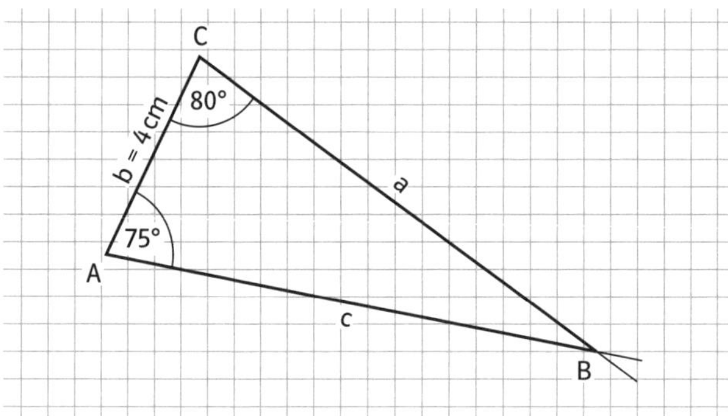

c)

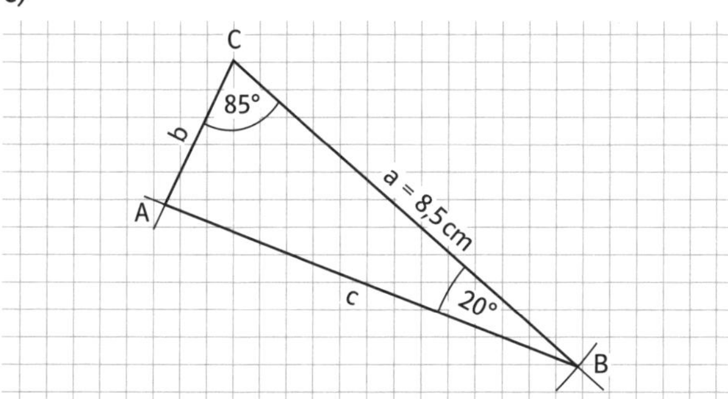

5 SSW-Konstruktionen wie im Beispiel d), Schülerbuchseite 62
Planfigur:

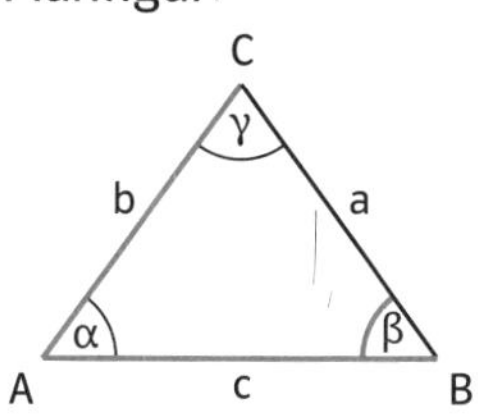

a)

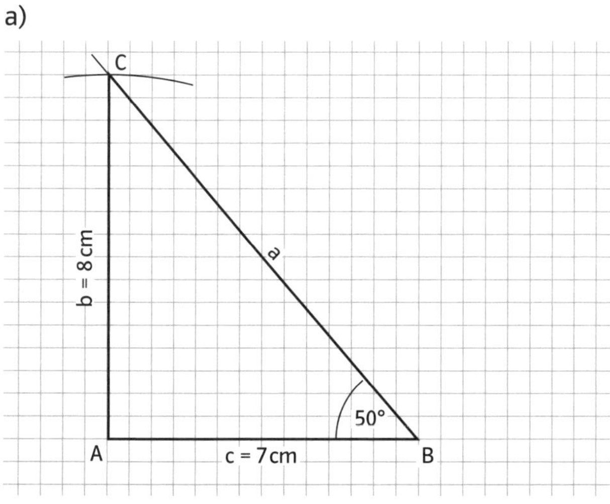

b)

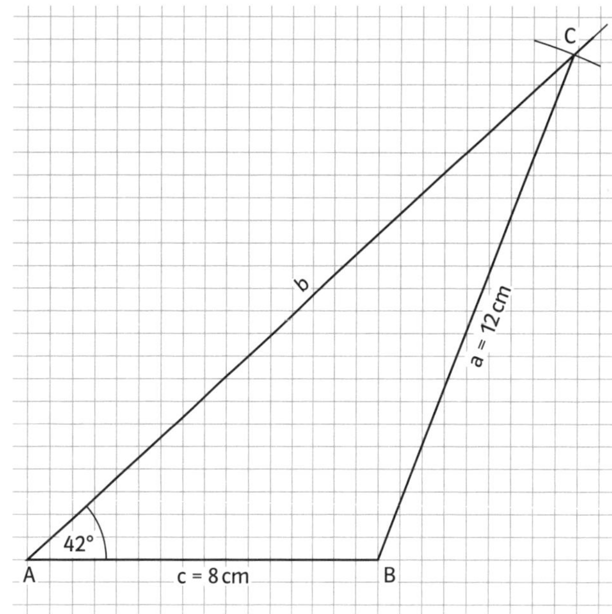

c)

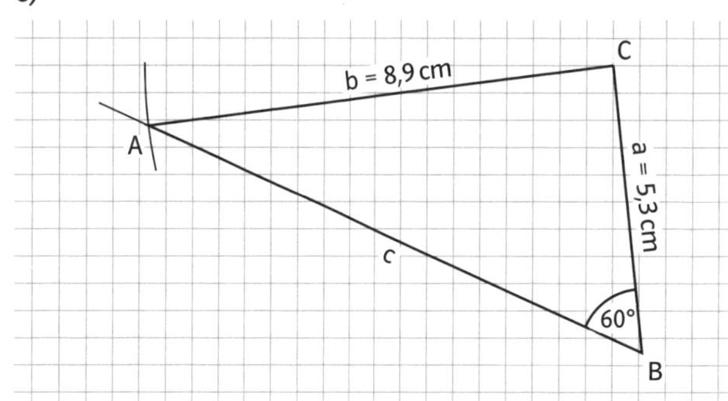

6 Planfigur:

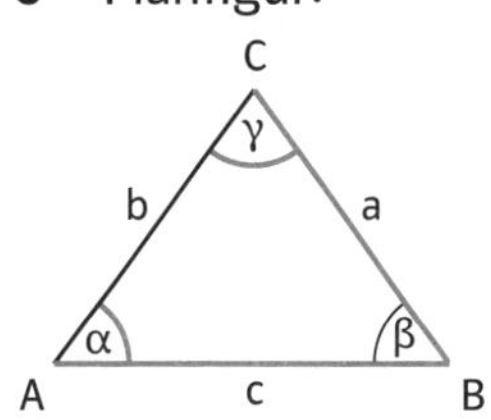

a)

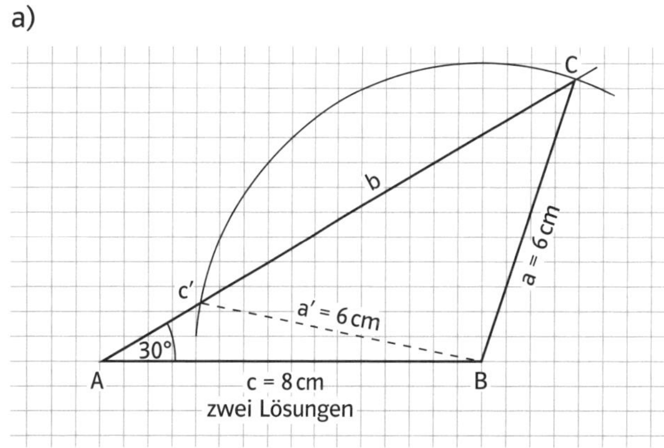

b)

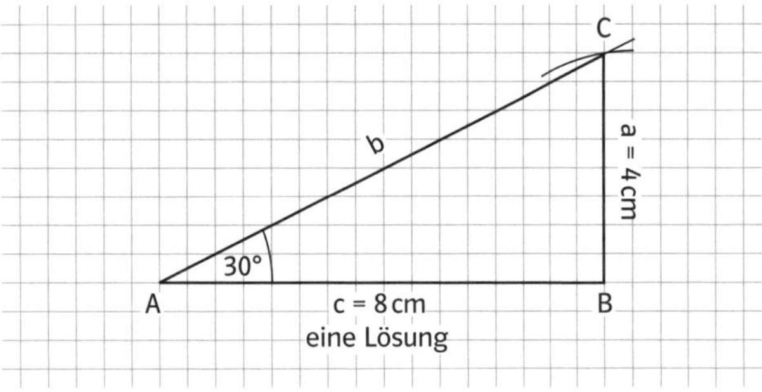

c)

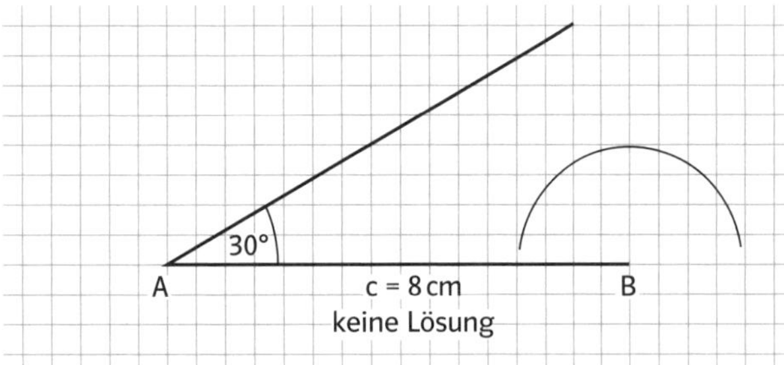

7 a) Die Seiten a und c schneiden sich nicht, weil ihre Summe kleiner ist als die Länge der Seite b.

b) Die Summe der angegebenen Winkel ist größer als 180°. Man kann deshalb kein Dreieck konstruieren.

Seite 63

8 a) SWS-Konstruktion:
Konstruiert werden
1. die Seite $a = 5\,\text{cm}$
2. der Winkel $\gamma = 100°$
3. der Kreis um C mit Radius $b = 7\,\text{cm}$
4. der Schnittpunkt A des Kreises mit dem freien Schenkel von γ.

Planfigur:

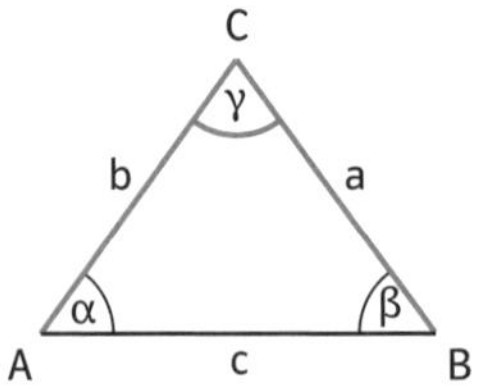

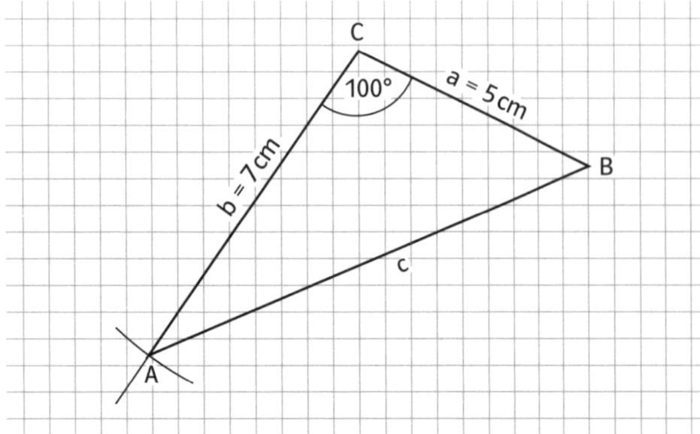

b) WSW-Konstruktion
Durch Berechnung: $\gamma = 90°$
Konstruiert werden
1. die Seite $a = 9\,\text{cm}$
2. der Winkel $\beta = 55°$
3. der Winkel $\gamma = 90°$
4. der Schnittpunkt A der freien Schenkel von β und γ.

Planfigur:

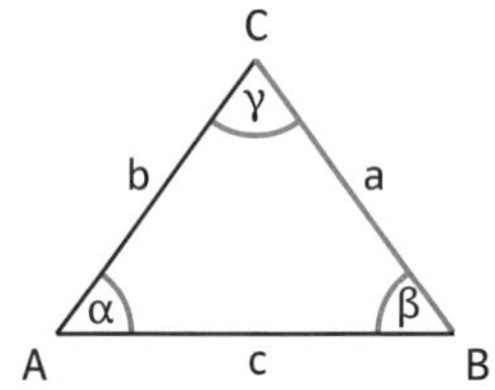

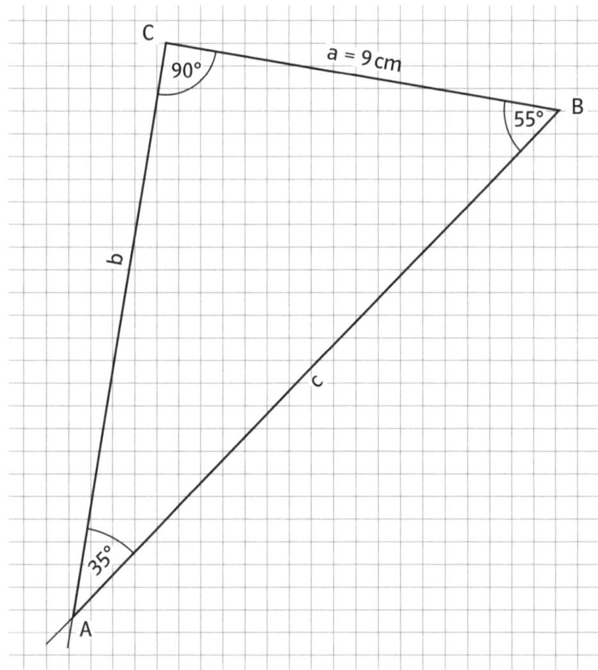

c) SWS-Konstruktion
Konstruiert werden
1. die Seite $c = 8\,\text{cm}$
2. der Winkel $\beta = 60°$
3. der Kreis um B mit Radius $a = 6{,}5\,\text{cm}$
4. der Schnittpunkt C des Kreises mit dem freien Schenkel von β.

Planfigur:

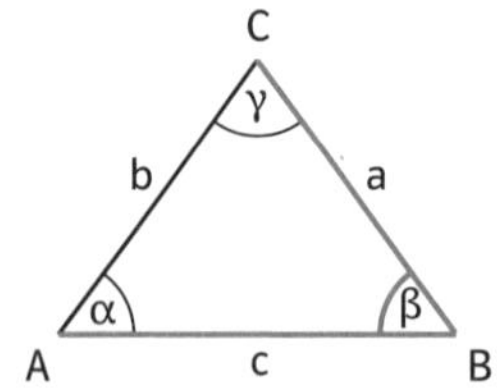

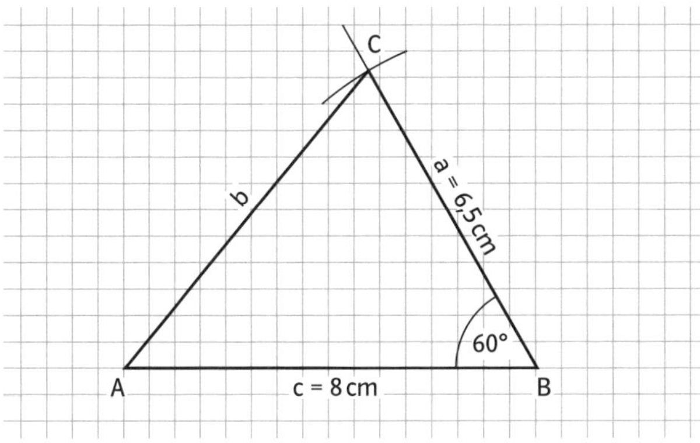

d) SSS-Konstruktion
Konstruiert werden
1. die Seite c = 10 cm
2. der Kreis um A mit Radius b = 3 cm
3. der Kreis um B mit Radius a = 8,5 cm
4. der Schnittpunkt C der Kreise.
Planfigur:

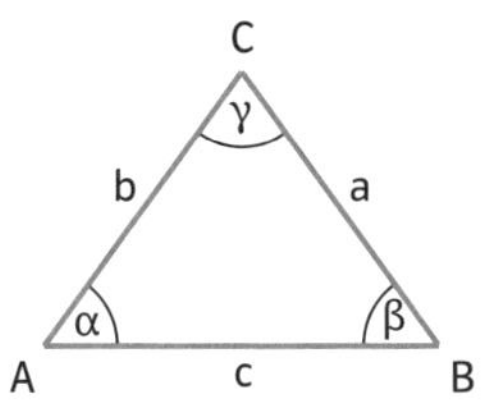

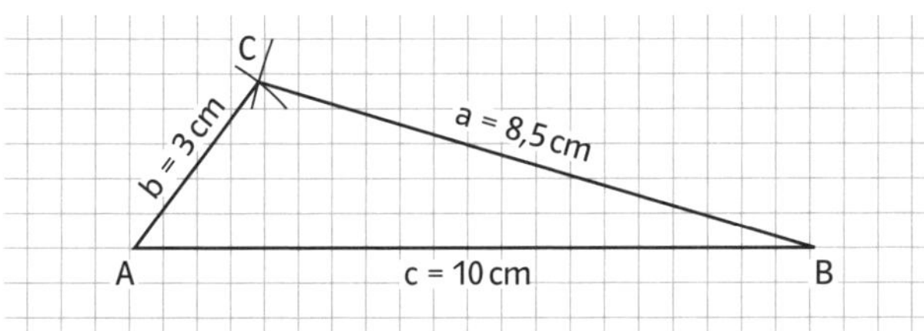

e) WSW-Konstruktion
Durch Berechnung: $\alpha = 60°$
Konstruiert werden
1. die Seite b = 6 cm
2. der Winkel $\alpha = 60°$
3. der Winkel $\gamma = 90°$
4. der Schnittpunkt B der freien Schenkel von α und γ.
Planfigur:

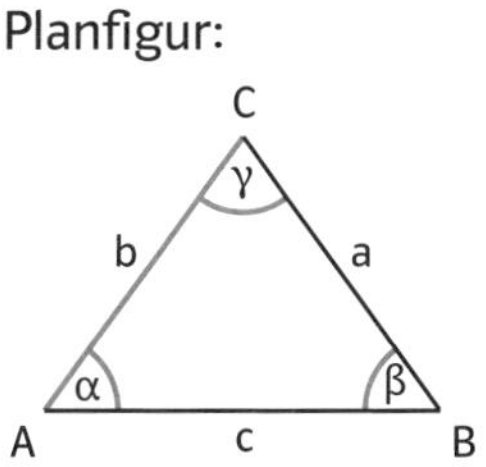

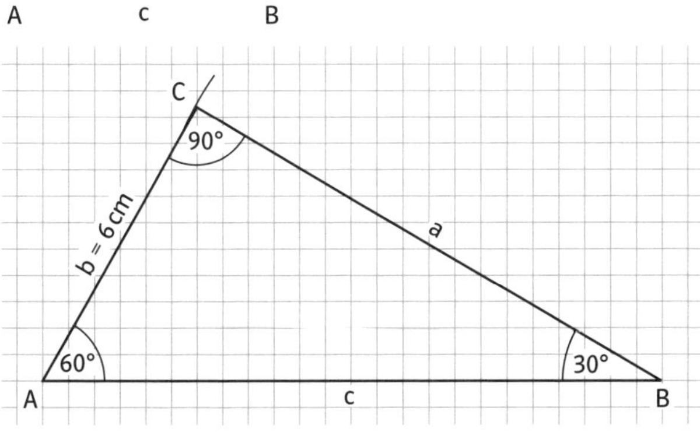

9 1) + 4)

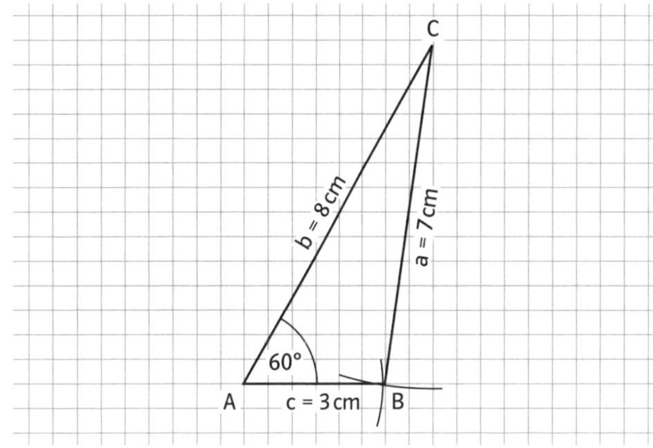

2) + 6)

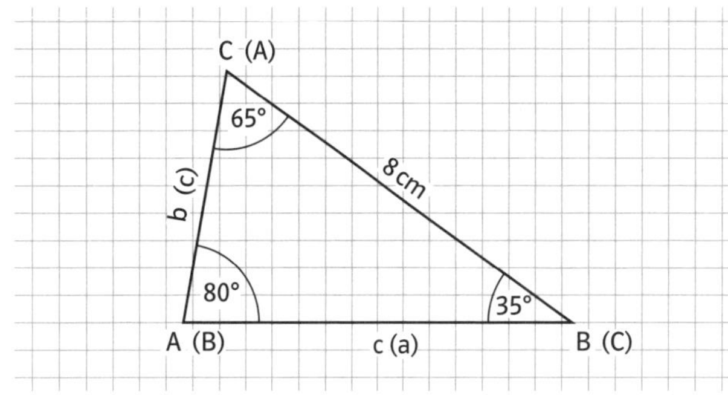

3) + 5)

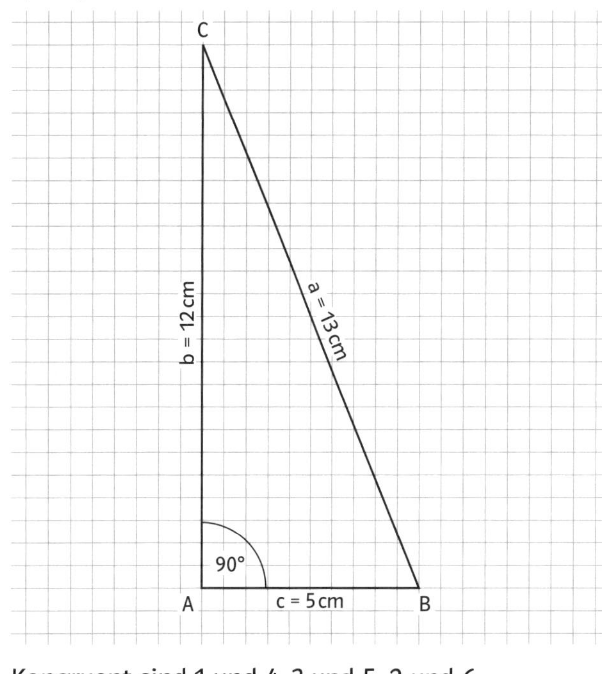

Kongruent sind 1 und 4, 3 und 5, 2 und 6.

10 individuelle Lösungen

11 a) WSW-Konstruktion:
Konstruiere zunächst das Dreieck ABC.
Konstruiert werden
1. die Seite c = 10 cm
2. der Winkel $\alpha = 40°$
3. der Winkel $\beta = 50°$

4. der Schnittpunkt C der freien Schenkel von α und β.
5. der Winkel $\delta = 30°$ an der Seite b.
6. der Schnittpunkt D des freien Schenkels von δ mit der Seite c.

b) SWS-Konstruktion:
Konstruiere zunächst das Dreieck ABC.
Konstruiert werden
1. die Seite $c = 10\,cm$
2. der Winkel $\alpha = 65°$
3. der Kreis um A mit Radius $b = 7\,cm$
4. der Schnittpunkt C des Kreises mit dem freien Schenkel von α.
5. der Kreis um C mit Radius $d = 8\,cm$
6. der Schnittpunkt D des Kreises mit der Seite c.

c) SWS-Konstruktion:
Konstruiere zunächst das Dreieck DBC.
Konstruiert werden
1. die Seite $c = 6\,cm$
2. der Winkel $\alpha = 72°$
3. der Kreis um D mit Radius $b = 6\,cm$
4. der Schnittpunkt C des Kreises mit dem freien Schenkel von α.
5. Verlängere die Seite c um $c' = 4\,cm$.

d) SSW-Konstruktion:
Konstruiere zunächst das Dreieck ABC.
Konstruiert werden
1. die Seite $c = 7\,cm$
2. der Winkel $\beta = 60°$
3. der Kreis um A mit Radius $b = 9\,cm$
4. der Schnittpunkt C des Kreises mit dem freien Schenkel von β.
5. der Kreis um C mit Radius $d = 6\,cm$
6. der Schnittpunkt D des Kreises mit der Seite c.

12 a) Planfigur:

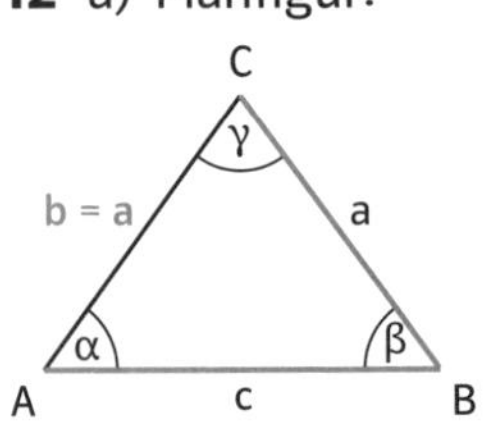

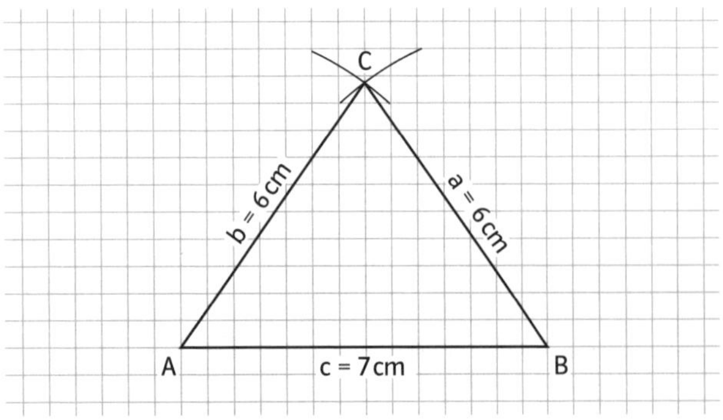

b) Planfigur:

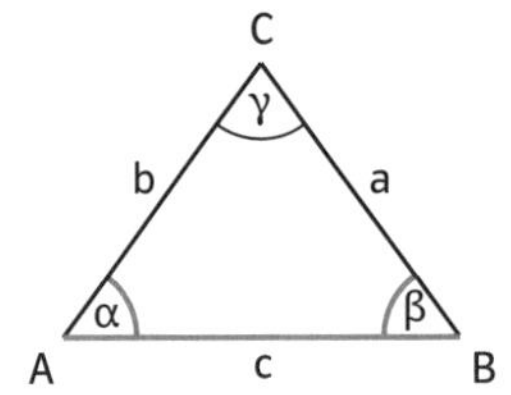

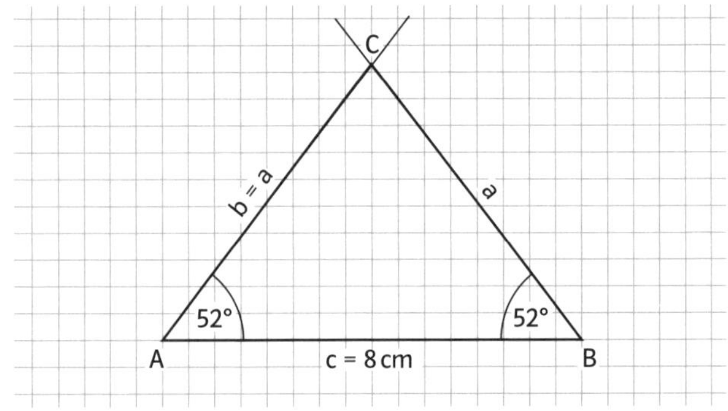

c) Planfigur:

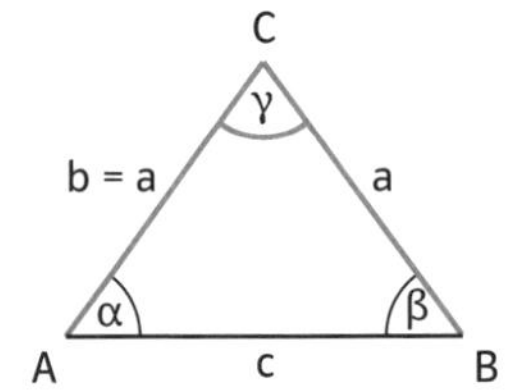

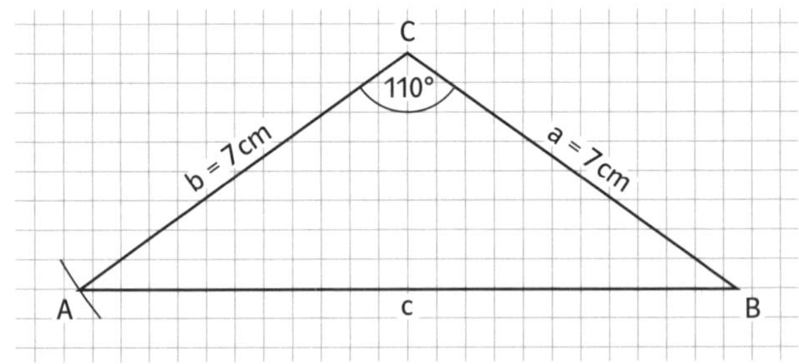

d) Planfigur:

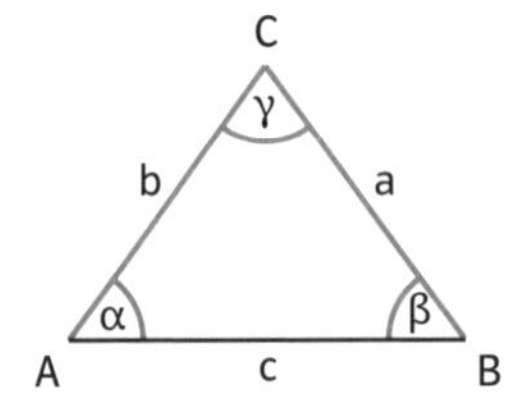

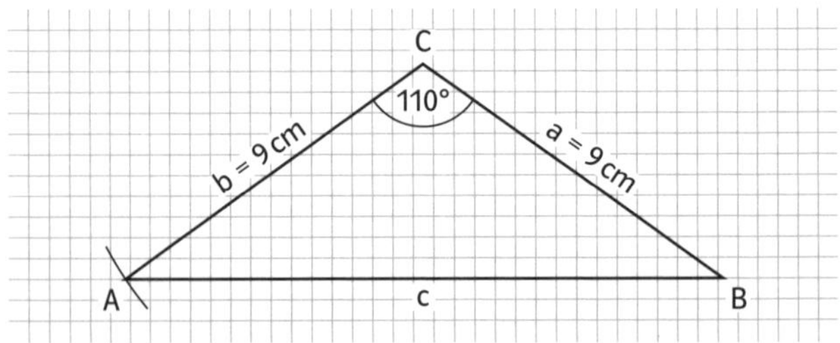

13 Planfigur:

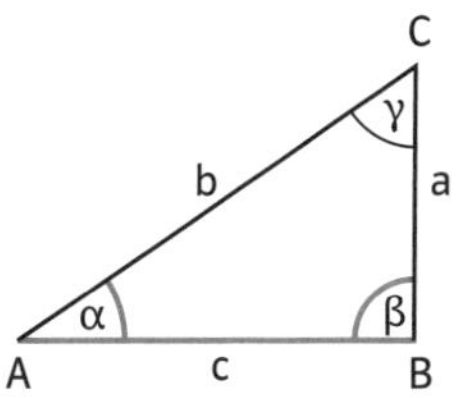

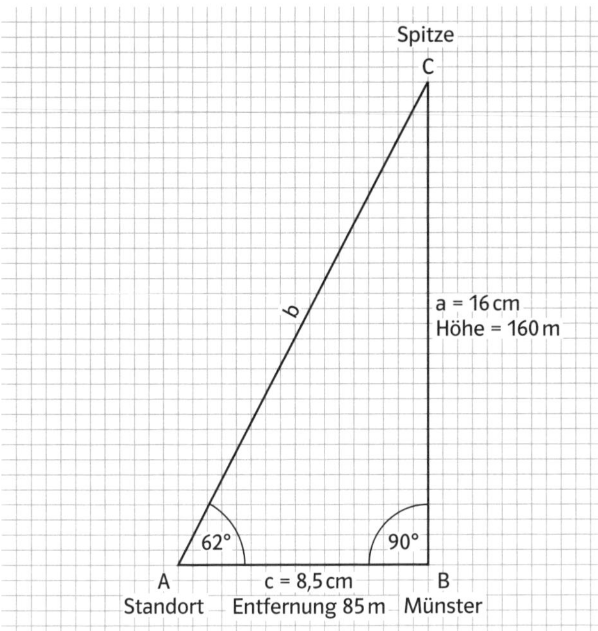

14

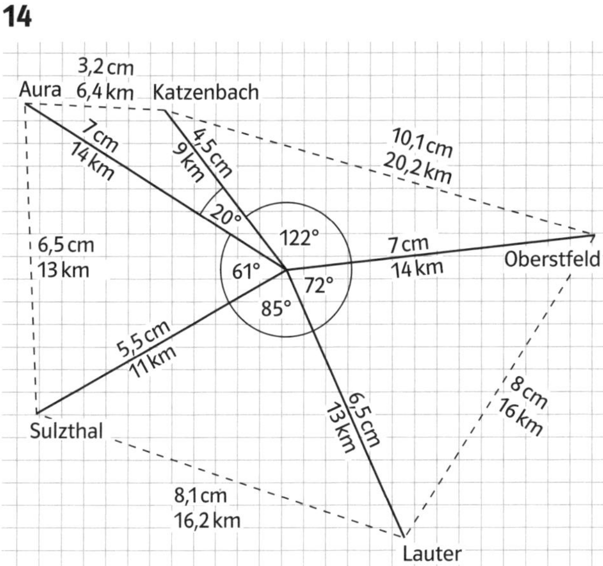

15 Planfigur 1:

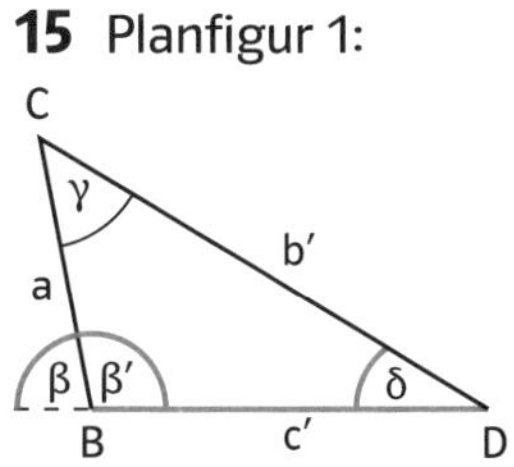

Planfigur 2:

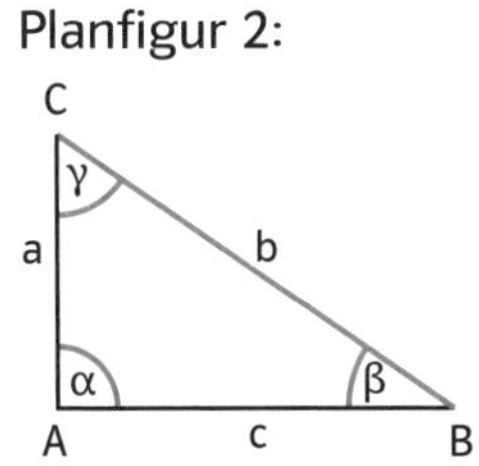

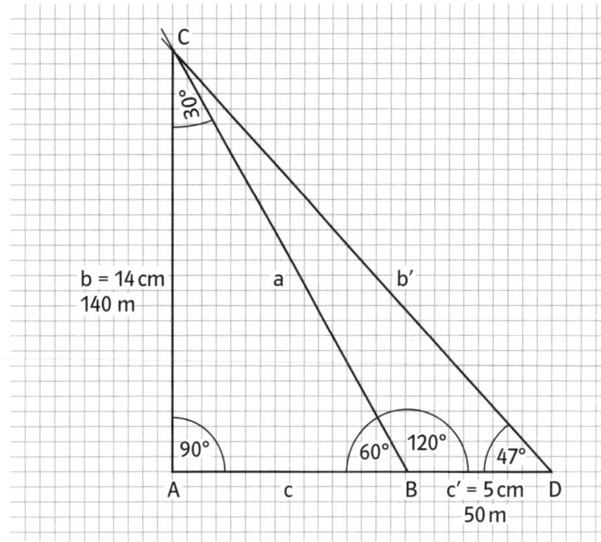

Man macht eine maßstabsgerechte Zeichnung. Man berechnet den Nebenwinkel von β = 60°, nämlich β' = 120°. Man konstruiert zunächst das rote Dreieck BDC mit einer WSW-Konstruktion. Man berechnet den Winkel γ = 30° und ergänzt das schwarze Dreieck nochmals mit einer WSW-Konstruktion. Die Höhe kann man in der Zeichnung ablesen. Sie beträgt etwa 140 m.

4 Umkreis und Inkreis

Seite 64

Einstiegsaufgabe

→ individuelle Lösungen
→ individuelle Lösungen
→ Die drei Faltlinien schneiden sich jeweils in einem Punkt.

Seite 65

1

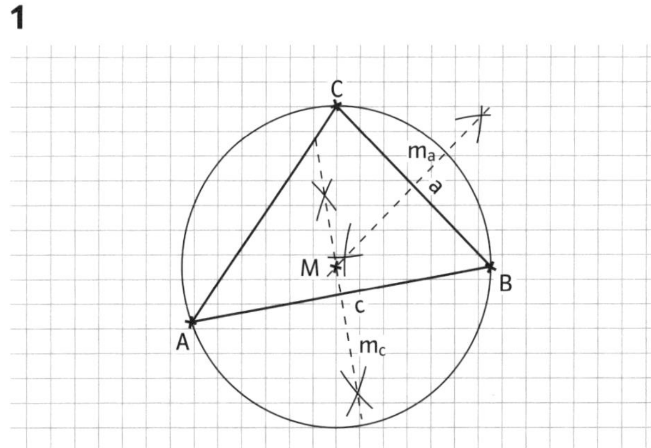

2 a)

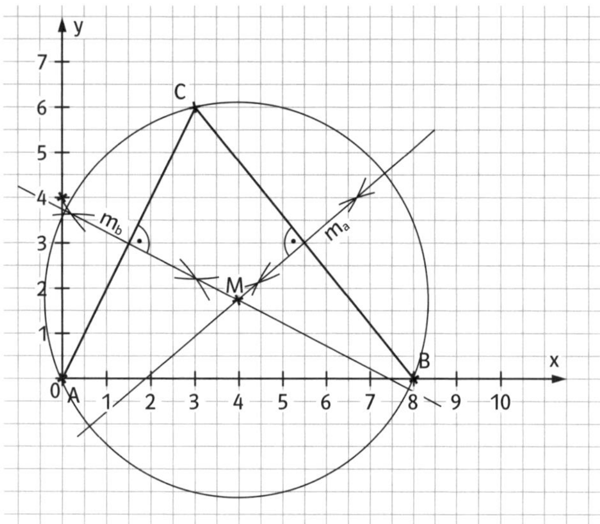

b)

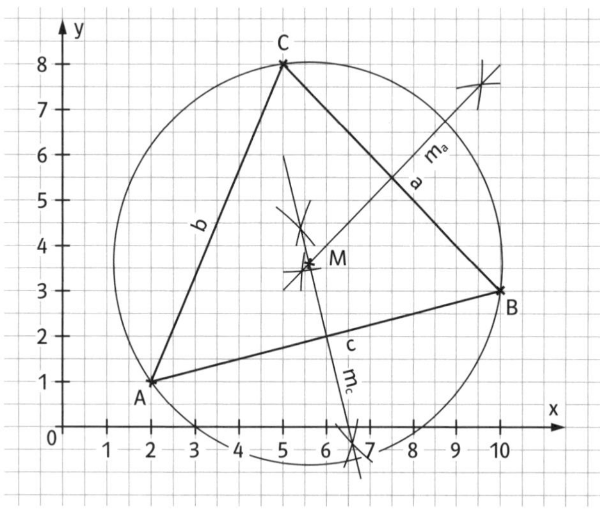

c)

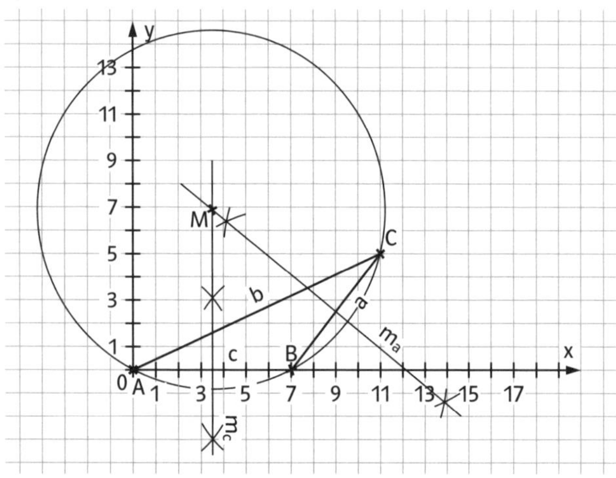

3 Planfigur:

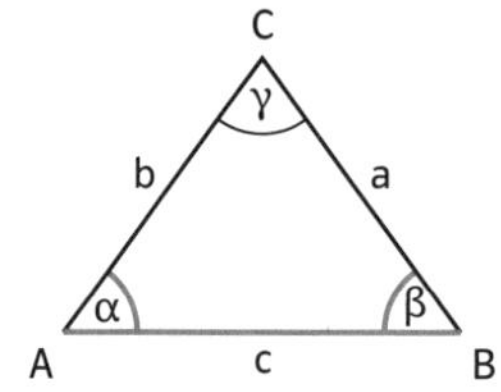

a)

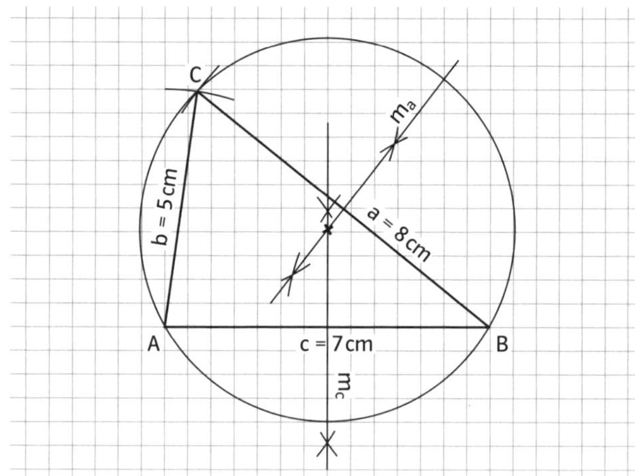

b)

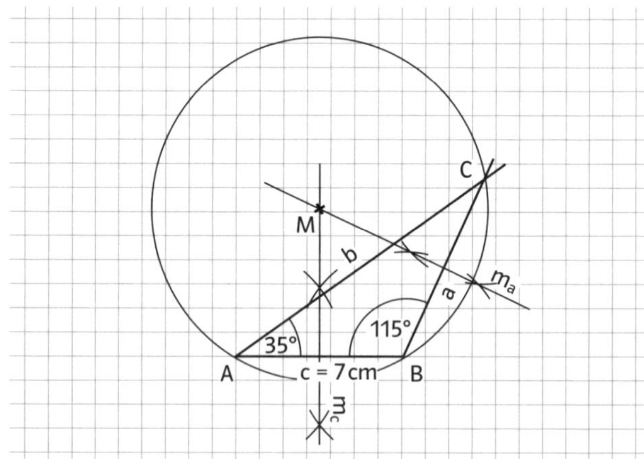

c)

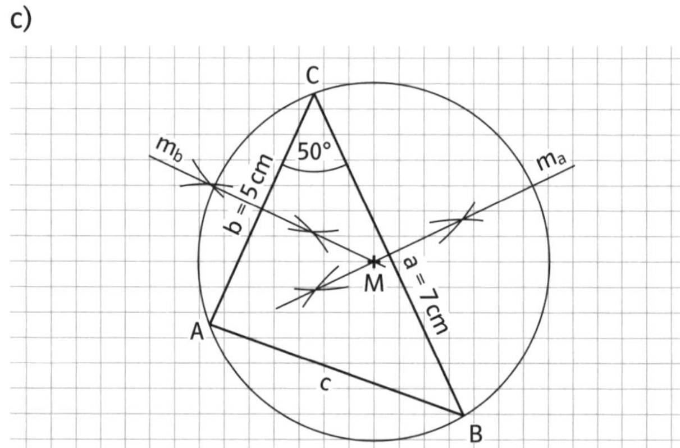

4

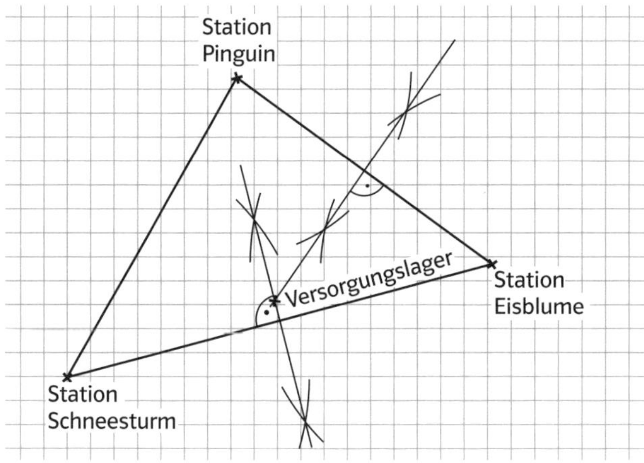

5

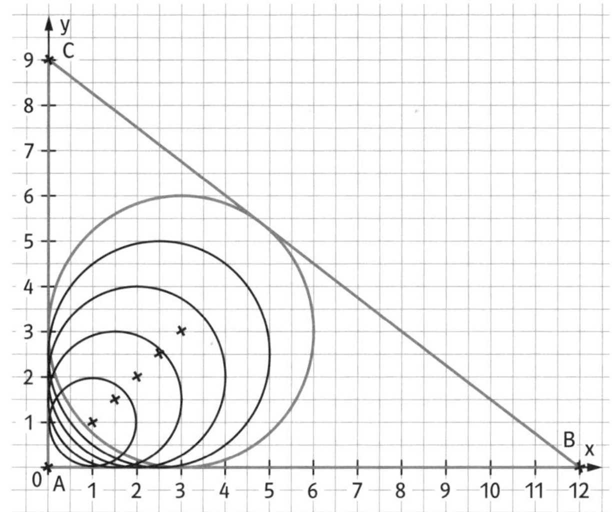

Beim 5. Kreis erhält man den Inkreis des Dreiecks ABC.

6 Der Uhrenkreis ist der Inkreis des dreieckigen Giebels. Man teilt nun in der Spitze des Giebels ein kleineres Dreieck ab, und zwar so, dass die Basis des kleinen Dreiecks parallel zur Basis des Giebeldreiecks ist und den Inkreis gerade berührt. Konstruiert man den Inkreis des kleineren Dreiecks, erhält man die Lage der Rosette.

7 Planfigur:

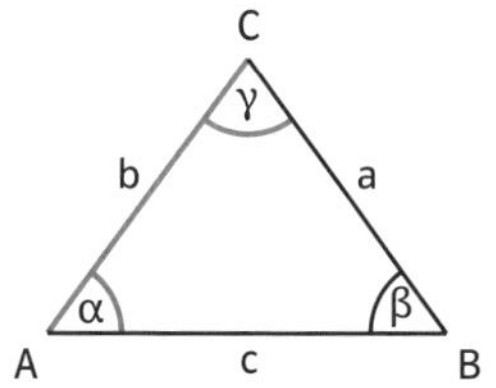

a)

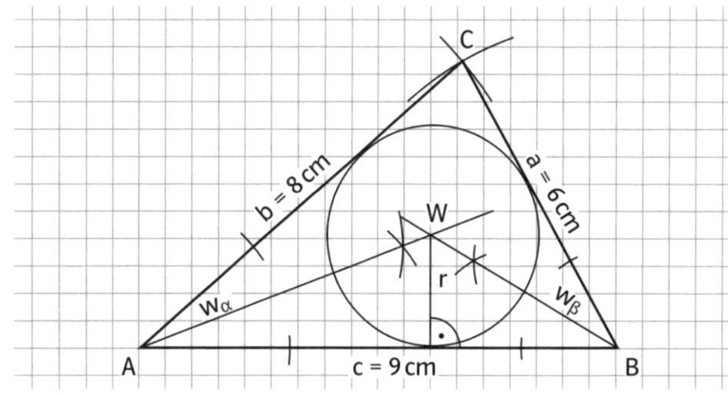

b)

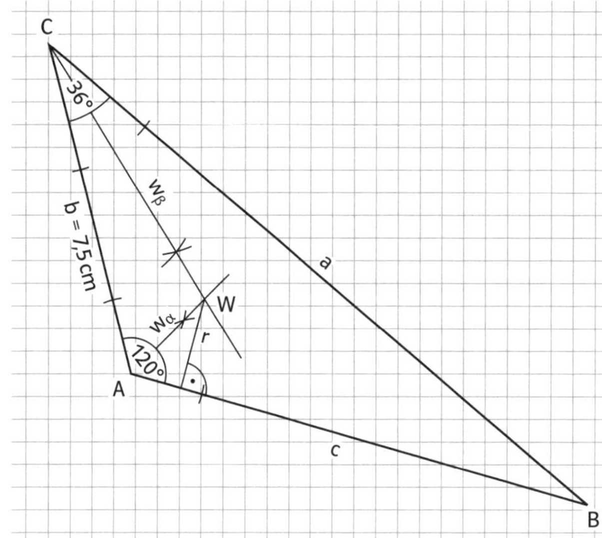

c)

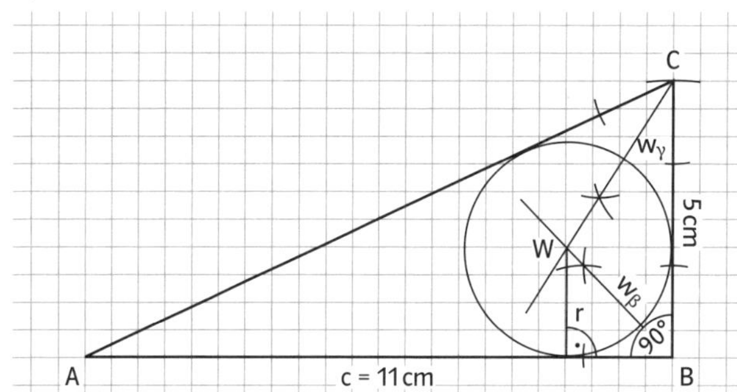

8

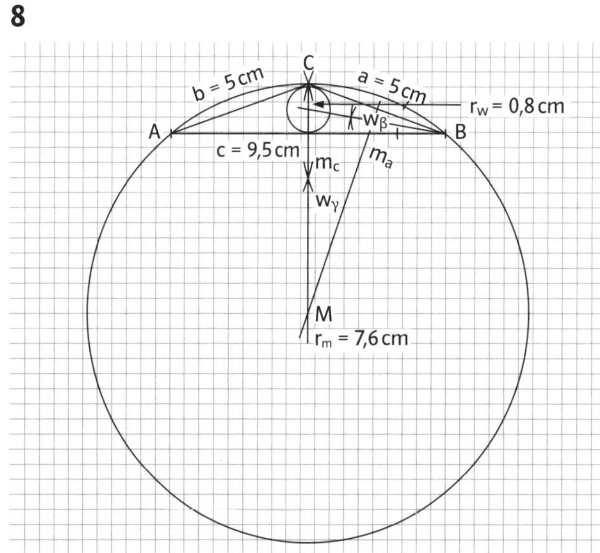

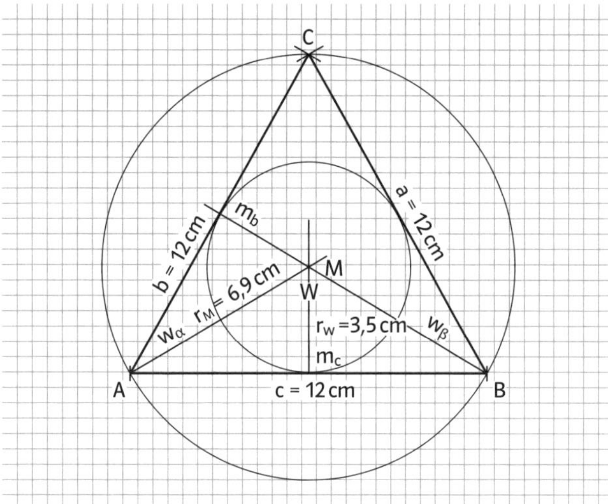

Dreieck 1 hat den größeren Umkreis, Dreieck 2 den größeren Inkreis.

Arbeiten mit dem Computer

- Der Umkreismittelpunkt befindet sich bei spitzwinkligen Dreiecken im Dreieck, bei stumpfwinkligen außerhalb und bei rechtwinkligen auf der Seite, die dem rechten Winkel gegenüberliegt.
- Da der Inkreis immer innerhalb des Dreiecks liegt, muss auch sein Mittelpunkt immer innerhalb des Dreiecks liegen.

5 Schwerpunkt und Höhenschnittpunkt

Seite 66

Einstiegsaufgabe

→ individuelle Lösungen

→ Die Auflagelinien schneiden sich in einem Punkt.

→ Man kann das Dreieck auf der Fingerspitze balancieren, wenn man sie direkt unter den gefundenen Schnittpunkt legt.

Seite 67

1 a)

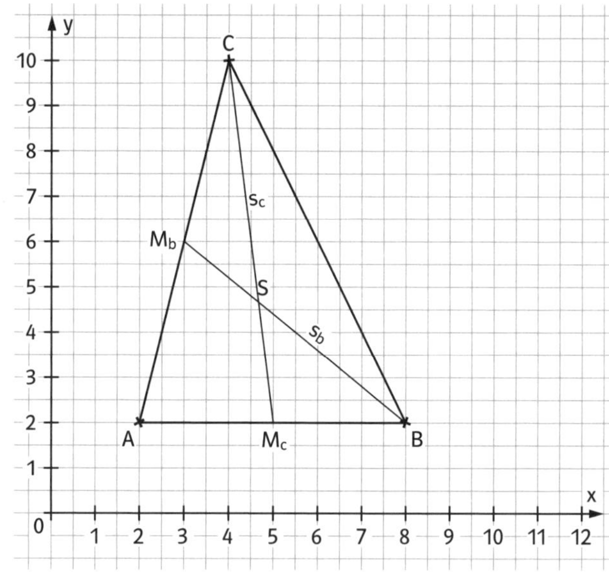

b)

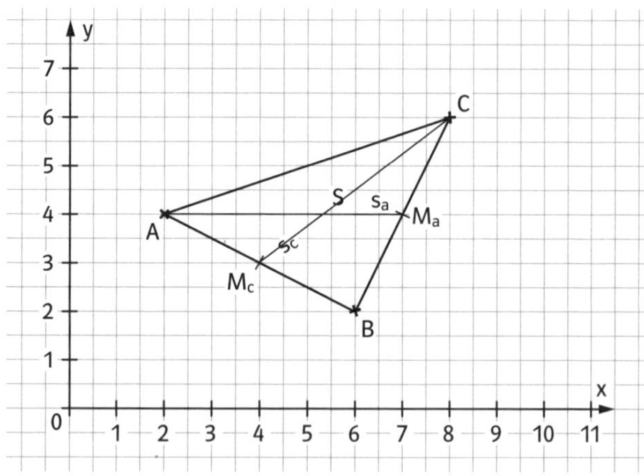

c)

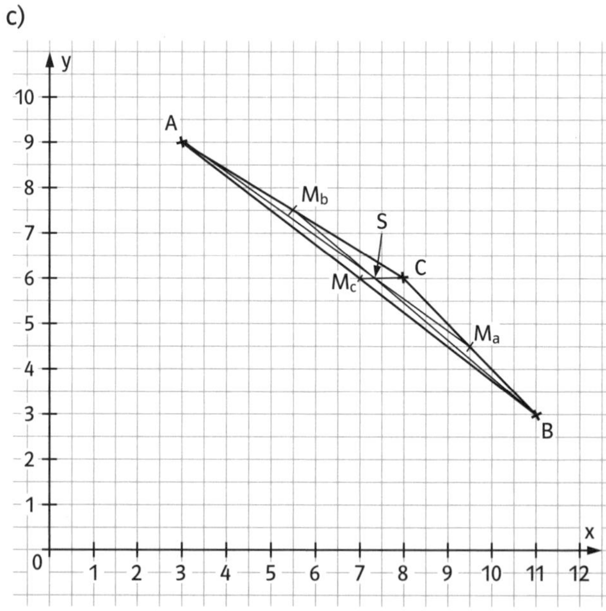

2 a)

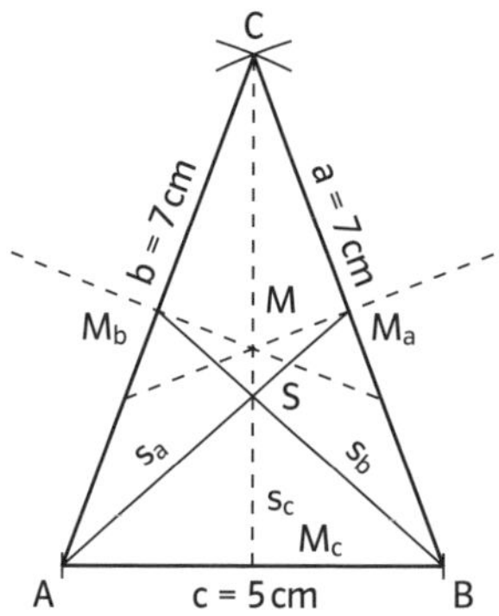

Im gleichschenkligen Dreieck sind die Seitenhalbierende und die Mittelsenkrechte der Basis identisch, also liegen sowohl M als auch S auf dieser Linie.

b)

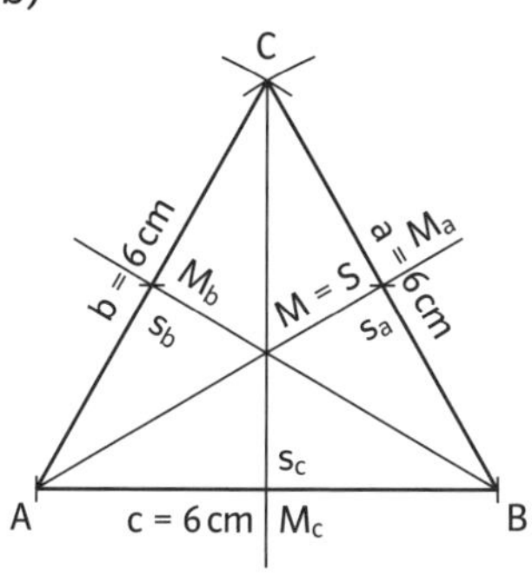

Im gleichseitigen Dreieck sind alle Mittelsenkrechten und Seitenhalbierenden identisch, das bedeutet, dass M und S in einem Punkt zusammenfallen.

3

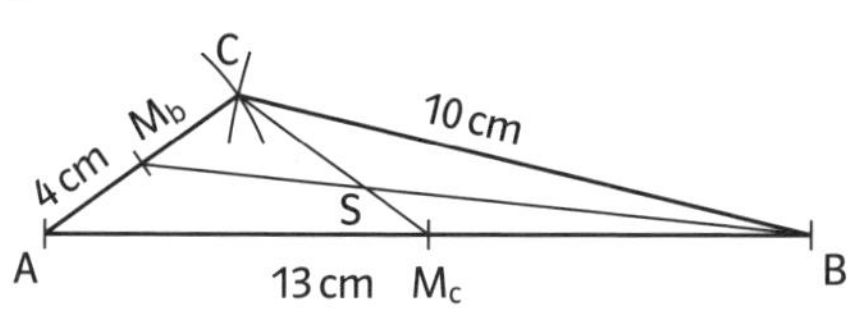

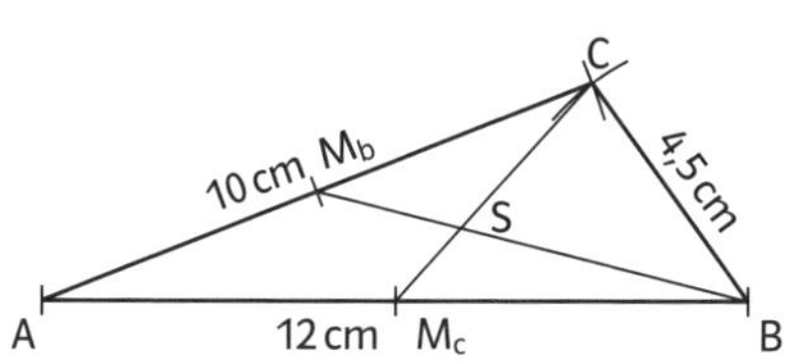

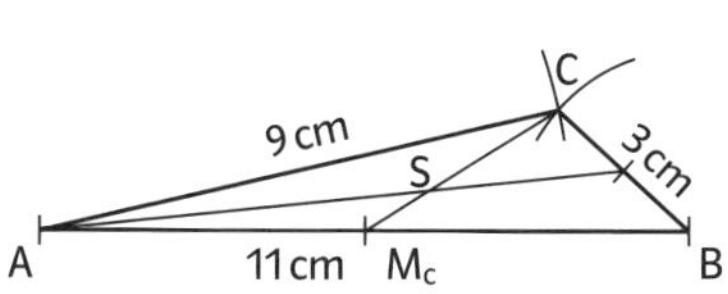

Alle Körper werden am ehesten auf ihrer längsten Seite liegen bleiben, da der Schwerpunkt ihr am nächsten ist.

4 Verbindet man den Kopf des Männchens mit den beiden an seiner Stange hängenden Kugeln, erhält man ein Dreieck, dessen Schwerpunkt der Punkt S ist.

5

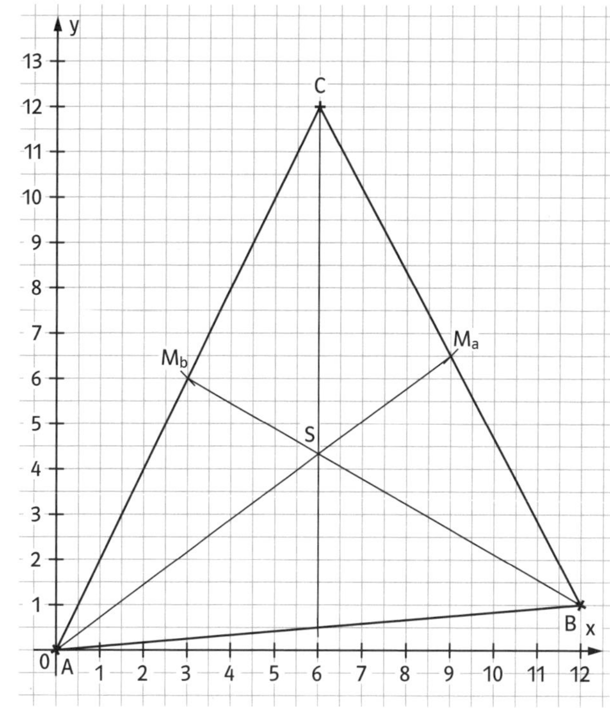

Der Schwerpunkt teilt die Seitenhalbierenden im Verhältnis 1:2.

6 a)

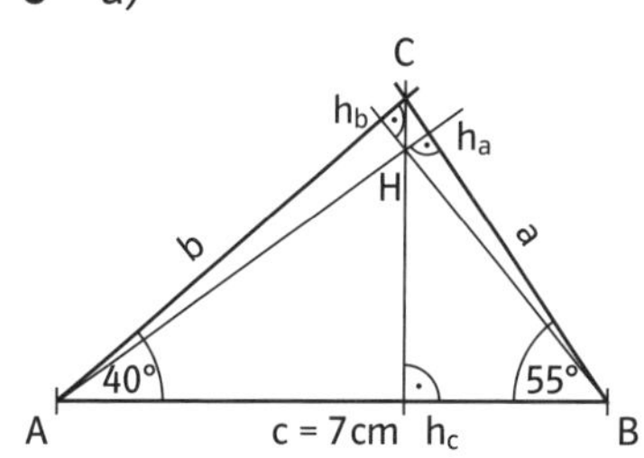

b)

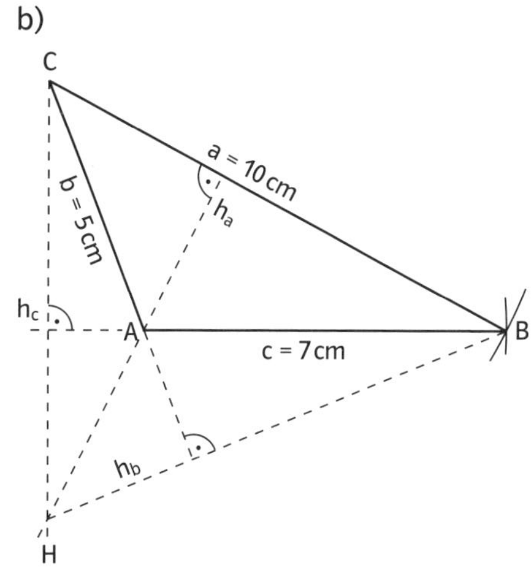

c)

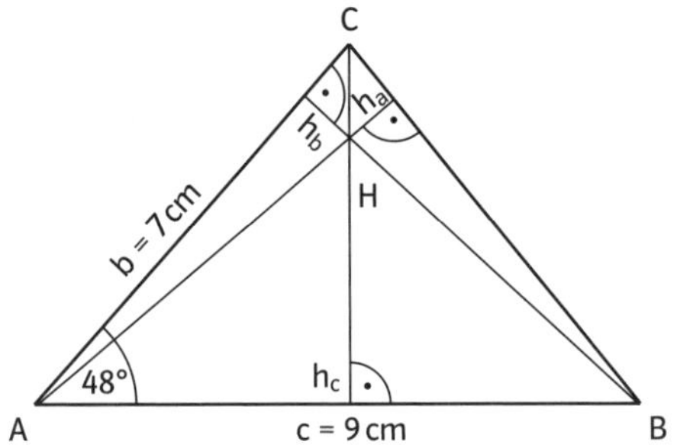

d)

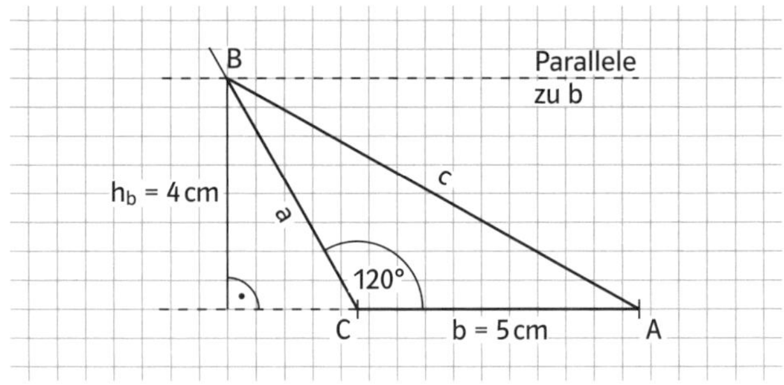

7 Man zeichnet die gegebene Strecke und im Abstand h eine Parallele zu dieser Strecke. Konstruiert man nun den gegebenen Winkel, so entspricht der Schnittpunkt des freien Schenkels des Winkels mit der Parallelen dem dritten Eckpunkt des Dreiecks.

a)

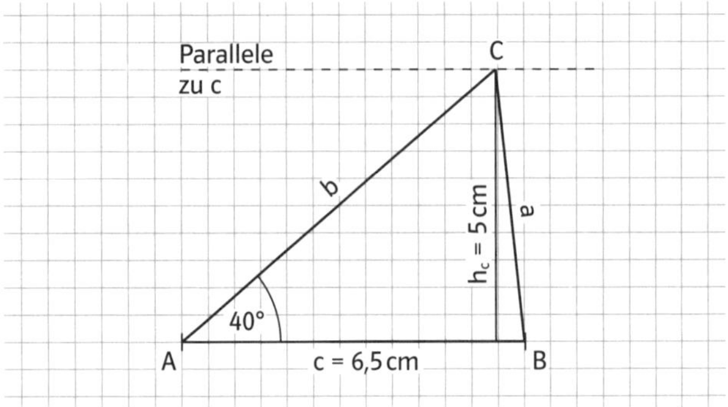

b)

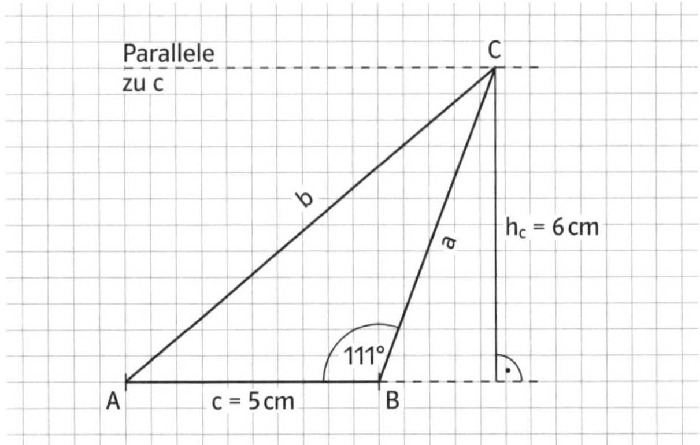

c)

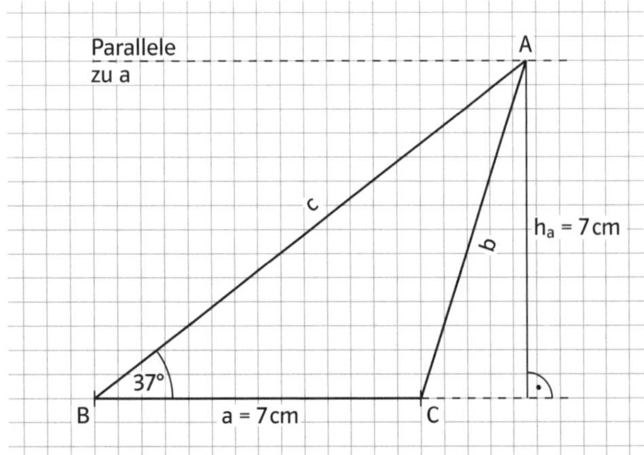

8

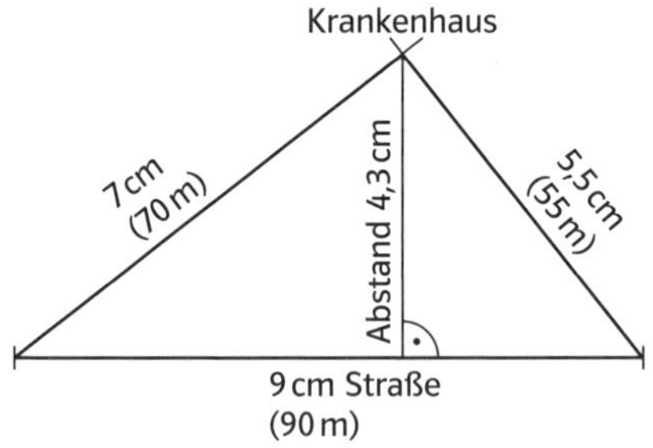

Der Abstand beträgt etwa 43 m.

9 a) Der Umkreismittelpunkt.
b) Die Höhen im Dreieck (Ausnahmen gibt es bei einer der Höhen in stumpfwinkligen Dreiecken).
c) Der Inkreismittelpunkt.
d) Die Seitenhalbierenden eines Dreiecks, deshalb kann man ein Dreieck entlang dieser Linien auch balancieren.
e) Dies gilt für die Punkte der Mittelsenkrechten der Strecke $\overline{AB}$.

10 a) In gleichschenkligen Dreiecken liegen sie alle auf einer Linie, die durch die Spitze geht. Ist der Winkel an der Spitze kleiner als 60°, haben die Punkte (von der Spitze gesehen) die Reihenfolge M, S, H. Ist der Winkel an der Spitze größer als 60°, ist die Reihenfolge H, S, M.
Bei stumpfen Dreiecken wandert H am stumpfen Winkel aus dem Dreieck, M an der dem stumpfen Winkel gegenüberliegenden Seite. Generell wandert H immer auf den größten Winkel zu und M vom größten Winkel weg.
b) Im gleichseitigen Dreieck fallen diese Punkte zusammen.

Üben • Anwenden • Nachdenken

Seite 69

1

	α	β	γ
a)	50°	70°	60°
b)	45°	120°	15°
c)	45°	90°	45°

2 a) $\alpha = 75°$, $\beta = 52°$
b) $\alpha = 88°$, $\beta = 39°$
c) $\alpha = 65°$, $\beta = 45°$, $\gamma = 70°$
d) $\alpha = 106°$, $\beta = 54°$
e) $\beta = 180° - 19° - 124° = 37°$, $\gamma = 72°$
f) $\alpha' = 180° - 120° - 22° = 38°$,
$\alpha'' = 180° - 110° - 34° = 36°$, $\alpha = 38° + 36° = 74°$,
$\beta = 180° - \alpha' - 103° = 180 - 38° - 103° = 39°$
$\gamma = 180° - \alpha - \beta = 180° - 74° - 39° = 67°$

3 a) 16 kleine Dreiecke, sieben Dreiecke (die aus jeweils vier kleinen bestehen, also die Form der oberen beiden Reihen haben; eines dieser fünf steht auf dem Kopf), drei Dreiecke (die aus jeweils neun kleinen bestehen und jeweils die Form der oberen drei Reihen haben), ein großes Dreieck, insgesamt also 27 gleichschenklige Dreiecke. Es gibt keine gleichseitigen Dreiecke.
b) Ein großes Dreieck, sechs kleine an seinen Ecken, ein mittelgroßes in der Mitte, drei etwas größere (die aus dem mittleren und einem Streifen bestehen), drei noch größere (die entstehen, wenn man von dem großen Dreieck, einen Streifen und vier kleine Dreiecke abschneidet), insgesamt also 14 gleichschenklige Dreiecke. Alle diese Dreiecke sind auch gleichseitig.

4 Nein. Wenn die Basis doppelt so lang wie die Schenkel wäre, dann würden sich die Schenkel nicht schneiden. Man könnte sie genau auf die Basis legen, aber es entstünde kein Dreieck.

5 Es können drei stumpfwinklige oder zwei stumpfwinklige und ein spitzwinkliges Dreieck entstehen.
„Durch den Punkt im Inneren des Dreiecks entstehen drei neue Dreiecke. Die Winkelsumme um diesen Punkt beträgt 360° (Vollwinkel). Daher können nie drei spitzwinklige Dreiecke entstehen, denn sie Summe von drei Winkelgrößen, die jeweils kleiner als 90° sind, ist stets kleiner als 270°. Außerdem können auch nie zwei spitzwinklige Dreiecke auftreten. Dann wäre die Winkelsumme dieser beiden spitzen Winkel am gemeinsamen Eckpunkt kleiner als 180°, so dass für den dritten Winkel eine Winkelgröße übrig bliebe, die größer als 180° ist. Dies widerspricht der Winkelsumme im Dreieck. Also kann höchstens **ein** spitzwinkliges Dreieck entstehen, so dass es nur zwei Fälle gibt: ein spitzwinkliges und zwei stumpfwinklige oder drei stumpfwinklige Dreiecke."

6 Von der vierseitigen Pyramide sieht man (außer von oben) immer nur eine oder meistens zwei Seiten. Die Kanten des Schattens ergeben sich dann aus den äußeren Kanten dieser beiden Pyramidenseiten. Damit der Schatten die Form eines gleichschenkligen Dreiecks hat, muss die Sonne genau auf eine Seitenfläche der Pyramide fallen oder genau auf eine Seitenkante (wenn die Sonne höher oder tiefer steht, ist der Schatten kürzer oder länger). Steht die Sonne genau über der Spitze der Pyramide, entsteht kein Schatten.

7 a) Ein Dreieck besteht aus drei Winkeln und drei Seiten, die sich in drei Punkten treffen.
b) Man teilt Dreiecke entweder nach der Größe ihrer Winkel ein (und unterscheidet dann spitzwinklige, rechtwinklige und stumpfwinklige Dreiecke) oder nach der Länge ihrer Seiten (und unterscheidet dann allgemeine, gleichschenklige oder gleichseitige Dreiecke; vergleiche auch Schülerbuchseite 58 und Seite 68).
c) Die einzige Bedingung für die Winkel im Dreieck ist, dass die Summe immer 180° ist.
d) Die einzige Bedingung ist, dass die Summe aus zwei Seiten immer größer sein muss als die Länge der dritten Seite.

Randspalte
Man muss die Schnipsel nicht mühsam zusammensetzen, denn die Winkel eines gleichseitigen Dreiecks sind immer jeweils 60°.

Seite 70

8

	allgemein	gleichschenklig	gleichseitig
spitzwinklig	ja	ja	ja
rechtwinklig	ja	ja	nein
stumpfwinklig	ja	ja	nein

9 a) Nein. Liegen die Punkte auf einer Geraden, so ergibt sich kein Dreieck.
b) Ja, denn wenn alle drei Seiten die gleiche Länge haben, haben auch die Schenkel die gleiche Länge.
c) Nein. Rechtwinklige Dreiecke haben einen Winkel von 90°. Im gleichseitigen Dreieck sind alle Winkel gleich groß und das bedeutet, dass sie wegen der Winkelsumme von 180° immer 60° sind.

d) Ja. Ein gleichschenkliges Dreieck hat immer zwei gleiche Basiswinkel. Wären die Basiswinkel stumpf, also jeweils größer als 90°, würde die Winkelsumme des Dreiecks überschritten werden.
e) Ja. Im rechtwinkligen Dreieck gibt es immer noch zwei kleinere spitze Winkel. Die längste Seite im Dreieck liegt aber dem größten Winkel gegenüber.
f) Nein. Der gegenüberliegende Winkel kann auch rechtwinklig oder spitzwinklig sein, es ist aber in jedem Fall der größte Winkel im Dreieck.

10 Hier sind individuelle Lösungen möglich. Die Konstruktionen mit den einzelnen auszuführenden Schritten sind im Schülerbuch auf den Seiten 61 und 62 erklärt. Man muss beachten, dass die SSW-Konstruktion nicht immer eindeutig ist, wenn eine der vorgegebenen Seiten die kleinste der Dreiecksseiten ist.

11 Man beginnt bei der Konstruktion mit dem linken weißen Dreieck und führt nacheinander eine WSW-, eine SSS-, eine SWS- und eine SSW-Konstruktion aus.

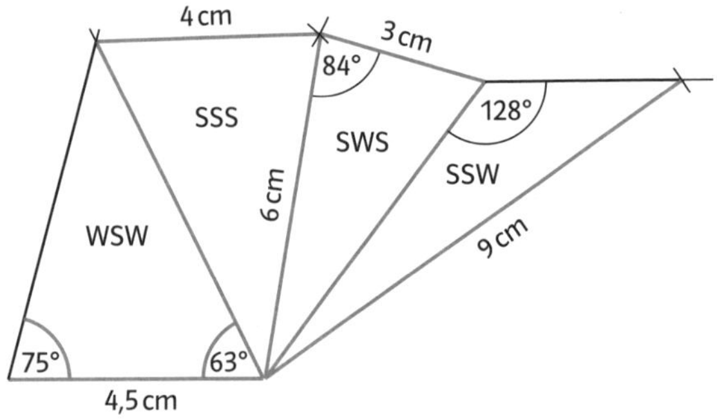

12 1) Planfigur:

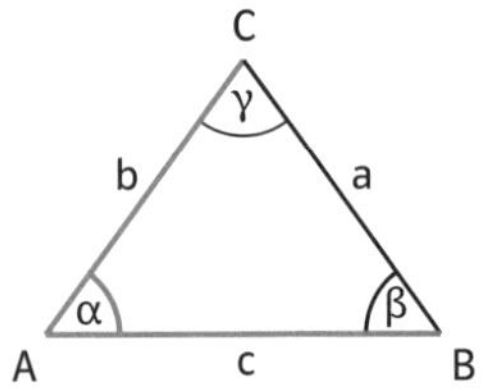

SWS-Konstruktion

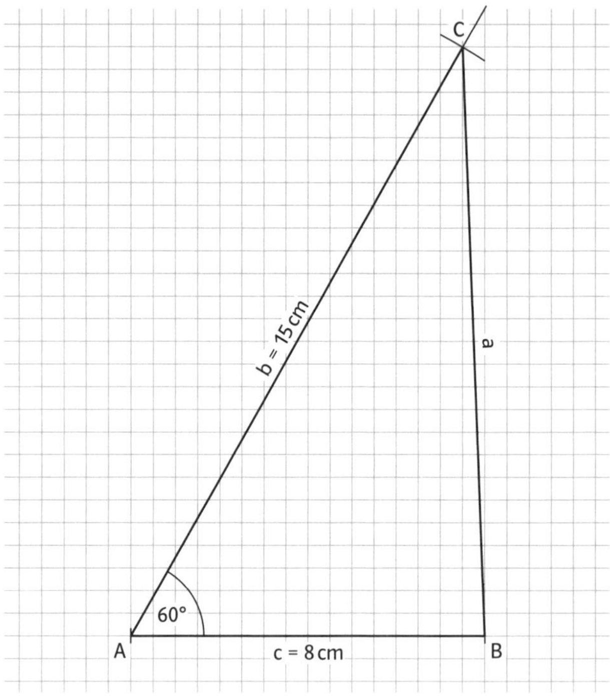

2) Planfigur:

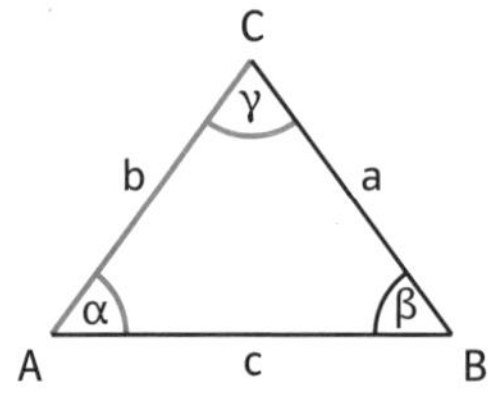

WSW-Konstruktion

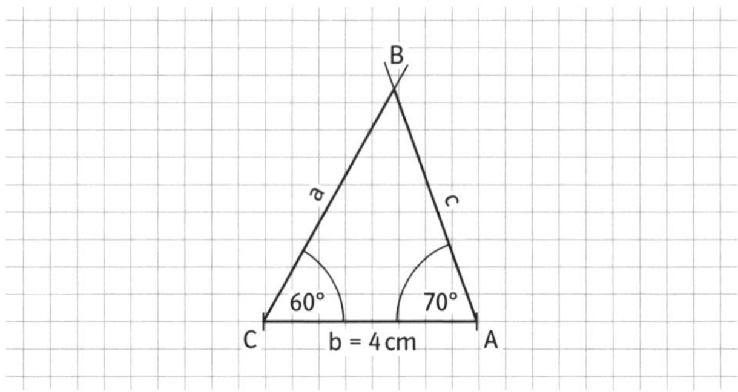

3) Planfigur:

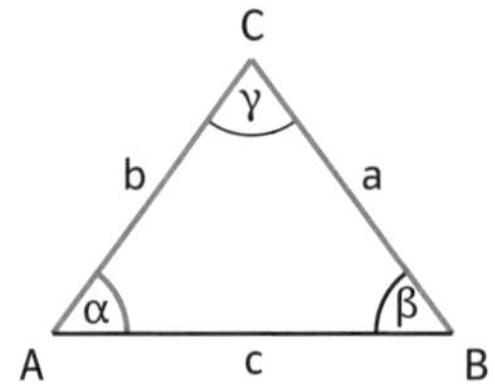

SSW-Konstruktion

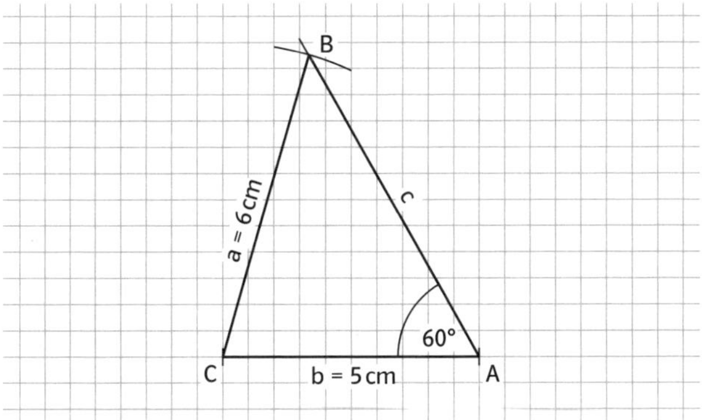

4) Planfigur:

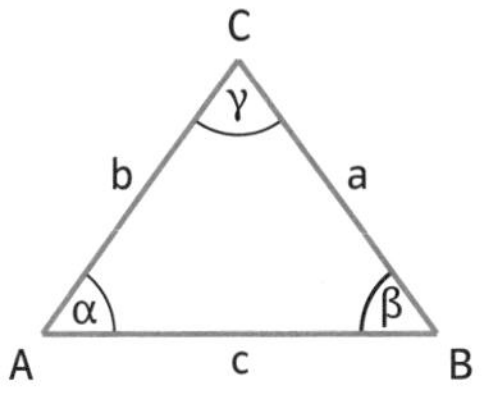

SSS-Konstruktion

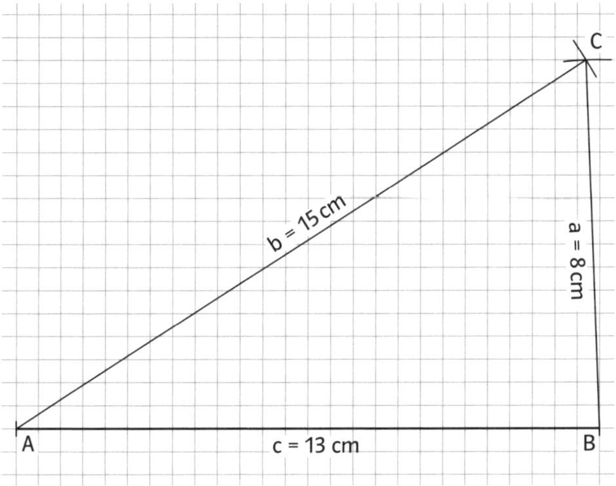

5) Planfigur:

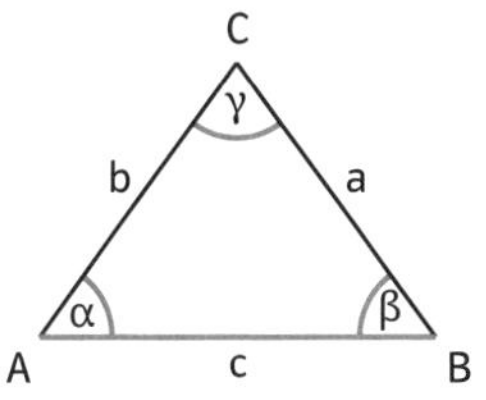

WSW-Konstruktion

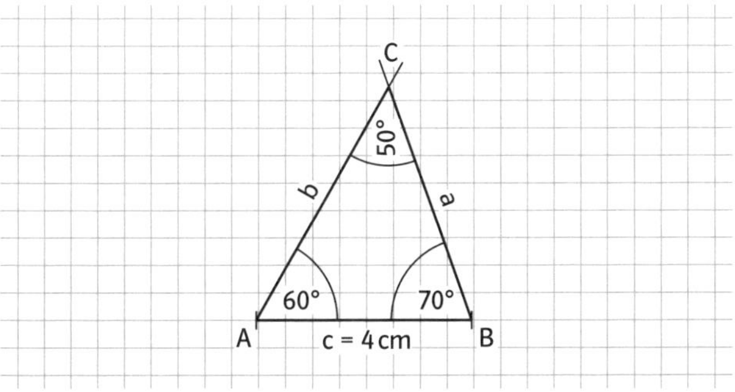

6) Planfigur:

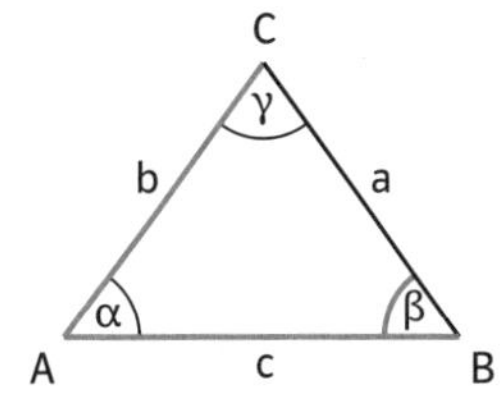

SSW-Konstruktion

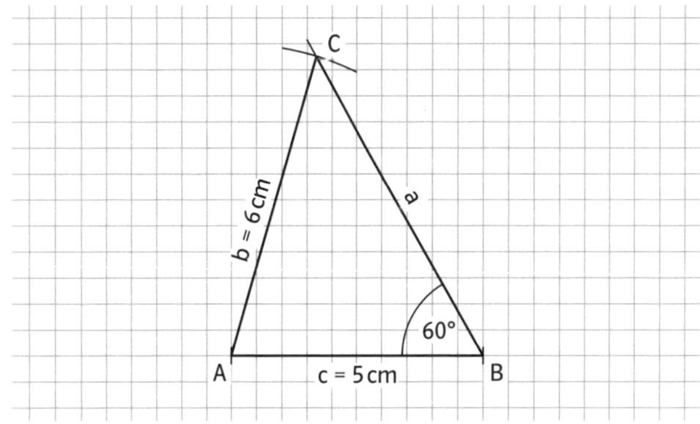

Die Dreiecke 1 und 4, 2 und 5 und 3 und 6 sind identisch.

13 a)

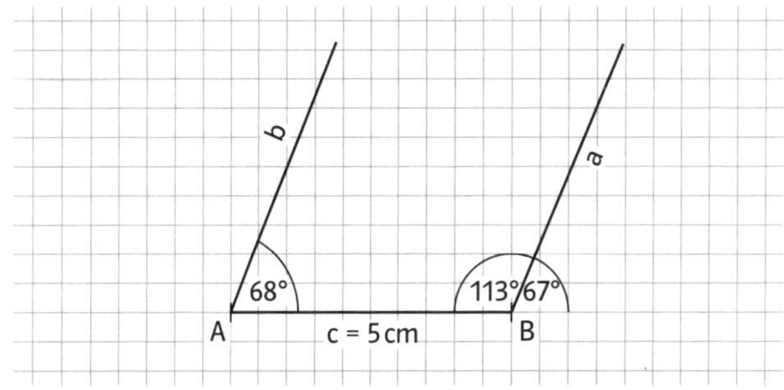

Die Summe der beiden Winkel ist größer als 180°, die beiden Schenkel laufen auseinander.

b)

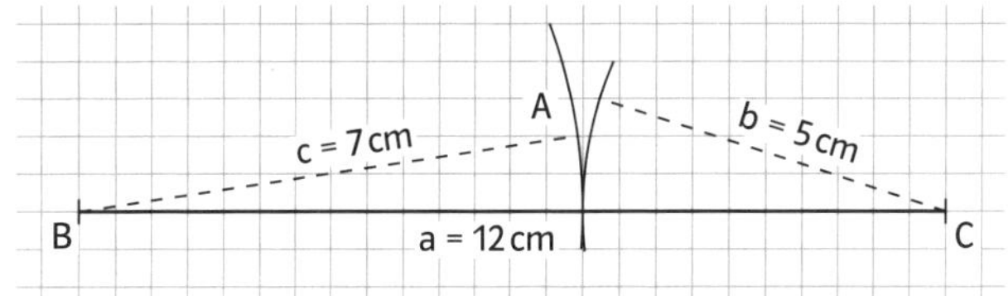

Die Seiten b und c sind zusammen genauso lang wie die Seite a. Es ergibt sich kein Schnittpunkt.

c)

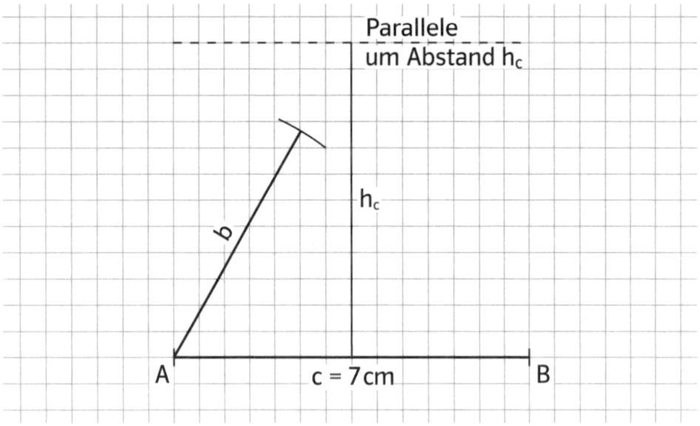

Die Seite b ist zu kurz. Es ergibt sich kein Schnittpunkt mit der Parallelen zu c im Abstand h_c.

d)

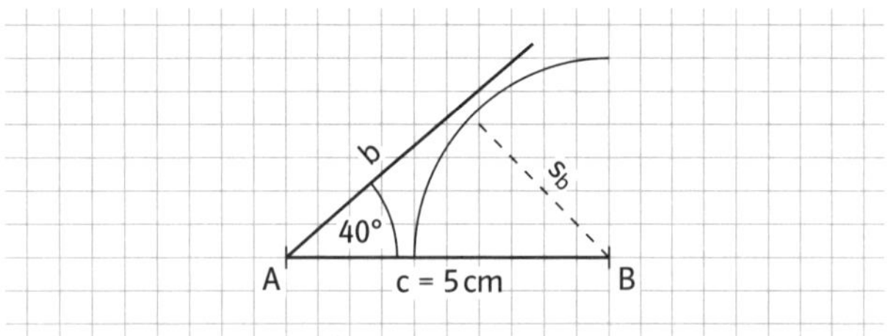

Die Seitenhalbierende s_b ist zu kurz. Es ergibt sich kein Schnittpunkt mit der Seite b, die den Mittelpunkt der Seite b markieren würde.

14 Man fertigt eine maßstabsgetreue Zeichnung an. Man konstruiert das rote Dreieck nach WSW, verlängert die Seite, die den Turm darstellt nach unten und konstruiert dazu eine Senkrechte, die den Punkt, der das Haus im Tal darstellt, schneidet. Die Bergspitze liegt 91,5 m über dem Tal.

Planfigur:

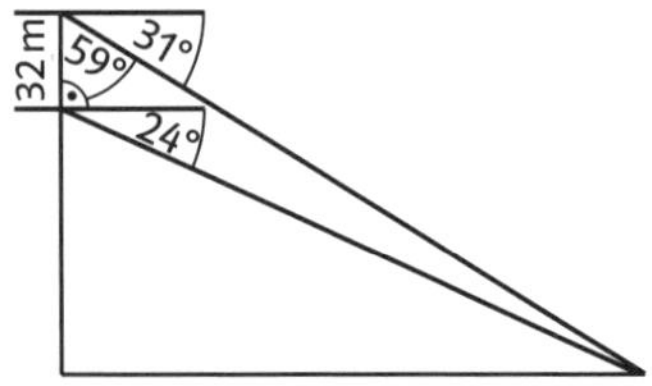

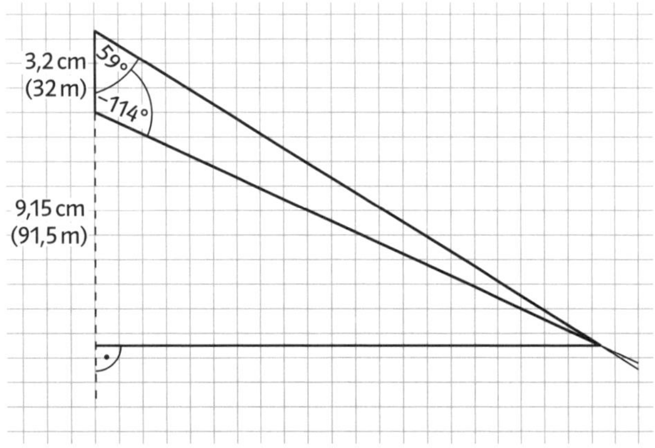

15

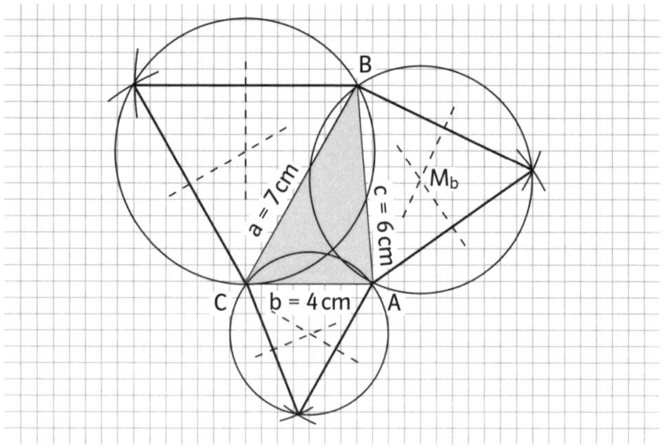

Die Umkreise schneiden sich jeweils in einem Punkt im Ausgangsdreieck.

16 a)

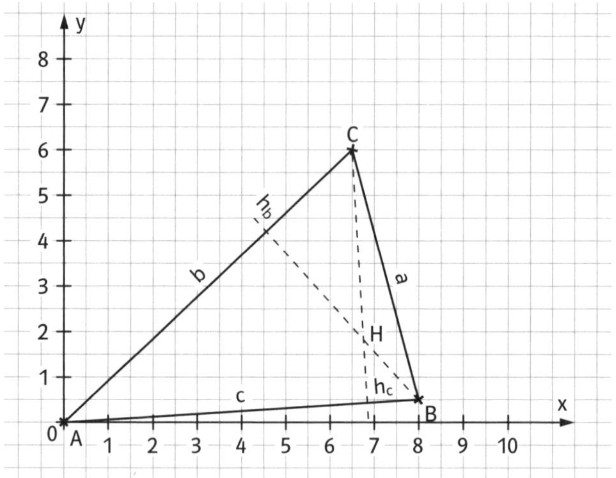

b)

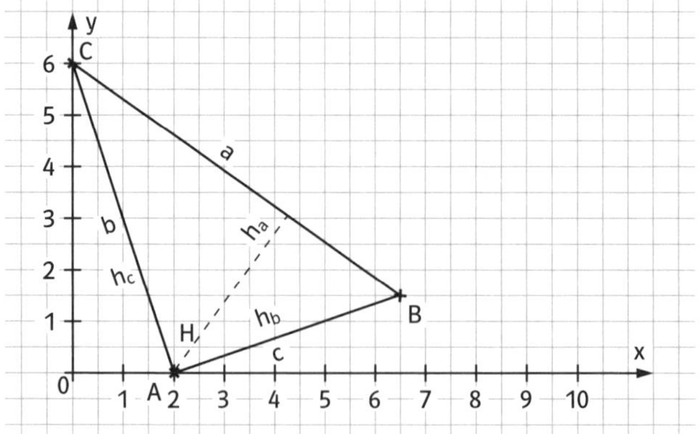

c)

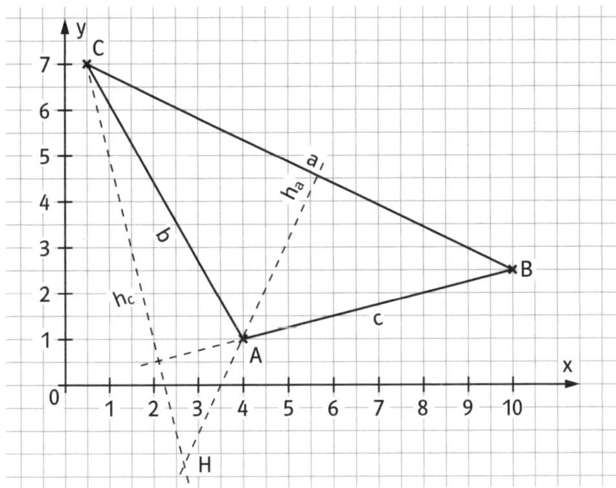

17 Man konstruiert das Dreieck und seinen Inkreis. Vom Radius des Inkreises zieht man 10 cm ab.
Der Inkreis der maßstabsgetreuen Zeichnung hat einen Radius von 2,25 cm, das entspricht 22,5 cm in der Realität. Da der Abstand vom Rand 10 cm betragen muss, darf der Kreis einen Radius von 12,5 cm haben.

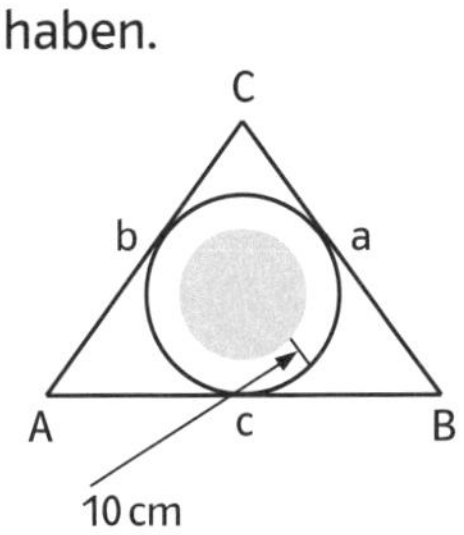

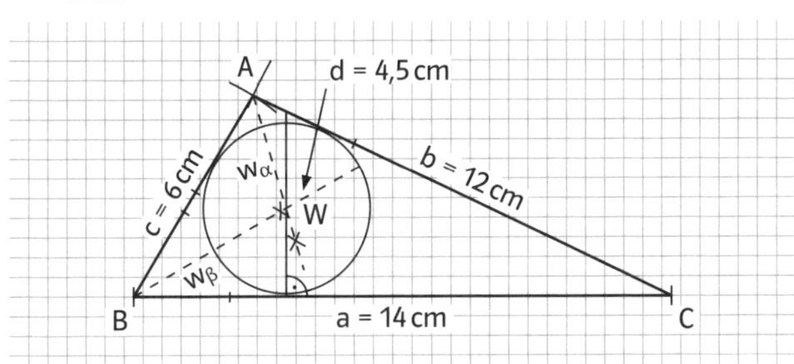

Seite 71

Dreiecke in der Technik

- Verkürzt man c, wird α größer, verlängert man c, wird α kleiner.
- Sowohl beim Wagenheber als auch beim Zeichenbrett oder beim Liegestuhl kann man durch Drehen oder durch vorgegebene Einraststellungen die Länge der (unten) liegenden Seite c verkürzen (oder verlängern), der Winkel wird dann größer (oder kleiner), so dass der Wagenheber höher (niedriger) wird, das Zeichenbrett steiler (flacher) wird und die Rückenlehne des Liegestuhls sich aufrichtet (flacher wird).
- In der ersten Zeichnung entsteht ein Dreieck aus festem Arm, beweglichem Arm und Hydraulikzylinder. Durch das Verlängern des Hydraulikzylinders werden die beiden Winkel zwischen Hydraulikzylinder und festem Arm und festem und beweglichem Arm vergrößert. Der Winkel zwischen Hydraulikzylinder und beweglichem Arm verkleinert sich. Der bewegliche Arm richtet sich auf. Dieselbe Funktionsweise findet sich im Lastwagen und im Kran. Der Hydraulikzylinder ist deutlich zu erkennen, der „bewegliche" Arm ist beim Lastwagen die Kippfläche, beim Kran der Arm, über den der Haken läuft.

Seite 72

Wohin mit dem Streetballplatz?

Um gleiche Entfernung zu den Hochhäusern zu gewährleisten, muss der Umkreismittelpunkt gefunden werden, um gleich weit von allen Straßen entfernt zu sein, muss man untersuchen, wo sich der Inkreismittelpunkt befindet. Da schon diese beiden Punkte nicht immer zusammenfallen, ist ein Kompromiss gefragt. Um die Bedingung zu erfüllen, dass die Summe der Weglängen minimal wird, kann man entweder experimentieren und somit zu einer einigermaßen guten Lösung kommen. Man kann aber auch folgendermaßen vorgehen:

- Konstruiere über jeder der drei Seiten ein gleichseitiges Dreieck.
- Verbinde die neuen Ecken der außen liegenden Dreiecke jeweils mit dem entsprechenden Eckpunkt des ursprünglichen Dreiecks.
- Du erhältst einen Schnittpunkt, den man auch den Fermatpunkt nennt. Für diesen gilt die geforderte Bedingung.

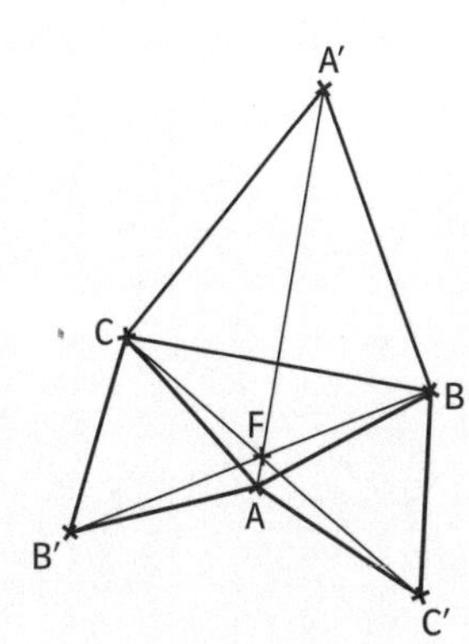

Um einen Kompromiss zu finden, sollte man überlegen, welche Straße am wenigsten befahren ist und eventuell in deren Nähe bauen oder aus welchem Hochhaus die meisten Kinder kommen und den Weg zu diesem Hochhaus vielleicht kürzer gestalten. Oft kann man verschiedene Lagen für den Streetballplatz finden, die alle ähnlich viele Vorteile und Nachteile haben.

4 Rechnen mit Termen

Auftaktseite: Viele Wege führen ...

Seite 74

- $2r - 2h + 3r - 2h - 2r + 1h - 2r - 1h - 2r + 2h$
  Kürzer: $-1r - 2h$
- $-5r - 4h$ (kürzester Term)
  oder: $-1r - 1h - 1r - 1h - 1r - 1h - 1r - 1h - 1r$

Seite 75

- Abhängig davon, wo man startet, ergeben sich unterschiedliche Wege, die aber alle die gleiche „Form" haben. Ein Beispiel:

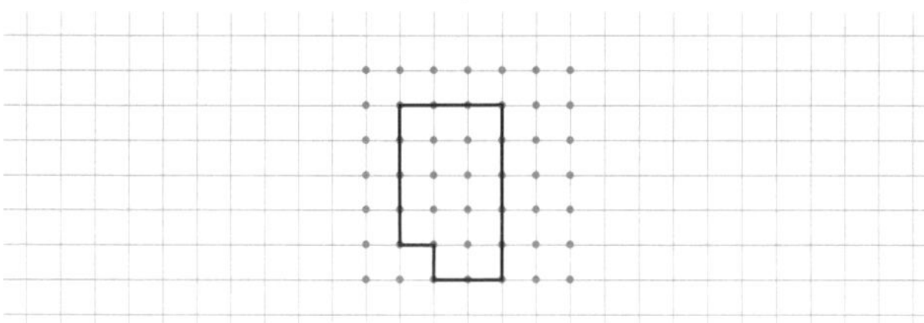

  Weitere Terme: $5y - 3x - 4y + x - y + 2x$ oder $-4y + x - y + 2x + 5y - 3x$
- Beide Streckenzüge enden im Startpunkt.
- Von S nach S: $-2z - 2x + z - y + x$
- Von P nach S, mögliche Wege:
  (1) $+2z - 3y$
  (2) $-3y + 2z$
  (3) $-y + z - y + z - y$
  (4) $z + x - 2y + 2z$
  (5) $-5y - 2x$
  (6) $5z + 3x$
  Die kürzesten Wege (Wege 1 bis 3) stimmen in ihren Streckenzügen überein. Sie unterscheiden sich nur in der Reihenfolge. Möchte man nicht den kürzesten Weg gehen, kann man auch noch andere Streckenzüge finden (Wege 4 bis 6).

1 Terme und Variablen

Seite 76

Einstiegsaufgabe

➔ Da man noch nicht weiß, wie viele Kilometer die Familie fahren wird, kann man für die Planung von verschiedenen Strecken ausgehen. Folgende Tabelle veranschaulicht die Kosten der beiden verschiedenen Anbieter (alle Beträge in €).

km	500	1000	1500	2000	2500	3000	3500	4000
Firma A	1335	1635	1935	2235	2535	2835	3135	3435
Firma B	1485	1635	1785	1935	2085	2235	2385	2535

Bei 500 km ist Firma A noch günstiger, bei 1000 km sind sie gleich teuer und ab da sollte man Firma B wählen.
Allgemein kann man sagen: Bei der Firma A berechnet sich der Mietpreis für den gesamten Urlaub (15 Tage und x Kilometer) wie folgt:
$1035 + 0{,}6 \cdot x$, bei der Firma B beträgt der Mietpreis demnach: $1335 + 0{,}3 \cdot x$.
➔ Die Entscheidung muss demnach davon abhängig gemacht werden, wie viel Kilometer Familie Schneider zurücklegen wird. Ab einer Strecke von über 1000 km ist Firma B günstiger.

Seite 77

1 a) $8 \cdot (x - 4)$ b) $\frac{x}{2} - 4$ c) $(x + 3) : 2$
d) $x : 4$ e) $8a + 4$ f) $3 : (x - 1)$
g) $x - 3$

2 a) Die Summe aus dem Vierfachen von x und 1
b) die Differenz aus 10 und dem Dreifachen von x
c) das Produkt aus z und der Differenz aus 5 und x
d) die Hälfte der Summe von b und 5
e) die Differenz aus einem Drittel von x und 10
f) die Summe aus dem Fünffachen von x und der Hälfte von b

3

	x	−3	−2	−1	0	1	2	3
a)	$2x - 4$	−10	−8	−6	−4	−2	0	2
b)	$10 - x$	13	12	11	10	9	8	7
c)	$-2x + 1$	7	5	3	1	−1	−3	−5
d)	$-2 - 3x$	7	4	1	−2	−5	−8	−11
e)	$x^2 - x$	12	6	2	0	0	2	6
f)	$-4x - 3x$	21	14	7	0	−7	−14	−21

4 a) 1 b) −36 c) −7
d) −12 e) 17 f) 17

5 $4a + a = 5a$
$a + a - a = 3a - 2a = a$
$-a - a = -2a$
$-a + 3a = 2a$

6 a) $x + 3$ b) $2x + 1$ c) $3x - 2$

7 ① d)
② b)
③ h)
④ a)
⑤ f)
⑥ i)

8 a) $1{,}45x + 0{,}75y + 1{,}98z - 0{,}3w$
b) $1{,}45 \cdot 12 + 0{,}75 \cdot 15 + 1{,}98 \cdot 6 - 0{,}3 \cdot 0 = 40{,}53$
c) 30 € + 8 · 0,30 = 32,40 €. Du kannst nun für 32,40 € einkaufen. Man kann dafür z. B. 9 Flaschen Apfelsaft, 9 Flaschen Limonade und 6 Flaschen Orangensaft kaufen und erhält 0,72 € Wechselgeld.

9 individuell; z. B. b) Einkauf: a Tüten Gummibärchen zu 0,89 €, b Tafeln Schokolade zu 1,19 € und c Tüten Chips zu 1,39 €.

2 Addition und Subtraktion von Termen

Seite 78

Einstiegsaufgabe
➔ $4l + 4b$
$3l + 10b + 5k$
$6b + 4k + 2l$
➔ individuelle Lösung

Seite 79

1 a) $4a$ b) $2x$ c) $3y$
d) $5z$ e) $5b$ f) $4c$

2 a) $9a$ b) $10f$ c) $14m$
d) $18d$ e) $43n$ f) $33x$
g) $26r$ h) $43p$

3 a) $3x$ b) $6y$ c) $2s$
d) $8t$ e) $23r$ f) $6g$
g) $-12h$ h) $-2z + y$

4 a) $8p + 11q$ b) $6a + 5b$ c) $14r + 10s$
d) $5z - 3y$ e) $7p + 8t$ f) $26y + 29z$
g) $7x - 12$ h) $42b - 13$

5 a) $48m + 46$ b) $46m + 48$ c) $47m - 46$
d) $45m - 46$ e) $-45m + 46$ f) -2
g) $44m + 46$ h) $-2m$

6 a)
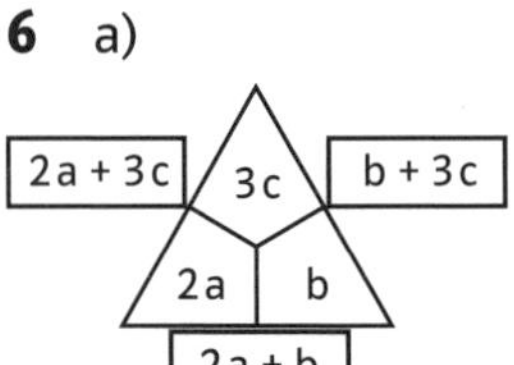

b)
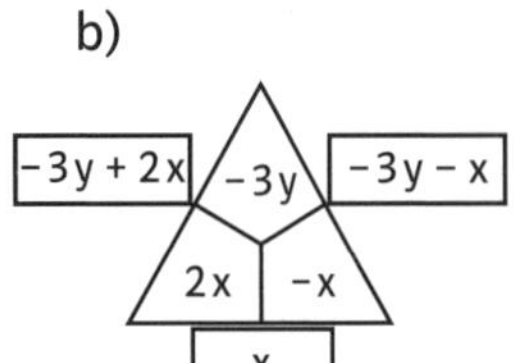

c)
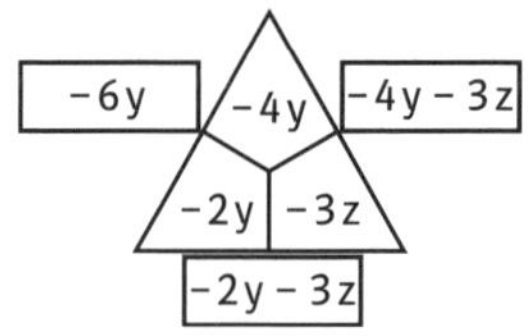

d)
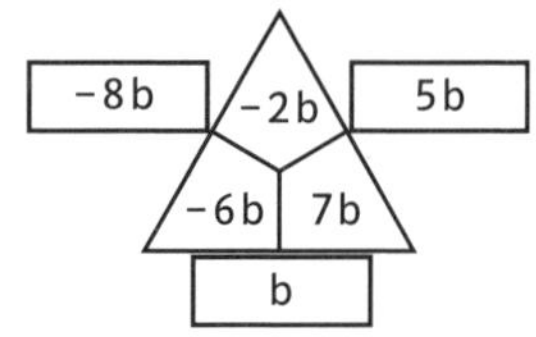

e)
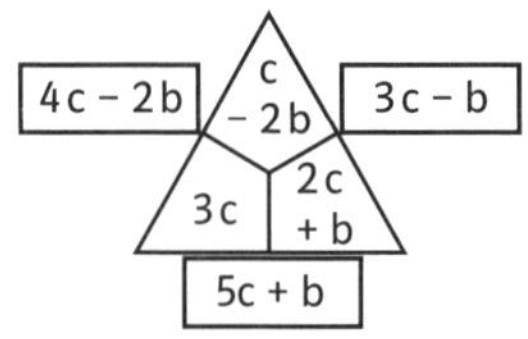

f)
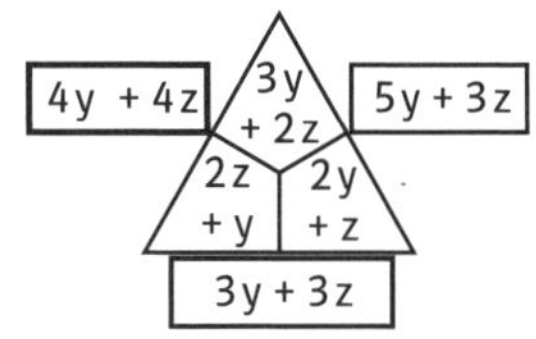

7 a) $26a$ b) $6c$ c) $44g$
d) $37e$ e) $9f$ f) $7b$

8 mögliche Lösungen:
a) $4a + 5a - 1a = 8a$
$7a + 3a - 2a = 8a$
b) $-3x + 7x - 9x = -5x$
$-6x + 2x - 1x = -5x$
c) $z - y + z = 2z - y$
$-y - 3z + 5z = 2z - y$
d) $-10x + 4x + 2y = -6x + 2y$
$-12x + 2y + 6x = -6x + 2y$
e) $-2b - b + 2a = 2a - 3b$
$-b - (-2a) + (-2b) = 2a - 3b$
f) $20n - 35n + 12m = 12m - 15n$
$5n - 20n + 12m = 12m - 15n$

Term-Bausteine

▪
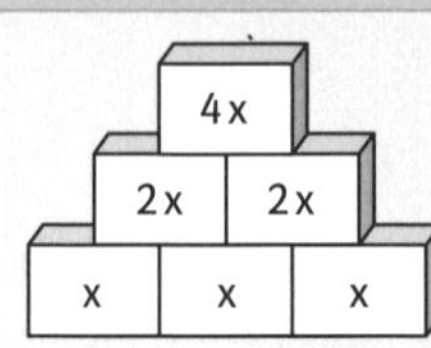

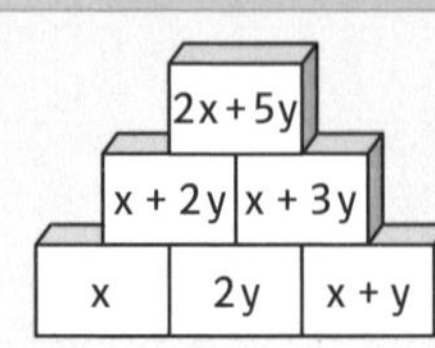

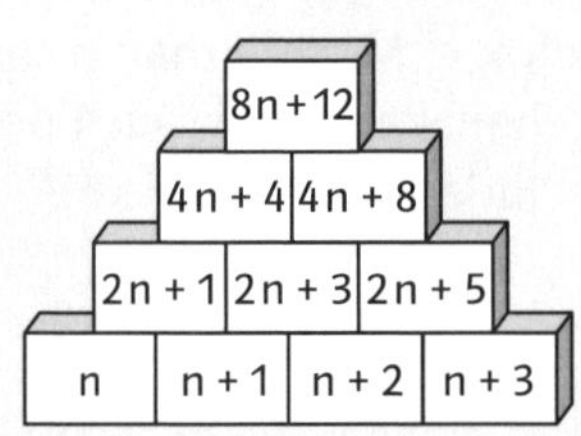

▪
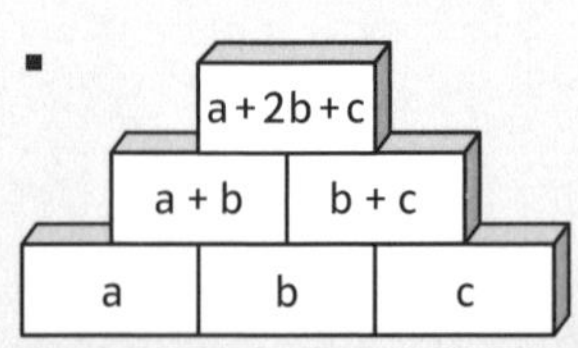

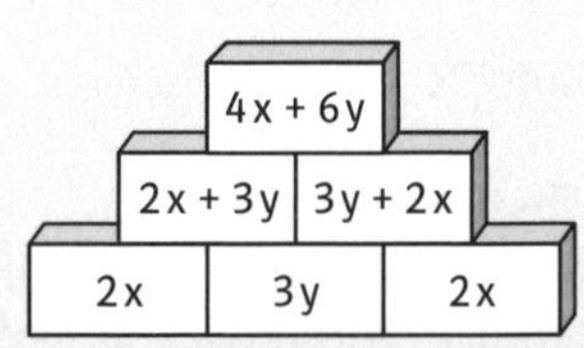

Man bildet die Summe aus den Werten der äußeren Basisteine und dem doppelten Wert des mittleren Basissteines.

▪

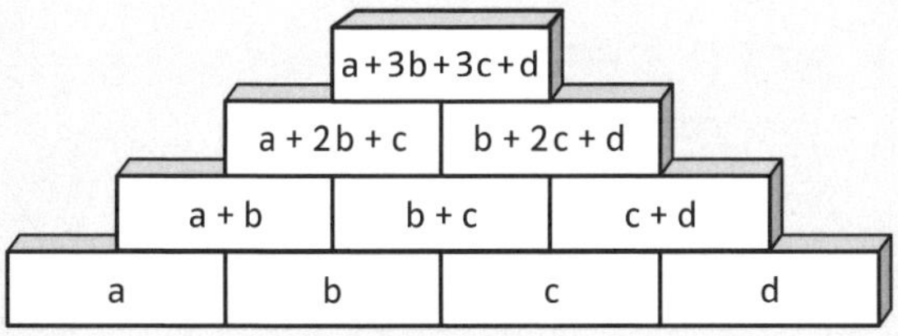

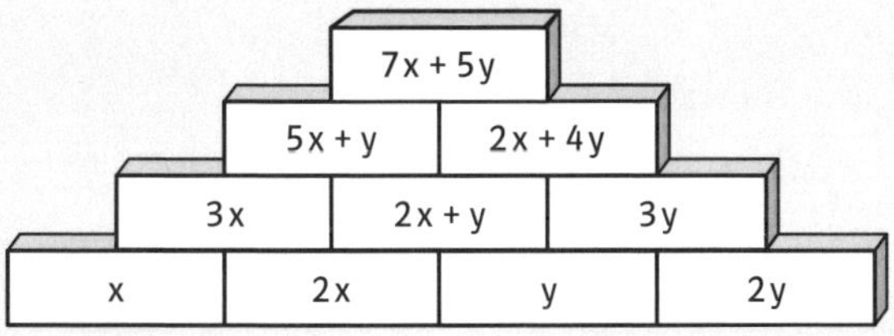

Man bildet die Summe aus den beiden äußeren Basissteinen und den beiden dreifachen Werten der mittleren Basissteine.

3 Multiplikation und Division von Termen

Seite 80

Einstiegsaufgabe

➔ $A_{lila} = 4000\,m^2 = 40\,a$
$A_{blau} = 12\,000\,m^2 = 120\,a$
$A_{rot} = 22\,000\,m^2 = 220\,a$
➔ $A_{blau} = a \cdot 6b = 6ab$
$A_{rot} = a \cdot 11b = 11ab$
$A_{lila} = a \cdot 2b = 2ab$

Seite 81

1 a) $6x$, $12x$, $6x$ b) $24a$, $24a$, $10a$ c) $14w$, $32t$, $30u$
d) $24c$, $45f$, $68g$ e) $55t$, $84s$, $117r$ f) $60y$, $128m$, $108p$

2 a) a^2, b^2, x^2 b) z^3, n^4, t^5 c) a^2b, mn^2, p^2q
d) t^3z, a^2b^2, x^2y e) ay^3, b^2x^2, d^2s^2 f) g^2h^2, r^3s^2, r^3t^2

3 a) $2 \cdot 5 \cdot 3 \cdot x \cdot x \cdot y \cdot a \cdot b = 30abx^2y$
b) $6 \cdot 4 \cdot 6 \cdot v \cdot v \cdot r \cdot u \cdot w = 144ruv^2w$
c) $4 \cdot 8 \cdot 5 \cdot y \cdot y \cdot x \cdot x \cdot b = 160bx^2y^2$
d) $16 \cdot 3 \cdot 2 \cdot u \cdot u \cdot v \cdot v \cdot r = 96ru^2v^2$
e) $4 \cdot 5 \cdot 6 \cdot c \cdot c \cdot d \cdot d \cdot e \cdot e = 120c^2d^2e^2$
f) $7 \cdot 7 \cdot 7 \cdot u \cdot u \cdot x \cdot x \cdot v \cdot v = 343u^2v^2x^2$
g) $8 \cdot 8 \cdot 8 \cdot s \cdot s \cdot r \cdot m \cdot n = 512mnrs^2$
h) $6 \cdot 7 \cdot 8 \cdot a \cdot a \cdot b \cdot b \cdot c \cdot c = 336a^2b^2c^2$

4 a) 10; 25 b) $2y$; y^2 c) $3a$; a^3
d) $2x^2$; x^4 e) $4n$; $4n^2$ f) $2 + 3t$; $6t$
g) $4b$; $3b^2$ h) $x + x^2$; x^3

5 a)

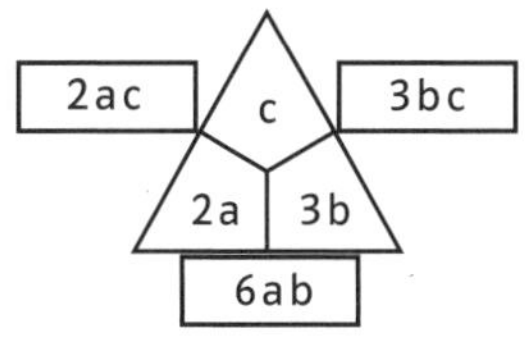

b)

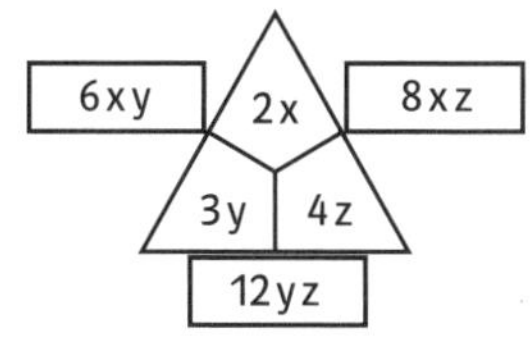

c)

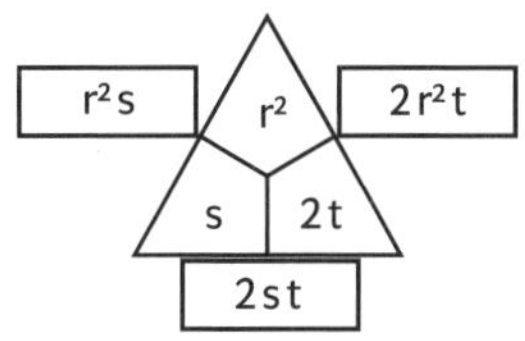

d)

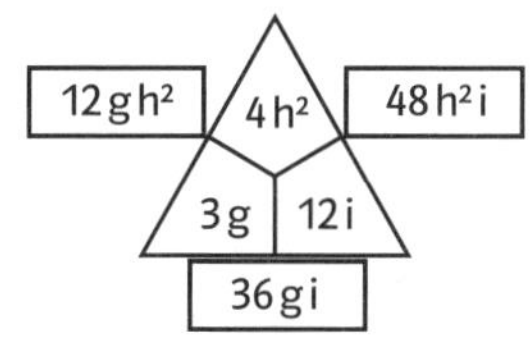

e)

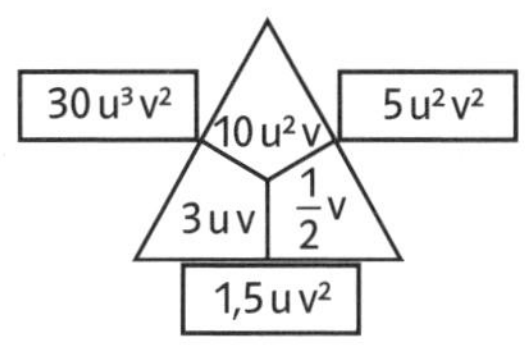

f)

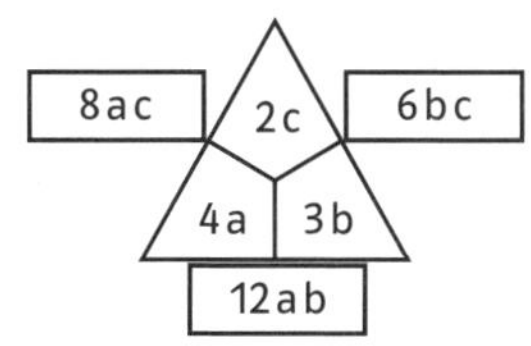

6 a) $8xy$ b) $15y^2$ c) $15x^4$
d) $60n^3p^2$ e) $-12y^3$ f) $10t^3s^2$
g) $6a^3b^4$ h) $-12c^4d$

7 a) $4y$ b) $11s$ c) $9c$
d) $9p$ e) $5z$ f) $12xz$
g) $-7vw$ h) $-5s$

8 mögliche Lösungen:
a) $2a \cdot 9b$, $3a \cdot 6b$, $6 \cdot 3ab$
b) $-11c \cdot 2d$, $-22d \cdot c$, $2 \cdot (-11cd)$
c) $8ac \cdot 4ac$, $2a^2 \cdot 16c^2$, $4a^2c \cdot 8c$
d) $5xy^2z \cdot 12$, $6xy^2 \cdot 10z$, $y \cdot 60xyz$
e) $-2t^2 \cdot 12s^2$, $4st \cdot (-6st)$, $-3s \cdot 8st^2$
f) $7p \cdot 0{,}8qr^2$, $0{,}1pq \cdot 56r^2$, $2r \cdot 2{,}8pqr$
g) $-2s \cdot 3{,}6s^2t^2$, $-7{,}2s^2 \cdot st^3$, $72t^3 \cdot (-0{,}1)s^3$
h) $5a^2 \cdot 1{,}56b^3c$, $2{,}5abc \cdot 3ab^2$, $7{,}5c \cdot a^2b^3$

Randspalte
$a + a^2 = a + a^2$
$a \cdot a^2 = a^3$

Summe aus Produkten i

▪ $2cd$; $3nt$
$4vw$; $33pc$
$24y^2$; $8de$
▪ $4ab + 5mn$
$11xy + 4gh$
$2ft + 20ab$
$-4ab + gh$

- $0; 3abc$

$2ot; 2otto = 2o^2t^2$

- $xyz - xy^2z$

$snr - ns^2 + s^2$

$2rs^2t + rst$

$gh^2 + igh - 2g^2h$

Seite 82

9

	$2a$	$3ab$	$0{,}5a^2$	$8a^2b^2$
$4ab$	$8a^2b$	$12a^2b^2$	$2a^3b$	$32a^3b^3$
$12a^2$	$24a^3$	$36a^3b$	$6a^4$	$96a^4b^2$
$2{,}5bc$	$5abc$	$7{,}5ab^2c$	$\frac{5}{4}a^2bc$	$20a^2b^3c$
$\frac{1}{12}a$	$\frac{1}{6}a^2$	$\frac{1}{4}a^2b$	$\frac{1}{24}a^3$	$\frac{2}{3}a^3b^2$

Gleichartige Terme:

$\frac{1}{24}a^3 + 24a^3 = \frac{577}{24}a^3$

$\frac{1}{4}a^2b + 8a^2b = \frac{33}{4}a^2b$

$2a^3b + 36a^3b = 38a^3b$

10 a) $-147a^2b^2x$ b) $-216v^2x^2y$
c) $-4a^2b^2c^2$ d) $5000ab^2c^2$
e) $2520ab^2c^2d^2e^2f$ f) $-7200x^3y^3z^3$

11 a) $-1{,}2ab^2c$ b) $48a^2b^2c^2$
c) $-x^2yz$ d) $-8{,}4a^2b^2c$
e) $0{,}56a^2b^2c^2$ f) $-0{,}92a^2b^3c^2$
g) $0{,}5x^2yz^3$

12 a) beim Addieren bleibt die Variable unverändert
b) es können nur gleichartige Terme addiert werden
c) siehe b)
d) beim Multiplizieren multipliziert man alle Koeffizienten, dann alle Variablen
e) beim Addieren bleiben die Potenzen gleich
f) siehe e)
Die richtigen Lösungen sind:
a) $3a$ b) $x + x^2$ $2b + 3b^2$
d) $2n^3$ e) $4z^2$ f) $2ef$

13 a) $4de$ b) $3x$ c) $-5rs$
$2g^2$ $3{,}5s^2$ $-3w$
mn $5pt$ $-7xy$
d) $30ab$ e) $0{,}5wm$ f) $-\frac{2}{3}tv$
$130rst$ $\frac{1}{3}t^2v$ $\frac{3}{5}p^2q$
$20p^2q$ $0{,}25hg$ $-\frac{2}{3}yz^2$

14 a)

x^4y^4
x^3y | xy^3
x^2 | xy | y^2
x | x | y | y

b)

$16ab^3c^3d$
$4bc^2d$ | $4ab^2c$
$2dc$ | $2bc$ | $2ab$
$2d$ | c | $2b$ | a

c)

$64x^4y$
$8x^2$ | $8x^2y$
$2x$ | $4x$ | $2xy$
x | 2 | $2x$ | y

d)

$3{,}04a^{11}$
$0{,}76a^4$ | $4a^7$
$0{,}38a$ | $2a^3$ | $2a^4$
$0{,}38$ | a | $2a^2$ | a^2

15

	Länge	Breite	Umfang	Flächeninhalt
a)	$2a$	a	$6a$	$2a^2$
b)	$3a$	b	$6a + 2b$	$3ab$
c)	$4a$	$1{,}5b$	$8a + 3b$	$6ab$
d)	$5a$	$6b$	$10a + 12b$	$30ab$
e)	$3a$	$2b$	$6a + 4b$	$6ab$

16 a) $O_1 = 6x^2;\ V_1 = x^3$
$O_2 = 10x^2;\ V_2 = 2x^3$
$O_3 = 14x^2;\ V_3 = 3x^3$
$O_4 = 18x^2;\ V_4 = 4x^3$
b) Doppeltes Volumen bedeutet nicht doppelte Oberfläche, da beim Zusammensetzen der kleinen Würfel je zwei Flächen aneinanderstoßen und somit keine Oberfläche des Turmes mehr darstellen. Für jedes weitere Würfelchen erhöht sich die Oberfläche um $4x^2$.

17 a) $A_1 = \left(\frac{1}{2}a\right)\cdot\left(\frac{1}{2}a\right) = \frac{1}{4}a^2;\ A_2 = (2a)\cdot(2a) = 4a^2$
b) $U_1 = 4\cdot\left(\frac{1}{2}\right)a = 2a;\ U_2 = 4\cdot(2a) = 8a$

18 a) $V_1 = \left(\frac{1}{2}x\right)^3 = \frac{1}{8}x^3;\ V_2 = (2x)^3 = 8x^3$
b) $O_1 = 6\cdot\left(\frac{1}{2}x\right)^2 = \frac{3}{2}x^2;\ O_2 = 6\cdot(2x)^2 = 24x^2$

Randspalte: magisches Produkt a^2b^2cd
Das magische Produkt findet sich jeweils bei vier aneinander grenzenden Quadraten (in den Ecken und in der Mitte).

4 Terme mit Klammern

Seite 83

Einstiegsaufgabe

➔ 4(x – 1) gehört zur 3. Abbildung
2x + 2(x – 2) gehört zur 1. Abbildung
4(x – 2) + 4 gehört zur 2. Abbildung
➔ 4·(100 – 1) = 4·99 = 396

Seite 84

1 mögliche Lösungen:

a)

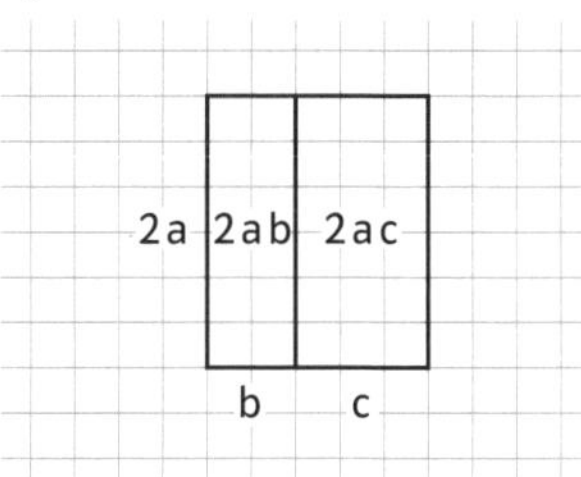

b)

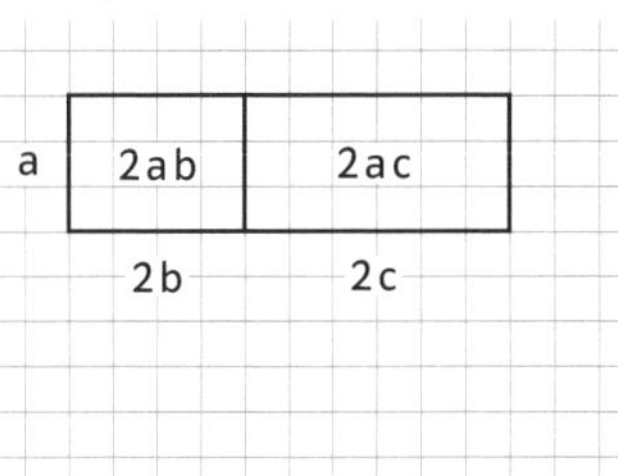

c)

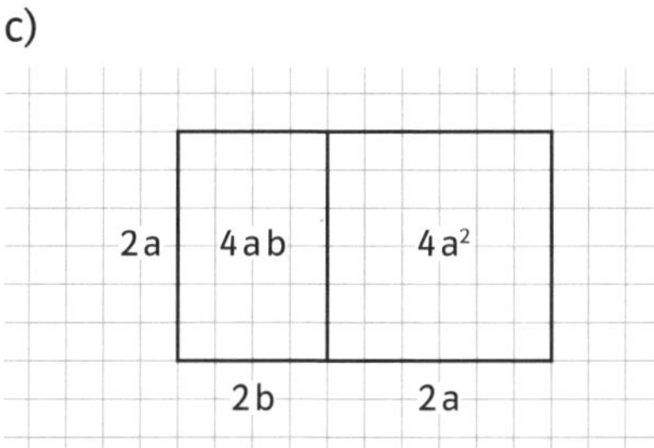

d)

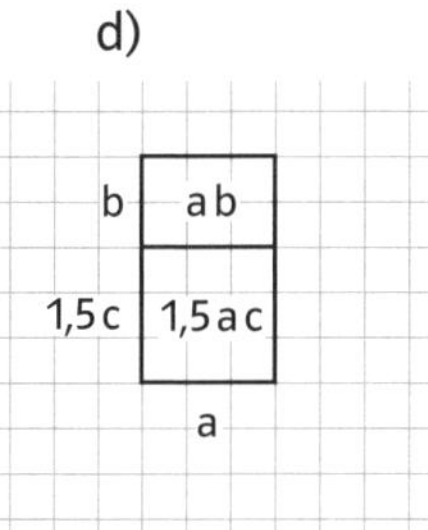

e)

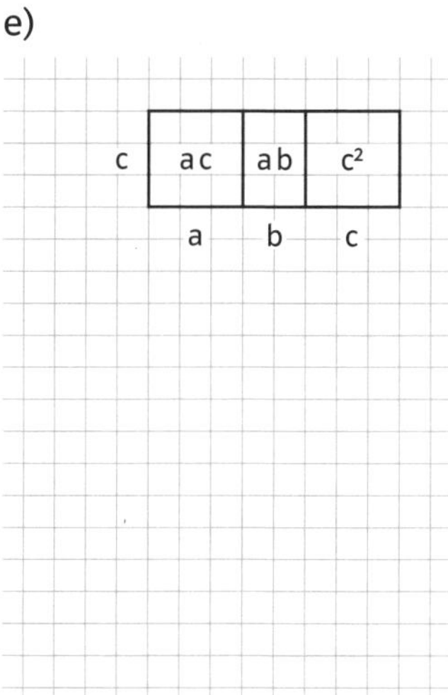

f)

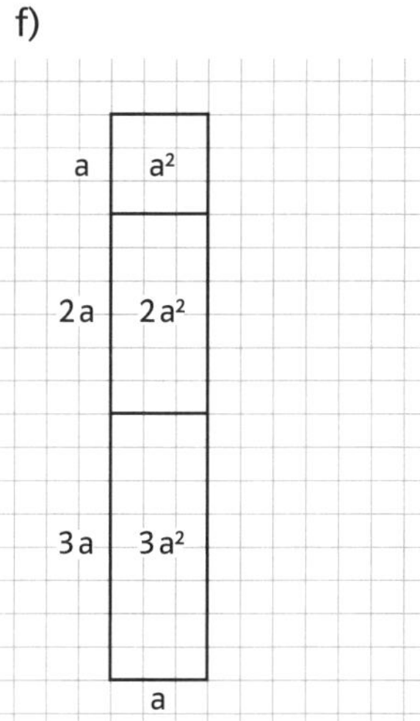

2 a) a + b + c
b) q + r – s
c) m – n – o
d) 23 + g – h
e) x – y + z
f) g – h – 18
g) 50 – k + m
h) 32 + p – q
i) 2u – 2w + 2u = 4u – 2w
j) –5v + 6v – 12 = v – 12

3 a) –2x – 3y – 4z
b) 3y + 2x – z
c) 8w – 5s + 16
d) 11a – 3c – 4d
e) 43g +12f – 10h
f) –9e – 4r + e = –8e – 4r
g) 36u + 2v + 29w
h) 15b + 8n + 7g
i) 3,5a – 6,1b – 2a = 1,5a – 6,1b
j) 3x – 2y + z – x = 2x – 2y + z
k) –0,4x – 0,7v + x = 0,6x – 0,7v
l) –a + 2a + b + c = a + b + c

Randspalte

a + (a + a) = 3a
a + (a – a) = a
a – (a + a) = –a
a – (a – a) = a
a + (–a + a) = a
a + (–a – a) = –a
a – (–a + a) = a
a – (–a – a) = 3a

4 a)

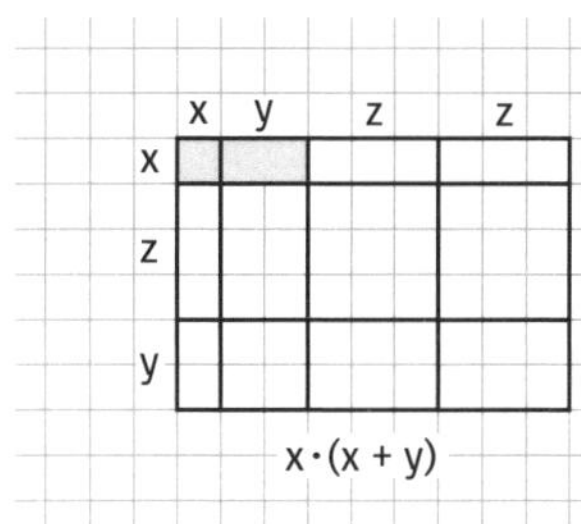

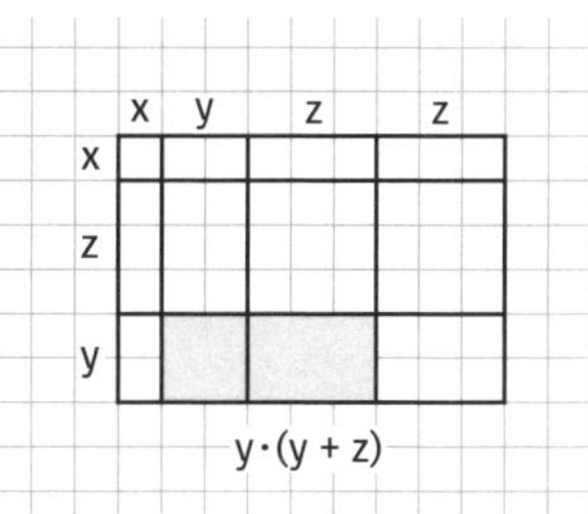

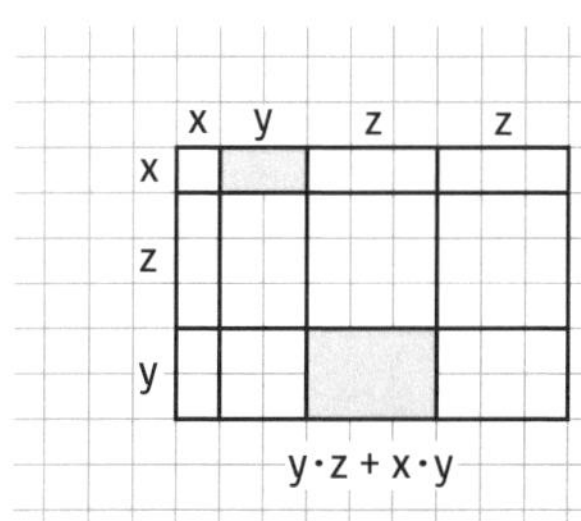

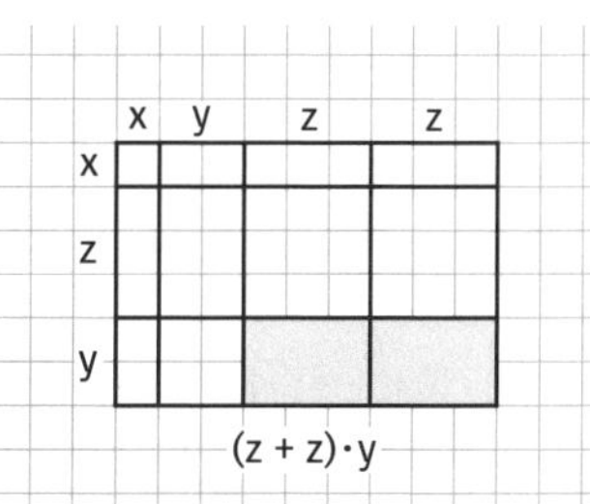

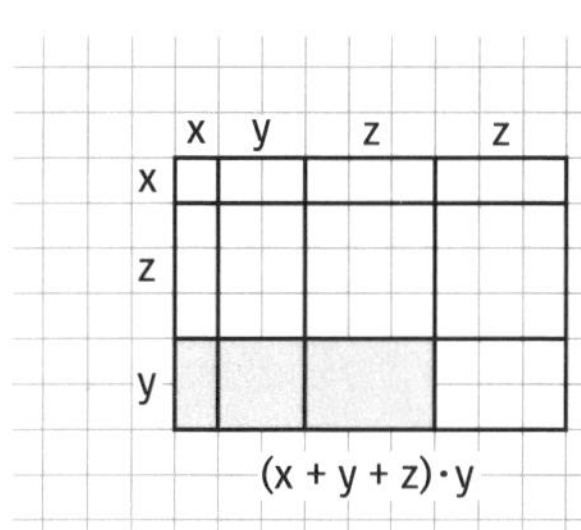

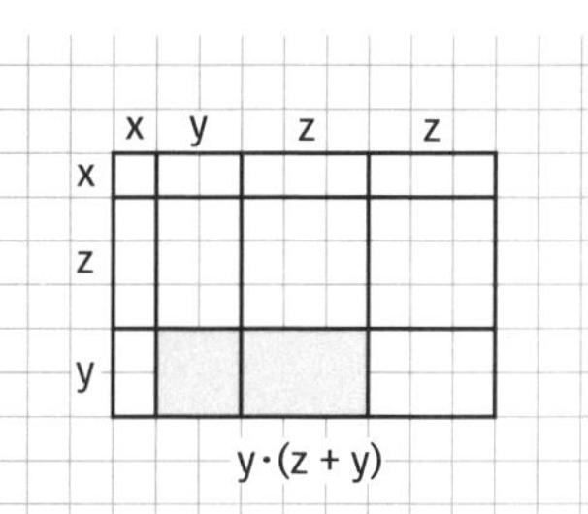

b) $x^2 + xy$ $y^2 + yz$ y·(z + x)
2zy $xy + y^2 + yz$ $yz + y^2$
c) individuelle Lösung

5 a) 4a + 5b + 2a + 3b = 6a + 8b
b) 4a + 5b – 2a – 3b = 2a + 2b
c) –4a + 5b – 2a – 3b = –6a + 2b
d) 4a – 5b + 2a – 3b = 6a – 8b
e) –4a – 5b + 2a + 3b = –2a – 2b
f) 4a – 5b – 2a – 3b = 2a – 8b

Terme benennen

- linke Spalte:

Term: Summe, Einzelglied: Differenz
Term: Differenz, Einzelglied: Produkt
Term: Produkt, Einzelglied: Differenz
Term: Differenz, Einzelglied: Quotient
Term: Differenz, Einzelglied: Differenz
rechte Spalte:
Term: Produkt, Einzelglied: Produkt
Term: Differenz, Einzelglied: Differenz
Term: Summe, Einzelglieder: Summe, Differenz
Term: Differenz, Einzelglieder: Summe, Differenz, Produkt
Term: Produkt, Einzelglieder: Produkt

- $(x + y)\cdot(y + z)$
- $x\cdot y + y\cdot z$
- $(a + b) - a:b$

Seite 85

6 a) Produkt (aus Summe und Wert)
b) Produkt (aus Wert und Summe)
c) Summe (aus Wert und Produkt)
d) Summe (aus Produkt und Wert)
e) Summe (aus Produkten)
f) Summe (aus Wert und Summe)
g) Differenz (aus Wert und Differenz)
h) Differenz (aus Produkt und Wert)

7 a) $10m - 3m - 5n - n + 2m = 9m - 6n$
b) $6u - 4v - 5u - 10u + 2v = -9u - 2v$
c) $-5r - 3s + 8r - 7s - 4r = -r - 10s$
d) $1{,}4d - 0{,}9c - 0{,}8c + 2d + 0{,}2c = 3{,}4d - 1{,}5c$
e) $-2{,}1b + 1{,}7c + 6{,}1a - 1{,}9b + 4{,}3c$
$= -4b + 6c + 6{,}1a$

8 a) $12 - b$ b) $-7 + z$ c) $-2d - 5$
d) $4n + 3$ e) $9s - 10t$ f) $-5b + 6m$
g) $-2y - 5z$

9 a) $4a + 24$ b) $12a + 12$
c) $10c - 70$ d) $13b - 39$
e) $-15s + 30t$ f) $-108zx - 36zy$
g) $20w^2 + 30w$ h) $9m^2n - 10mn^2$
i) $-54m + 108n + 45$ j) $10a^2b + 15ab^2 + 2a^4b$

10 a) Die 8 wurde nicht mit dem zweiten Glied der Klammer multipliziert und dessen Vorzeichen wurde geändert. Richtig: $40r - 8s$
b) Es fehlt das Quadrat beim z. Richtig: $60yz - 40z^2$
c) Beim Multiplizieren verändert sich der Exponent einer Potenz, das Vorzeichen des zweiten Gliedes bleibt negativ. Hier wurde statt „18 a mal – a" wohl „18 a plus a" gerechnet. Richtig: $36ab - 18a^2$
d) Auch das 2. Glied muss multipliziert werden, nicht subtrahiert. Richtig: $120gh - 90gi$
e) Auch das 2. Glied muss multipliziert werden, nicht addiert. Richtig: $5xz + 4x^2$
f) Beim Multiplizieren muss auf die Vorzeichen geachtet werden. Richtig: $30ab^2 - 20b^2$

11 a) $2x - 3x = -x$ b) $6u + 3w$
c) $4y - 2$ d) $4a + 9b$
e) $4s^2 + 3t$ f) $-pq + 2$
g) $56xy - 140y^2$ h) $-50st + 10s$

12 a) $2(3x + 19)$ b) $2(7ab + 37c)$
c) $2(3z - 10xy)$ d) $2(-4p - 17r^2)$
e) $2(13xz - 1)$ f) $2(15yz - 1)$

13 a) individuelle Lösung, z. B. Startzahl 5 liefert „oben" 39, „in der Mitte" 23 und „unten" 15.
b) oben: $(x + 4)\cdot 5 - 6 = 5x + 14$, Mitte: $5x - 6 + 4 = 5x - 2$, unten: $(x - 6 + 4)\cdot 5 = 5x - 10$.
c) Der obere Term liefert die größten Werte, da zu den 5x noch 14 addiert werden.

14 a) ① $8a + 4c$; ② $4a + 16b + 12c$;
③ $8a + 4b + 4s$; ④ $4a + 6b + 4c + 4(a - c)$
b) ① $O = 4ac + 2a^2$; ② $O = 8ab + 6ac + 24bc$
c) $O = 2a^2 - 2c^2 + 2cb + 2ab + 2b\cdot(a - c)$
$= 2a^2 - 2c^2 + 2cb + 2ab + 2ab - 2bc$
$= 2a^2 + 4ab - 2c^2$
Man kann die Oberfläche wie die eines kompletten Quaders berechnen und zieht dann die Fläche der kleinen Quadrate (c^2) ab.

15 $A = 2ab + 2ac + 2bc = 2(ab + ac + bc)$
Dieser Term ist gleich dem Oberflächenterm.

Üben • Anwenden • Nachdenken

Seite 87

1

a)

12	15	27
3	3	3
36	45	81

b)

14	12	26
4	4	4
56	48	104

2

x	y	4x − 3y + 5	x(1 + x) − y + 1
2	−2	19	9
2	3	4	4
2	−1	16	8
10	−2	51	113
10	3	36	108
10	−1	48	112
−4	−2	−5	15
−4	3	−20	10
−4	−1	−8	14

a) Für den ersten Term erhält man den größten Termwert für $x = 10$ und $y = -2$ und den kleinsten für $x = -4$ und $y = 3$. Für den zweiten Term erhält man den größten Termwert für $x = 10$ und $y = -2$ und den kleinsten für $x = 2$ und $y = 3$.
b) Man muss jeweils $x = 2$ und $y = 3$ einsetzen.

3

$x - y$	$x + y - z$	$x + z$
$x + y + z$	x	$x - y - z$
$x - z$	$x - y + z$	$x + y$

4 Man erhält immer wieder die Ausgangszahl. Der Wert des letzten Terms ist x.

Terme zeichnen

- Der Weg endet in B.
Der kürzeste Term für diesen Weg lautet:
$2x + 2y$.
- Zum Beispiel: $x + y + 2z + x + y$
Über die Außenseiten: $2z + 2x + 2y$.
Die Terme müssen gleich sein, da sie denselben Weg beschreiben.
- individuelle Lösung

Seite 88

5

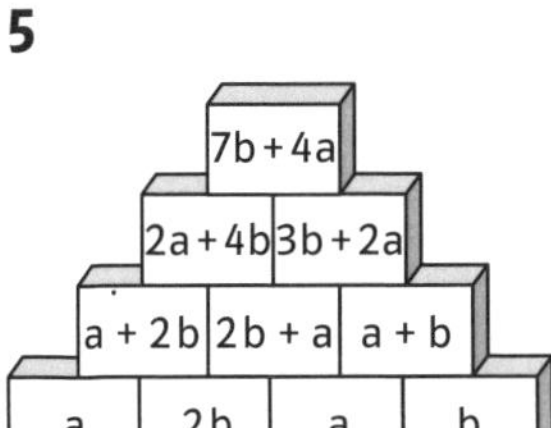

oder:

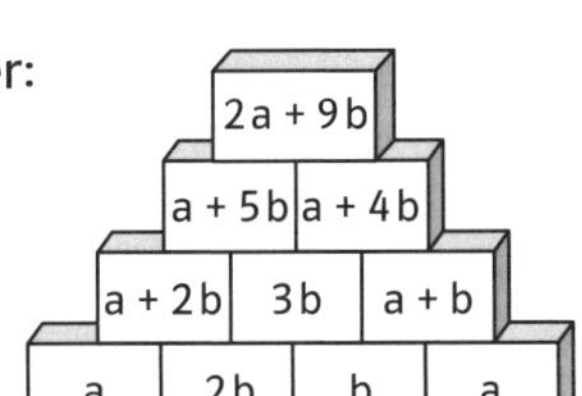

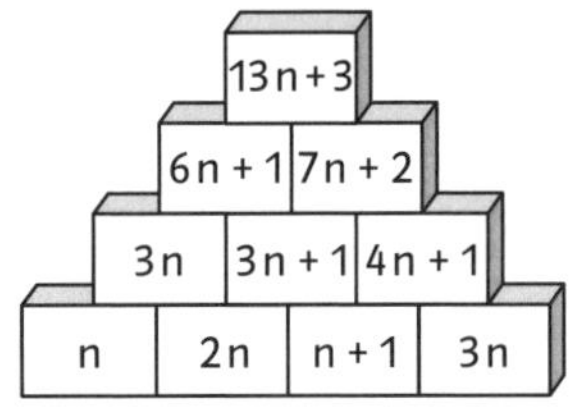

6 a) oben: $(x - 3)\cdot(-2) + 1 = -2x + 7$
Mitte: $x\cdot(-2) + 1 - 3 = -2x - 2$
unten: $(x + 1 - 3)\cdot(-2) = -2x + 4$
Der obere Weg liefert die größten Werte.
b) oben: $(x - 1):(-2) + 3 = -0{,}5x + 0{,}5 + 3$
$= -0{,}5x + 3{,}5$
Mitte: $(x + 3 - 1):(-2) = -0{,}5x - 1$
unten: $x:(-2) + 3 - 1 = -0{,}5x + 2$
c) individuelle Lösung

7 a) $3b$ b) $6y$ c) $5q^2$
d) $-3a$ e) $-4s^2$ f) $-16x$

8 a) $a - 0{,}5 + 4a - 1 + 1 - 4a + 3 + 2a + a + 1 + 2a$
$= 6a + 3{,}5$
b) z. B. $3a - 2 + a - 3 + 3 + 2a + 2 + 3a = 9a$
c) individuelle Lösung
d) $2a - 7 = 3a - 2 + a - 3 + 2a - 3 + 1 - 4a$
$10a - 3 = a - 3 + 3a - 2 + 2 + 3a + 3 + 2a + a - 3$
e) individuelle Lösung, z. B.
$a\cdot 2a\cdot 3a\cdot 4a\cdot 5a\cdot 6a = 720a^6$

9 a) $m + n$ b) $ac + ab$ c) $-s$
d) $20bx$ e) $6pm$

Zahlen erraten

- Man erhält immer das Ergebnis 6, unabhängig davon, welche Zahl man wählt.
Rechenterm: $[(x + 5)\cdot 18 - 3x]:15 - x$
$= [18x + 90 - 3x]:15 - x = [15x + 90]:15 - x$
$= x + 6 - x = 6$. Man sieht, dass im Ergebnis die gedachte Zahl nicht mehr erscheint.
- Wenn x die Tageszahl und y die Monatszahl des Geburtstages ist, lautet der Rechenterm:
$(2x + 5)\cdot 50 + y - 250 = 100x + 250 + y - 250$
$= 100x + y$.
Da die Tageszahl mit Hundert multipliziert wird, stehen ihre Ziffern an der Tausender- bzw. Hunderterstelle des Ergebnisses. Die Monatszahl steht an der Zehner- bzw. Einerstelle des Ergebnisses.
- Der Term lautet: $((x + 8)\cdot 3 - x):2 - 12$
$= (3x + 24 - x):2 - 12 = (2x + 24):2 - 12$
$= x + 12 - 12 = x$
Das Ergebnis ist also die gedachte Zahl selbst.

5 Gleichungen

Auftaktseite: Zahlen lernen laufen

Seiten 90 bis 91

Spiralen
Spirale 1:
Durch Rückwärtslaufen durch die Spirale erhält man für die Zielzahl 20 die Startzahl 6.
Startzahl 46
Startzahl 26
Individuelle Lösungen, z. B. Endzahl mit zwei Würfeln würfeln und dann die passende Startzahl suchen.
Spirale 2:
➔ Die Startzahl 4 verändert sich durch den Rundlauf nicht. Alle Startzahlen kleiner als 4 werden auf dem Rundlauf kleiner, alle Startzahlen größer als 4 werden auf dem Rundlauf größer.
Würfelspiel:
➔ Bei einer Runde liefert die Startzahl 7 die Zielzahl 4; bei mehreren Runden gibt es nicht immer ganzzahlige Startzahlen, die die Zielzahl 4 liefern. Wenn nach zwei Runden die Zielzahl 4 erreicht sein soll, muss nach der ersten Runde eine 7 herauskommen. Usw.
Hier die genaue Aufstellung:
2 Runden: 8,5
3 Runden: 9,25
4 Runden: 9,625
5 Runden: 9,8125
6 Runden: 9,906 25

Das Anna-und-Maria-Spiel
Individuelle Lösungen. Ihr könnt die Aussagen jeweils überprüfen, indem ihr das momentane Alter von Anna und Maria nehmt und nachrechnet.

1 Gleichungen

Seite 92

Einstiegsaufgabe
Die Waagschalen rechts und links wiegen jeweils gleich viel. Die darauf liegenden Gewichte sind also gleich schwer.
➔ 1. Waage (gelb): 3 Kugeln = 1 Würfel
2. Waage (grün): 4 Kugeln = 1 Würfel
3. Waage (rosa): 5 Kugeln = 1 Würfel
4. Waage (lila): 1 Kugel = 1 Würfel
➔ 1. Waage (gelb): Wenn man auf beiden Waagschalen 5 Kugeln wegnimmt, sieht man: 3 Kugeln = 1 Würfel.
2. Waage (grün): Wenn man die Anzahl der Kugeln auf der rechten Waagschale durch 3 Würfel teilt, erhält man: 4 Kugeln = 1 Würfel.
3. Waage (rosa): Wenn man auf beiden Seiten 1 Kugel wegnimmt und die rechts verbleibende Anzahl an Kugeln durch zwei Würfel teilt, sieht man: 5 Kugeln = 1 Würfel.
4. Waage (lila): Wenn man auf beiden Seiten 4 Kugeln und 1 Würfel wegnimmt, sieht man: 1 Kugel = 1 Würfel.
➔ 1. Waage (gelb): $1w + 5k = 8k$
2. Waage (grün): $3w = 12k$
3. Waage (rosa): $2w + 1k = 11k$
4. Waage (lila): $3w + 4k = 1w + 6k$

Seite 93

1 a) 1 Würfel wiegt so viel wie 3 Kugeln.
b) 1 Würfel wiegt so viel wie 2 Kugeln.
c) 1 Würfel wiegt so viel wie 3 Kugeln.
d) 1 Würfel wiegt so viel wie 2 Kugeln.

2 Q = Quadrat; r = rote Plättchen
a) $2Q = 4r$; $1Q = 2r$
b) $2Q + 1r = 1Q + 4r$; $1Q = 3r$
c) $2Q + 2r = 1Q + 7r$; $1Q = 5r$
d) $2Q + 2Q = 1Q + 3r + 2Q$; $1Q = 3r$

3 B= Becher; M= Murmeln
a) $1B = 3M$
b) $1B = 1M$
c) $1B = 5M$
d) (i) $2B + 2M = 1B + 4M$; $1B = 2M$
(ii) $3B = 2B + 1M$; $1B = 1M$
(iii) $2B + 3M = 3B + 2M$; $1M = 1B$

Gleichungen aus- und einpacken

Individuelle Lösungen.
Denke dir eine beliebige Gleichung aus. Baue die Termseite so weit „ab" bis x alleine steht. Auf die andere Seite der Gleichung musst du die gleichen Äquivalenzumformungen anwenden, dann erhältst du die Lösung der Gleichung.

4 a) Äquivalenzumformung -6; $x = 2$
b) Äquivalenzumformung -2; $x = -7$
c) Äquivalenzumformung -5; $x = -5$
d) Äquivalenzumformung $+4$; $x = 1$
e) Äquivalenzumformung $:9$; $x = 6$
f) Äquivalenzumformung $:12$; $x = -6$
g) Äquivalenzumformung -13; $x = 69$
h) Äquivalenzumformung -32; $x = -9$

i) Äquivalenzumformung $:5$; $x = 22$
j) Äquivalenzumformung $:15$; $x = 0$
k) Äquivalenzumformung $:15$; $x = -\frac{1}{15}$
l) Äquivalenzumformung $:15$; $x = \frac{1}{225}$

5 a) Äquivalenzumformung $\cdot 3$; $x = 30$
b) Äquivalenzumformung $\cdot 10$; $x = 50$
c) Äquivalenzumformung $:\frac{1}{10}$; $x = 20$
d) Äquivalenzumformung $\cdot 4$; $x = 128$
e) Äquivalenzumformung $\cdot \frac{1}{2}$; $x = \frac{1}{2}$
f) Äquivalenzumformung $\cdot 7$; $x = -49$
g) Äquivalenzumformung $\cdot 5$; $x = 250$
h) Äquivalenzumformung $\cdot \left(-\frac{1}{4}\right)$; $x = -1$
i) Äquivalenzumformung $\cdot 2\frac{1}{2}$; $x = 75$
j) Äquivalenzumformung $\cdot (-8)$; $x = 4$

Seite 94

6 a) Äquivalenzumformung $+ 2$; 8
b) Äquivalenzumformung $+7$; 15
c) Äquivalenzumformung $+11$; $11 + 4x$
d) Äquivalenzumformung -7; 6
e) Äquivalenzumformung $\cdot 3$; $18x$
f) Äquivalenzumformung $\cdot 8$; -20
g) Äquivalenzumformung $\cdot 4$; $2x$
h) Äquivalenzumformung $\cdot 8$; $2x$

7 a) $x = 2$ und $x = 4$
b) $x = -5$ und $x = -18$
c) $x = \frac{1}{2}$ und $x = -6$
d) $x = 2$ und $x = 2$
e) $x = 6$ und $x = 18$
f) $x = 10$ und $x = 48$

8 a) $z = 20$
b) $y = 32$
c) $y = 17$
d) $y = 71$
e) $z = 7$
f) $w = 5$
g) $a = 9$
h) $a = 1$
i) $z = -1$
j) $z = -1$

9 a) $x = 8$
b) $x = -\frac{3}{2}$
c) $x = -2$
d) $x = 8$
e) $x = 6$
f) $x = -\frac{7}{5}$
g) $x = 8$

10 Die Gleichungen
$2x + 3 = x + 2$
$3x + 2 = -1$
$3x = -3$
$x + 6 = 5$ ergeben alle $x = -1$.
Die Gleichungen
$2x = 2$
$3x - 5 = -2$
$4x + 2 = 6$ liefern alle $x = 1$.

11 individuelle Lösungen; Beispiel für
a) $x = 5 \quad | -2x$
$-x = 5 - 2x \quad | +7$
$+7 - x = 12 - 2x$

12
- $9x + 1 = 10$ und $12x - 18 = 8x - 17 + 3x$; $x = 1$
- $6x - 8 = 4$ und $15x + 4 = 5x + 24$; $x = 2$
- $3{,}5x + x = 18$ und $3x + 6 = 18$; $x = 4$
- $5x - 12 = 13$ und $6x - 14 = 4x - 4$; $x = 5$
- $-37 + 12x = 35$ und $4x + 8 = 32$; $x = 6$

Um die Gleichungen zuzuordnen, kann man eine bereits gefundene Lösung auch in noch nicht ungeprüfte Gleichungen einsetzen. Ist die Gleichung erfüllt, hat man die „Partnergleichung“ gefunden.

Seite 95

13

	a)	b)	c)	d)	e)	f)
$x = 6$	43	−2	5	−14	60	12
$x = 1$	3	8	30	6	10	−3
$x = 2{,}5$	15	5	12	0	25	1,5
$x = -5$	−45	20	−6	30	−50	−21
$x = 0$	−5	10	nicht lösbar	10	0	−6

14 a) $x = 4$
b) $y = 0$
c) $z = \frac{10}{12}$
d) $x = -\frac{7}{5}$
e) $x = \frac{1}{3}$
f) $z = \frac{1}{3}$
g) $z = 0{,}6$
h) $y = 0$

15 a) $x = 27$
b) $x = 72$
c) $x = 18$
d) $x = 85$
e) $x = 4$
f) $x = 66$
g) $x = \frac{2}{3}$
h) $x = 152$
i) $x = \frac{36}{5}$
j) $x = \frac{4}{3}$

16 verschiedene Lösungsmöglichkeiten, z. B.
a) Wenn ich zum Dreifachen einer Zahl 22 addiere, erhalte ich 46.
b) Wenn ich zum Vierfachen einer Zahl 6 addiere, erhalte ich 10.
c) Wenn ich zum Dreifachen einer Zahl 40 addiere, erhalte ich das Achtfache der Zahl.
d) Wenn ich vom Fünffachen einer Zahl 1 subtrahiere, erhalte ich das gleiche Ergebnis als wenn ich vom Siebenfachen der Zahl 5 subtrahiere.
e) Wenn ich zum Fünffachen einer Zahl 4 addiere, erhalte ich das gleiche Ergebnis als wenn ich zum Vierfachen der Zahl 6 addiere.
f) Wenn ich das 16,5fache einer Zahl durch 3 dividiere, erhalte ich das gleiche Ergebnis als wenn ich zum 1,5fachen der Zahl 10 addiere.

17 a) $x = -6{,}5$ b) $x \approx 6{,}3$ c) $x \approx 11{,}8$
d) $x = -6$ e) $x = 6$

Nicht jede Lösung zählt!

- $8x - 11 = 6x;\ x = 5{,}5$
Dies kann nicht die Anzahl der Münzen, sondern höchstens der Betrag sein.
- $3x - 20 = 5x$
Das Dreifache einer positiven Zahl kann nicht größer als das Fünffache sein!
- $x \cdot 6 - 15 = 9;\ x = 4$
4 ist nicht ungerade!
- $(x + 17) \cdot 2 = 22;\ x = -6$
-6 ist keine natürliche Zahl!
- $2x + 3 = 12;\ x = \frac{9}{2}$
$\frac{9}{2}$ kann keine Anzahl sein!
- $125\,cm + 79\,cm = 204\,cm > 203\,cm$
Die beiden angegebenen Seiten sind zusammen schon länger als der Umfang des Dreiecks, das kann nicht sein!

2 Gleichungen mit Klammern

Seite 96

Einstiegsaufgabe

➔ $x = 6;\ y = -1$

➔ Man rechnet vom Inneren der Schnecke Schritt für Schritt nach außen, indem man die Gegenoperation durchführt. Nach jedem Rechenschritt bildet man das Zwischenergebnis.

➔ $x = (42 : 2 - 3) : 2 - 3$
$y = ((3 - 9) \cdot 2 + 8) : 4$

➔ individuelle Lösungen, z. B.
$4 \xrightarrow{+3} \square \xrightarrow{\cdot 2} \square \xrightarrow{-7} \square \xrightarrow{:7} \square$
als Gleichung: $x = (2 \cdot (4 + 3) - 7) : 7$

Seite 97

1 a) $x = -6$ b) $x = 6$ c) $x = 4$
d) $x = 6$ e) $x = 1$

2 a) $x = 7$ b) $x = 1$ c) $x = 5$
d) $x = 4$

3 a) $x = 2$ b) $x = -3$ c) $x = 8$
d) $x = 3$ e) $y = 7$ f) $y = 3$
g) $y = 2$ h) $y = \frac{4}{3}$

4 a) $u = 12$ b) $u = 2$ c) $u = -5$
d) $w = 3$ e) $w = -1$

5 a) $x = 6$ b) $x = -2$ c) $y = 9$
d) $y = -2$ e) $y = 3$ f) $x = 1$
g) $x = 6$ h) $x = \frac{1}{2}$ i) $a = 1{,}5$

6 a) $m = 1$ b) $m = 27$ c) $m = -1$
d) $n = 4$ e) $n = -7$

Aus Fehlern lernen

Die richtigen Lösungen:
1. $x = 4$ 2. $x = 1$ 3. $x = 5{,}5$
4. $x = 0$ 5. $x = 24$ 6. $x = 18$

Mögliche Tipps für Sven:
- Nur gleiche Variablen kann man zusammenfassen!
- Vorsicht beim Ausmultiplizieren von Klammern, vor allem bei Minusklammern!
- Beim Multiplizieren einer Summe mit einer Zahl muss man jeden Summanden malnehmen!
- Brüche in einer Gleichung kann man durch Durchmultiplizieren mit einem gemeinsamen Nenner beseitigen. Nicht einfach in Dezimalzahlen umwandeln, das wird oft ungenau!

Seite 98

➔ Lösen von Gleichungen mit Brüchen:
Beide Lösungswege führen zum richtigen Ergebnis. Lars rechnet mit gleichnamigen Brüchen; Lea multipliziert am Anfang mit einem gemeinsamen Nenner durch und rechnet dann mit ganzen Zahlen weiter. Hier macht man meist weniger Rechenfehler als beim Bruchrechnen, die meisten empfinden diesen Weg deshalb als leichter.

7 a) $y = 2$ b) $y = 4$ c) $y = 1$
d) $y = \frac{14}{15}$ e) $y = 2\frac{7}{10}$ f) $y = \frac{4}{15}$
g) $x = 10$ h) $x = 8$

8 a) $x = \frac{28}{29}$ b) $x = 4$ c) $x = 1$
d) $x = 1$

9 a) $x = -2$ b) $x = 24$ c) $x = 3$
d) $y = -1$ e) $x = \frac{28}{29}$ f) $x = 4$
ab Aufl. 1^4: $x = 11$ ab Aufl. 1^4: $x = 8$

10 a) $x = -2$ b) $x = -1$
c) keine Lösung d) $x = 0$
e) $x = 18{,}5$

11 a) $x = -\frac{1}{8}$ b) lösbar für alle x
c) $x = -6$ d) $x = \frac{3}{4}$
e) $x = 0$

12 a) lösbar für alle x
b) $x = 0$ oder $x = 2$
c) $x = 0$
d) lösbar für alle x
e) lösbar für alle x
f) lösbar für alle x
g) $x = -\frac{11}{4}$

13 a) Keine Lösung. Die beiden Seiten der Gleichung können für ein x nie gleich werden, da die linke Seite immer um 2 kleiner ist als die rechte.
b) $x = 0$. Nur für $x = 0$ reduziert sich die Gleichung auf $-7 = -7$ und ist somit lösbar.
c) Lösbar für alle x, da die linke und die rechte Seite der Gleichung identisch sind.
d) Lösbar für alle x, da die linke und die rechte Seite der Gleichung identisch sind.
e) Keine Lösung. Die Gleichung reduziert sich auf $4 = 2$.
f) $x = 0$. $4x = 0$ ist nur für $x = 0$ lösbar.

14 a) keine Lösung
b) unendlich viele Lösungen
c) unendlich viele Lösungen
d) keine Lösung
e) eine Lösung, nämlich $x = 0$

15 a)
- $2x + 1 = 5$; $x = 2$
- $2x + 3 = 5$; $x = 1$
- $2x + 4 = 5$; $x = \frac{1}{2}$
- $2x + 3{,}4 = 5$; $x = 0{,}8$

b) z. B. $2x + 6 = 5$; $x = -\frac{1}{2}$ (Jede Zahl größer als 5 liefert ein negatives Ergebnis für x.)
c) $2x + (-2x) = 5$; keine Lösung

3 Lesen und Lösen

Seite 99

Einstiegsaufgabe
➔ Nach Tinas Rechnung ist $x = 20$, Anna ist also 20 Jahre alt.
➔ Theas Gleichung: $3y = 15$; $y = 5$
Das heutige Alter von Anna ist $4y$, also 20.
➔ Torsten nutzt die Information aus, dass das frühere Alter +15 Jahre das Gleiche ergeben muss wie das frühere Alter mal 4.
➔ zu Tobias' Idee: Annas heutiges Alter muss durch 4 teilbar sein.

Seite 100

1 a) $3(x - 14) = x$; $x = 21$
b) $8(x - 35) = x$; $x = 40$
c) $9(x - 40) = x$; $x = 45$

2 Marc ist heute 19, seine Mutter 46.

3

	Alter heute	Alter in 4 Jahren
Vater	$3x$	$8(x - 7)$
Vicky	x	$x + 4$

Vaters Alter in 4 Jahren lässt sich aber auch als $3x + 4$ ausdrücken. Also:
Gleichung: $3x + 4 = 8(x - 7)$; $x = 12$
Vicky ist heute 12 Jahre alt.

4

	Alter heute
Tante	$3x$ und $4(x - 5)$
Ira	x

Gleichung: $3x = 4(x - 5)$; $x = 20$
Ira ist heute 20 Jahre alt.

5 a) $x + 5 = 4(x - 7)$; $x = 11$
b) $x + 3 = 3(x - 3)$; $x = 6$
c) $x + 3 = (x + 20) : 2$; $x = 14$
d) $x + 32 = 6(x + 4)$; $x = \frac{8}{5}$; Sonja ist heute also erst $1\frac{3}{5}$ Jahre alt, also etwa ein Jahr, sieben Monate und 6 Tage.

6 $m = a + b + c$
$a = m - 26$; $b = \frac{1}{3}m$; $c = 13$
Gleichung: $m = (m - 26) + \frac{1}{3}m + 13$; $m = 39$
Die Mutter ist 39 Jahre alt.

7 Ann ist 24 und zweimal so alt wie Mary war, als Ann so alt war wie Mary jetzt.

So erfinde ich eine Altersaufgabe
1. Gleichung: $3x - 4 = 5(x - 4)$; $x = 8$
2. Gleichung: $2x - 2 = 3(x - 6)$; $x = 16$
- individuelle Lösungen

Seite 101

8 $u = a + b + c$
$u = (u - 23\,cm) + 4\,(u - 23\,cm) + 11\,cm$
$u = 26\,cm$
$a = 3\,cm$; $b = 12\,cm$; $c = 11\,cm$

9 Die Innenwinkelsumme des Dreiecks beträgt 180°.
$180° = \alpha + \beta + \gamma$
$180° = \alpha + (\alpha + 30°) + (\alpha + 15°)$; $\alpha = 45°$
$\beta = 60°$
$\gamma = 75°$

10 a) $u = \frac{1}{3}u + \frac{5}{12}u + 6\,cm$
→ $u = 24\,cm$; $a = 8\,cm$; $b = 10\,cm$; $c = 6\,cm$
b) $u = \frac{1}{3}u + \frac{1}{5}u + 9\,cm$
→ $u = 19\frac{2}{7}\,cm$; $a = 6\frac{3}{7}\,cm$; $b = 3\frac{6}{7}\,cm$; $c = 9\,cm$
c) Wir nehmen an, dass a die längste Seite des Dreiecks sei. Dann wissen wir:
$a = 1a$; $b = \frac{1}{2}a$; $c = \frac{2}{3}a$
$u = a + b + c$
$13\,cm = a + \frac{1}{2}a + \frac{2}{3}a$; $a = 6\,cm$; $b = 3\,cm$; $c = 4\,cm$

11 a) Man kann formulieren: $\beta = \alpha + 35°$ und
$\gamma = \alpha + \beta + 35° = \alpha + (\alpha + 35°) + 35°$.
Die Winkelsumme von 180° ergibt sich dann durch
$180° = \alpha + \beta + \gamma = \alpha + \alpha + 35° + \alpha + (\alpha + 35°) + 35°$,
also $75° = 4\alpha$.
Dann ist $\alpha = 18{,}75°$, $\beta = 53{,}75°$ und $\gamma = 107{,}5°$
b) In einem gleichschenkligen Dreieck sind die beiden Basiswinkel β gleich groß.
Es ist also $180° = 2\beta + \alpha$.
Außerdem ist $2\alpha + 4° = \frac{2}{3}\beta$, d.h. $\alpha = \left(\frac{2}{3}\beta - 4°\right):2$.
Man erhält die Gleichung $180° = 2\beta + \left(\frac{2}{3}\beta - 4°\right):2$.
Dann ist $\beta = 78°$ und $\alpha = 24°$.

12 $u = \frac{11}{30}u + \frac{3}{20}u + \frac{9}{40}u + 31\,cm$; $u = 120\,cm$.
Die fehlenden Seitenlängen betragen 27 cm, 44 cm und 18 cm.

13 $11x = 8(x + 2) + 56$; $x = 24$

14 a) $5(x + 16) = 7(x + 10)$; $x = 5$
b) $7(x + 9) = 9(x - 7)$; $x = 63$

15 a) $2x = x + 2$; $x = 2$
b) $3x = x + 3$; $x = \frac{3}{2}$
c) $4x = x + 4$; $x = \frac{4}{3}$
$5x = x + 5$; $x = \frac{5}{4}$
$6x = x + 6$; $x = \frac{6}{5}$
$7x = x + 7$; $x = \frac{7}{6}$ usw.
allgemein: Das a-Fache einer Zahl ist ebenso groß wie die um a vermehrte Zahl; $x = \frac{a}{(a-1)}$

16 $3x + 2(x + 2) = 4(x + 3)$; $x = 8$

17 a) $4x = 2x + 20$; $x = 10$

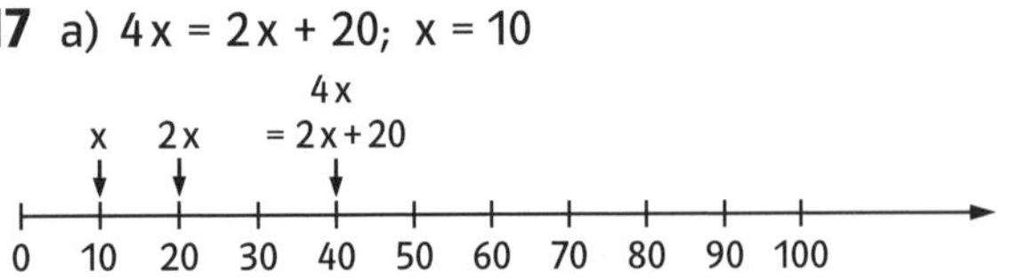

b) $4x = 2(x + 20)$; $x = 20$

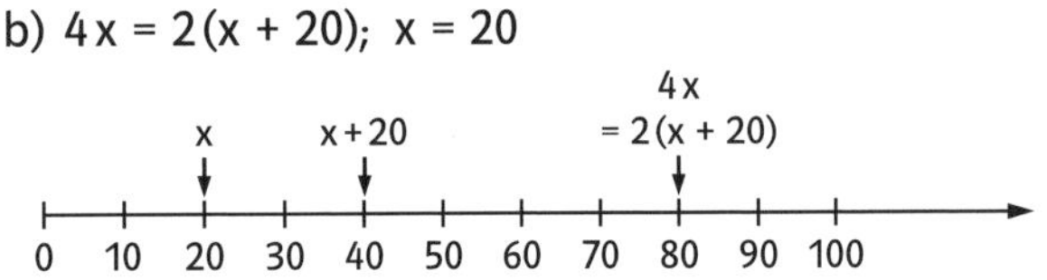

c) $4x = 2(x + 10) + 10$; $x = 15$

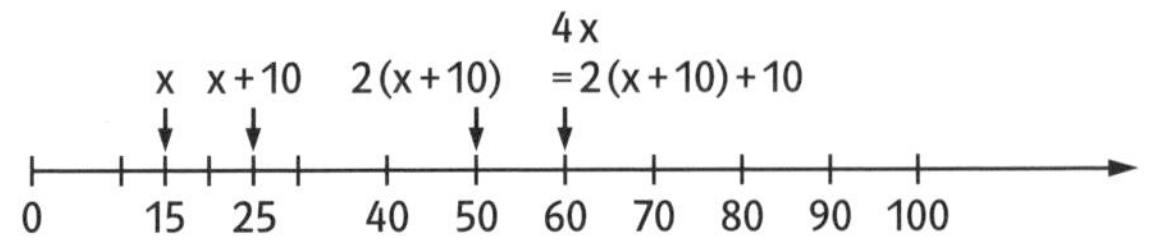

Individuelle Aufgaben: Denke dir eine Gleichung aus, z.B. $5x = 3(x + 10) - 2$. Berechne zunächst x, stelle die Gleichung dann am Zahlenstrahl dar.

Seite 102

Schlaue Skizzen, trickreiche Tabellen

- Wenn der Kaufmann mit 16 Denaren in Pisa ankommen soll, hätte er mit 16 Denaren aus Pisa abreisen müssen.
Die Gleichung heißt:
$8x - 112 = 16$; $x = 16$
- Wenn das Geld nach zwei Rundreisen weg ist, muss er nach der ersten Reise noch 14 Denare übrig haben. Von hier aus kann man mithilfe eines Bildes wieder zurückrechnen. Er muss mit $15\frac{3}{4}$ Denaren losgereist sein. Bei drei Rundreisen hatte er $15\frac{31}{32}$ Denare dabei. Fraglich ist jedoch, ob es 32-stel Dinare gab.
- individuelle Lösungen
- individuelle Lösungen

Üben • Anwenden • Nachdenken

Seite 104

1 a) $x = 1$ b) $x = 100$ c) $x = 100$
d) $x = 10$ e) $x = 300$ f) $x = 37$

2 a) ja, beide ergeben $x = 3$
b) ja, beide ergeben $x = 4$
c) nein, da verschiedene y-Ergebnisse
d) ja, beide ergeben $x = 8$

3 a) $x = 18$ b) $x = 12$ c) $x = 35$
d) $x = -5$ e) $x = 2$ f) $x = 4$
g) $x = 72$ h) $x = 72$ i) $x = \frac{4}{3}$
j) $x = \frac{2}{3}$

4 a) $4x = 8$; $x = 2$; $x + 3 = 5$
b) $2x = 30$; $x = 15$; $x - 8 = 7$
c) $7x = -28$; $x = -4$; $x + 5 = 1$
d) $x + 3 = 12$; $x = 9$; $2x + 3 = 21$
e) $x - 8 = -3$; $x = 5$; $3x + 1 = 16$
f) $x + 19 = 12$; $x = -7$; $3x - 9 = -30$

5 individuelle Lösungen, z. B. bei

a) $x = 3 \quad |+2$
$x + 2 = 5 \quad |\cdot\frac{2}{3}$
$\frac{2}{3}(x + 2) = 3\frac{1}{3}$

oder: $x = 3 \quad |:2$
$\frac{1}{2}x = \frac{3}{2} \quad |-4$
$\frac{1}{2}x - 4 = \frac{3}{2} \quad -4$

6 individuelle Lösungen, z. B. bei
a) $2x = 6$; $3x = 9$; $2(x + 4) = 14$
b) $\frac{1}{2}x = \frac{1}{2}$; $-4x = -4$; $-5(2 + x) = -15$
Du kannst deine Gleichungen selbst überprüfen, indem du sie wieder nach x auflöst. X muss dann die „verpackte Zahl" ergeben.

7 Es gibt mehrere mögliche Gleichungen, das Ergebnis für x muss allerdings immer das Gleiche sein. Zum Beispiel
1. Stab: $x + 16 = 22$; $x = 6$
2. Stab: $2x + 11 = 25$; $x = 7$
3. Stab: $3x + 12 = 36$; $x = 8$
4. Stab: $4x + 7 = 43$; $x = 9$

8 a) $x = 1$ b) $x = 0$
c) keine Lösung d) unendlich viele Lösungen
e) $x = 0$ f) $x = 1$

9 a) $y = \frac{3}{5}$ b) $y = \frac{1}{8}$ c) $y = 2$
d) $y = \frac{1}{3}$ e) $y = -6\frac{2}{3}$ f) $y = 4$

10 a) $y = \frac{1}{2}$ b) $y = 31$ c) $y = 4$
d) $y = -5$ e) $x = 8$ f) $x = -7$
g) $x = 3$ h) $x = -14$ i) $x = 3$

11 a) $4x + 1 = x + 10$ b) $3x + 3 = 7 + x$
c) $2x + 9 = -3 + 4x$ d) $4x + 7 = 2x - 3$
e) $5 - x = 3x - 3$ f) $6 - 2x = 3x - 9$
g) $-3 + 8x = 6x - 9$ h) $-2x - 7 = -13 - 5x$

12 a) keine Lösung
b) unendlich viele Lösungen
c) keine Lösung
d) unendlich viele Lösungen

13 a) $3x + 5 = 2x + 11$ b) $4x + 5 = 2x + 11$
c) $-1x + 5 = 2x + 11$ d) $14x + 5 = 2x + 11$
e) $-2x + 5 = 2x + 11$ f) $-10x + 5 = 2x + 11$

Seite 105

14 a) $x = 8$ b) $y = 7$ c) $y = 12$
d) $x = 5$ e) $z = 18$ f) $x = 15$
g) $y = 14$ h) $z = 21$
Lösungswort: ERHOLUNG

15 a) $x = 8$ b) $x = 16$
c) $x = 81$ d) $x = -11$
e) $y = -\frac{8}{3}$ f) $5x - 2x = 30$; $x = 10$
g) $10x = 7x + 11$; $x = \frac{11}{3}$ h) $x = 2x + 6$; $x = -6$

16 a) $x = 8$ b) $x = 0$ c) $x = 10$
d) $a = 4$ e) $a = 3$ f) $a = -6$
g) In der 1. Auflage des Schülerbuches befindet sich ein Fehler; es muss $z - 2(z + 1) = 3z - (20 - 5z)$ heißen. $z = 2$
h) $z = -8$ i) $z = 1$ j) $z = 12$

17 a) $x = \frac{1}{3}$ b) $x = \frac{3}{2}$ c) $x = \frac{5}{12}$

18 a) $3x + 2 = x$; $x = -1$
b) $3((x - 5) - 6) - 4 = 4x$; $x = -37$
c) $(3(3(3x + 2) + 2) + 2) = x$; $x = -1$

19 a) $x = 5$ b) $x = 3$ c) $x = 4$
d) $x = 2$ e) $x = 5$ f) $x = 0$
g) $x = 4$ h) $x = 4$

20 a) keine Lösung
b) unendlich viele Lösungen
c) keine Lösung
d) $x = 1$
e) unendlich viele Lösungen
f) unendlich viele Lösungen

21 a) $y = -1$ b) $y = 8$ c) $y = 3\frac{1}{3}$
d) $y = 3$

22 a) $x = 10$ b) $x = 25$ c) $x = 27$
d) $x = 4$ e) $x = 2$ f) $x = 5$

23 a) Keine Lösung! Auf beiden Seiten der Gleichung stehen gleich viele x, aber die rechte Seite ist immer um 2 größer.
b) Unendlich viele Lösungen, da die beiden Seiten identisch sind.
c) Keine Lösung, da rechte Seite der Gleichung für gleiches x immer um 1 kleiner ist als die linke.
d) $x = 1$

Seite 106

24 a) Chris 56 %; Nina 44 %; Differenz von 12 %-Punkten.
b) Caro bekam 34 % der Stimmen. Also blieben für Doreen noch 66 % der Stimmen.
Doreen bekam 8 Stimmen mehr als Caro:
66 % – 34 % = 32 % entsprechen also 8 Stimmen.
Das bedeutet, dass eine Stimme 4 % der Klasse entspricht und somit hat die Klasse 25 Schülerinnen und Schüler.

Als Gleichung bedeutet das (x entspricht der Anzahl der Schülerinnen und Schüler der Klasse):
$0{,}34x + 0{,}34x + 8 = x$

25 Wir bezeichnen die Anzahl der Stimmen mit S. Wenn man voraussetzt, dass es nur diese drei Kandidaten gab, dann hat Zwetka $\frac{2}{5}$ S und Claudio $\frac{1}{5}$ S. Für Mona verbleiben dann $\frac{2}{5}$ der Stimmen, wobei die eine ungültige Stimme abzuziehen ist.
Mona: $\frac{2}{5}S - 1$.
Damit hat Zwetka die Wahl gewonnen, sie hat den größten Stimmenanteil.

Man kann noch weiter berechnen:
Zwetka bekam $\frac{2}{5}S$; Claudio: $\frac{1}{5}S$.
Mona bekam 6 Stimmen mehr als Claudio, also $\frac{1}{5}S + 6$. Dazu kommt die ungültige Stimme.
Man erhält folgende Gleichung:
$\frac{2}{5}S + \frac{1}{5}S + \frac{1}{5}S + 6 + 1 = S.$ $S = 35$ Stimmen.

26 a) Frau Mayer hat 52,7% der gültigen Stimmen, ihr Gegenkandidat demnach 47,3%. Differenz: 5,4 Prozentpunkte. Das entspricht 81 Stimmen. Es wurden 1500 gültige Stimmen abgegeben.
Als Gleichung könnte man formulieren
$\frac{52{,}7}{100} \cdot S = \frac{47{,}3}{100} \cdot S + 81.$
Die Gesamtzahl der Stimmen ist dann $S = 1500$.
b) Maximal hat Mona Mayer 52,74%, minimal 52,65% der Stimmen erhalten. Die Differenz zu ihrem Gegenkandidaten kann dadurch zwischen 5,48% und 5,3% variieren. Dies entspricht jeweils 81 Stimmen. Wie in a) berechnet man daraus die Gesamtstimmenanzahl. Sie kann zwischen 1478 und 1528 gelegen haben.

„Nach Adam Riese ..."

- Gleichung: $(((x:2 - 2):2 - 2):2 - 2) = 1$; $x = 36$
Man kommt auch durch Ausprobieren oder Rückwärtsrechnen auf die Lösung: Er hatte zu Beginn 36 Äpfel.
- $\left(\frac{2}{3}x - 4\right) \cdot \frac{3}{4} = 20$; $x = 46$
(Da er zu Beginn $\frac{1}{3}$ verliert, bleiben ihm $\frac{2}{3}$ des Geldes, also $\frac{2}{3}x$.)
(Da er $\frac{1}{4}$ verliert, bleiben ihm $\frac{3}{4}$.)
Er hatte zu Beginn 46 Gulden.

6 Vierecke. Vielecke

Auftaktseite: Vierecke legen und bewegen

Seiten 108 bis 109

- individuelle Lösung
- individuelle Lösung
- individuelle Lösung
- individuelle Lösung
- individuelle Lösung

1 Haus der Vierecke

Seite 110

Einstiegsaufgabe

→ individuelle Lösungen

→ Quadrat: 8 Möglichkeiten
Rechtecke: 4 Möglichkeiten
Raute: 4 Möglichkeiten
Parallelogramm: 2 Möglichkeiten
Trapez: 2 Möglichkeiten
Drachen: 2 Möglichkeiten

Seite 111

1 Quadrat ACEG, Drachen BCDG, Parallelogramm CDGI, Parallelogramm BCFG, Parallelogramm IDEH, Drachen ICFG, Raute CNGL

2 a)

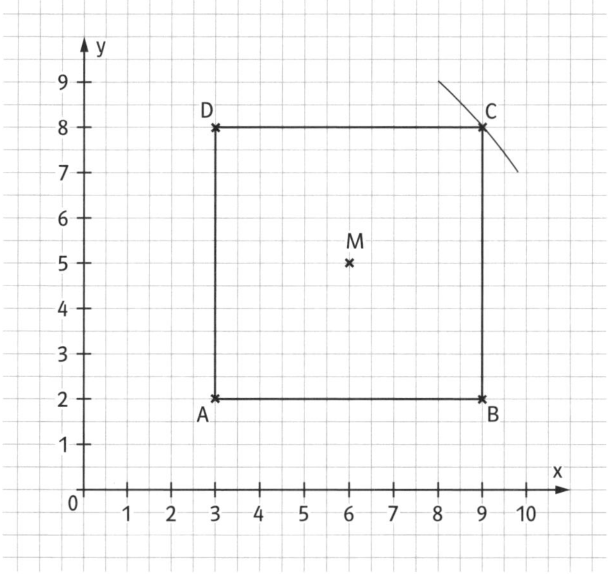

b)

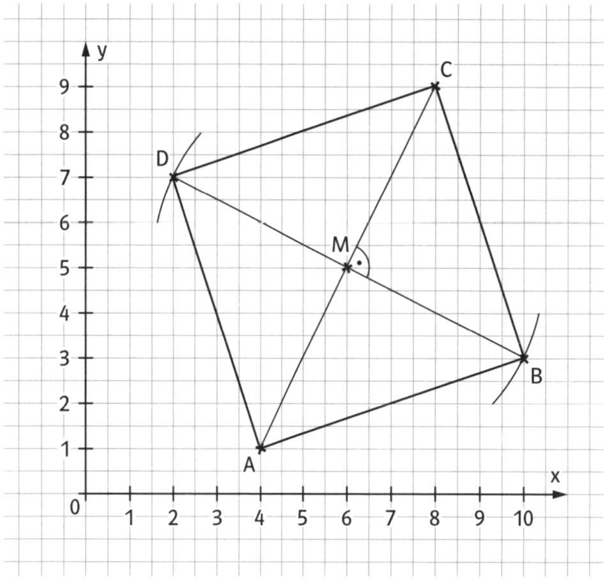

c)

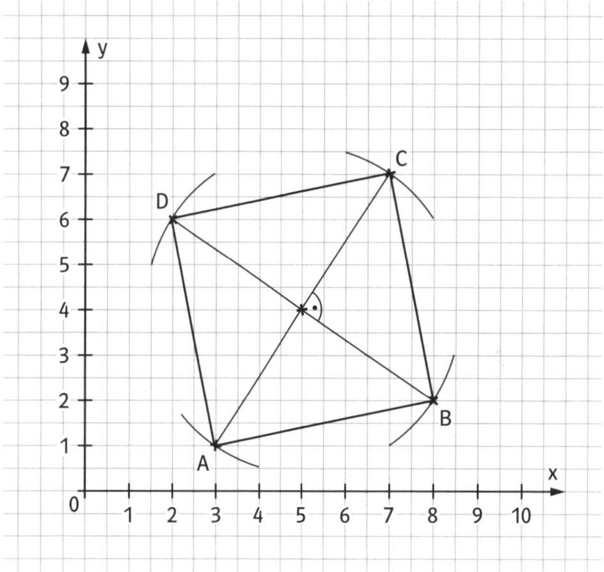

3 a)

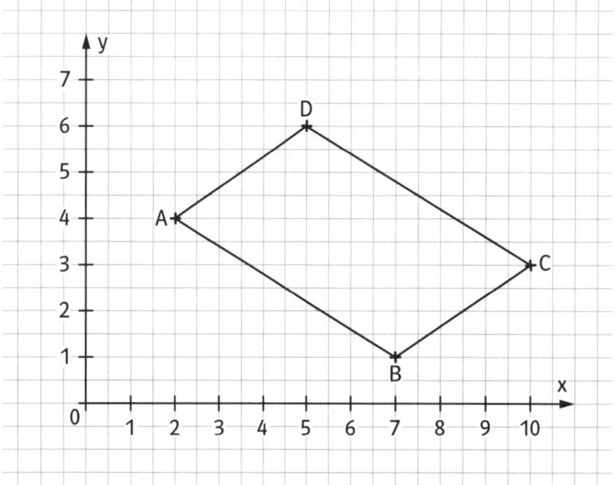

b)

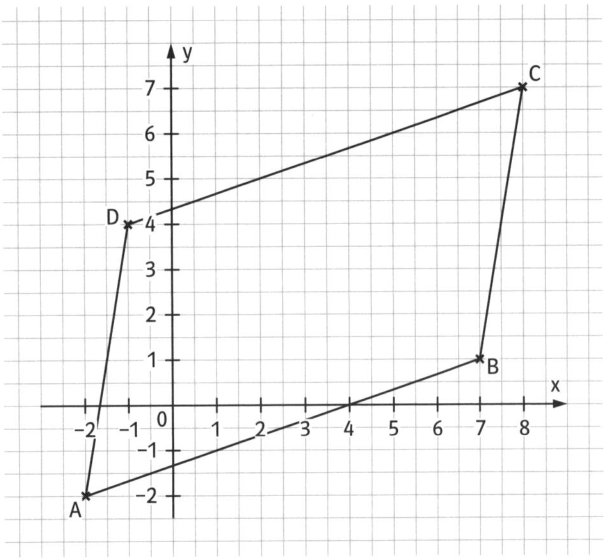

4 a) • 2 gleiche Rechtecke
- 1 Quadrat und 1 Rechteck
- 2 verschiedene Rechtecke
- 2 gleiche allgemeine Vierecke
- 2 verschiedene allgemeine Vierecke

b) Raute:
- 2 gleiche Parallelogramme
- 2 verschiedene Parallelogramme
- 2 verschiedene allgemeine Vierecke

Parallelogramm:
- 2 gleiche Parallelogramme
- 2 verschiedene allgemeine Vierecke
- 2 verschiedene Parallelogramme
- 1 Raute und 1 Parallelogramm
- 2 gleiche symmetrische Trapeze (vgl. Aufgabe 5)
- 2 verschiedene symmetrische Trapeze
- Trapez und allgemeines Viereck

Trapez:
- 2 verschiedene symmetrische Trapeze
- 2 verschiedene allgemeine Vierecke
- Parallelogramm und Trapez
- Raute und Trapez

Drachen:
- Parallelogramm und allgemeines Viereck

5 individuelle Lösungen

Seite 112

6

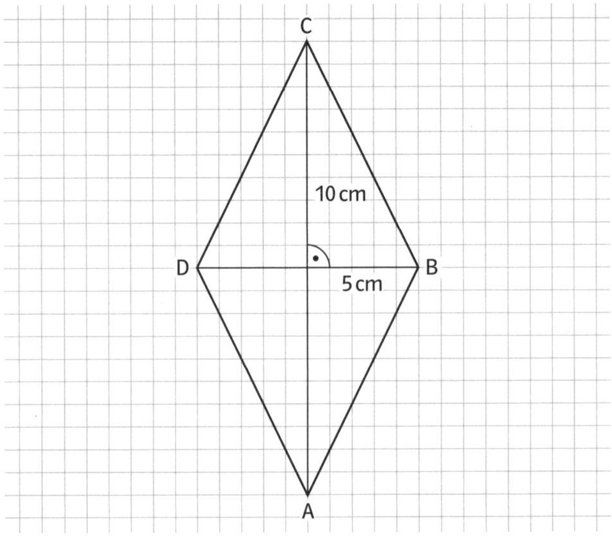

7 a) Quadrat, Rechteck, Raute, Parallelogramm
b) Drachen

8

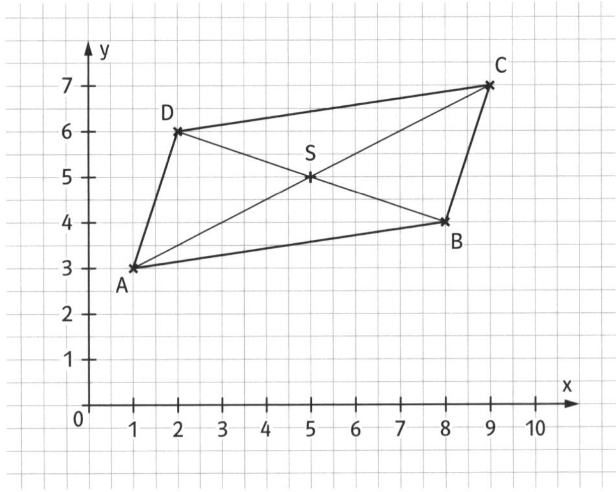

1. Zeichne A, B und S in das Koordinatensystem.
2. Verbinde A mit B.
3. Zeichne $\overline{AS}$ und $\overline{BS}$.
4. Konstruiere einen Kreis mit Mittelpunkt S und Radius $\overline{AS}$.
5. Benenne den Schnittpunkt des Kreises mit $\overline{AS}$ mit C.
6. Konstruiere einen Kreis mit Mittelpunkt S und Radius $\overline{BS}$.
7. Benenne den Schnittpunkt des Kreises mit $\overline{BS}$ mit D.
8. Verbinde B und C, C und D, A und D.

9

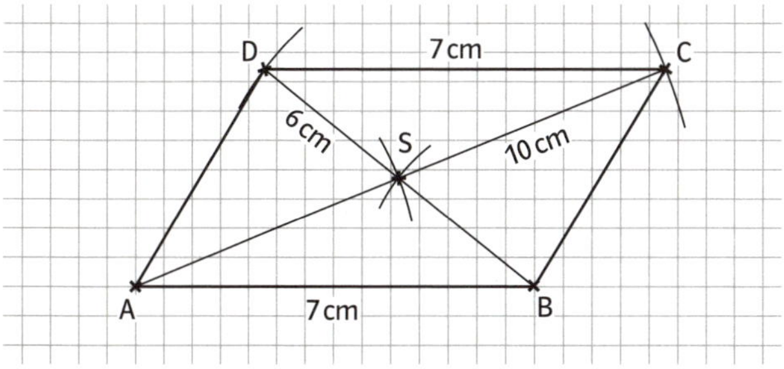
D
7 cm
C
6 cm
S
10 cm
A
7 cm
B

10 a)

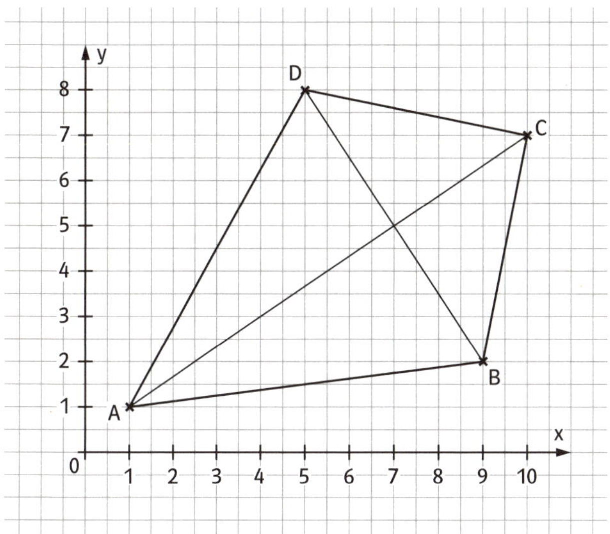
y
x
0
A
B
C
D

b)

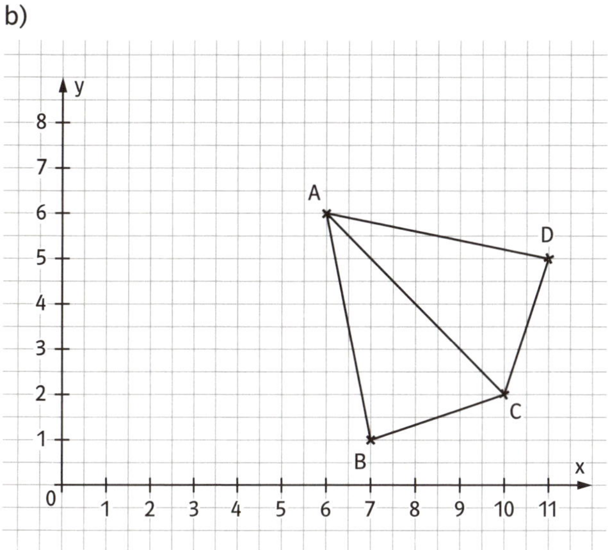
y
x
0
A
B
C
D

c)

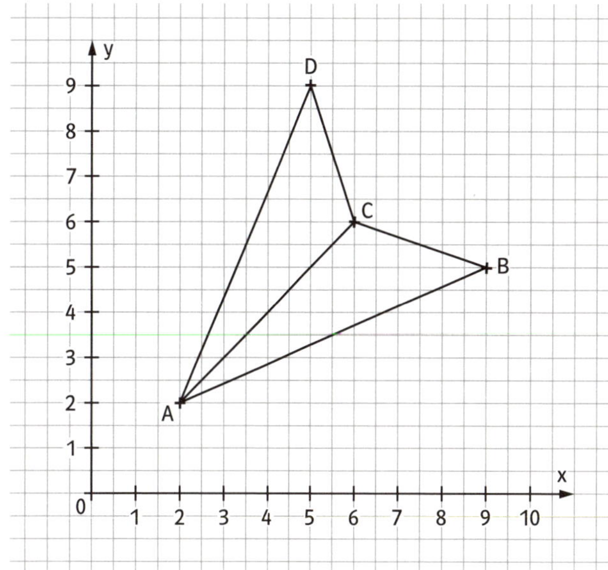
y
x
0
A
B
C
D

11 a)

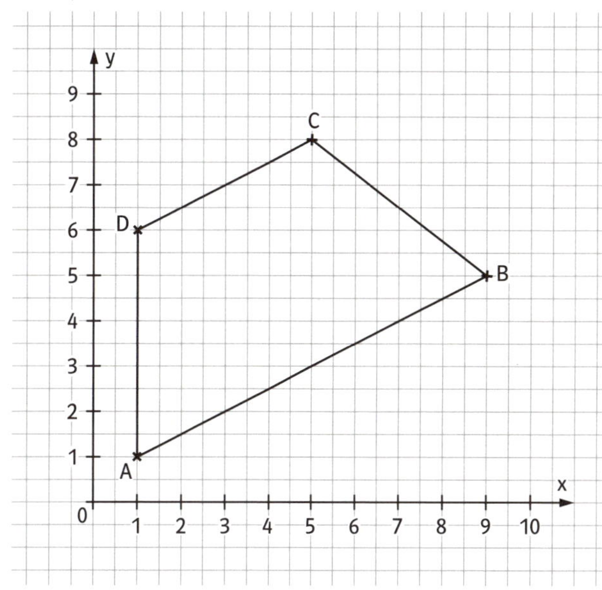
y
x
0
A
B
C
D

b)

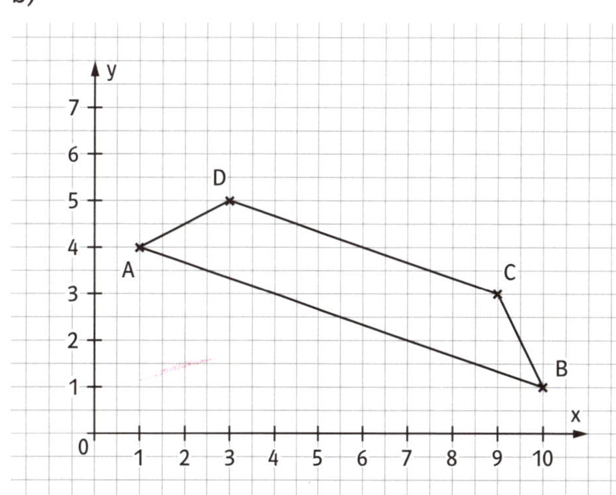
y
x
0
A
B
C
D

12 a)

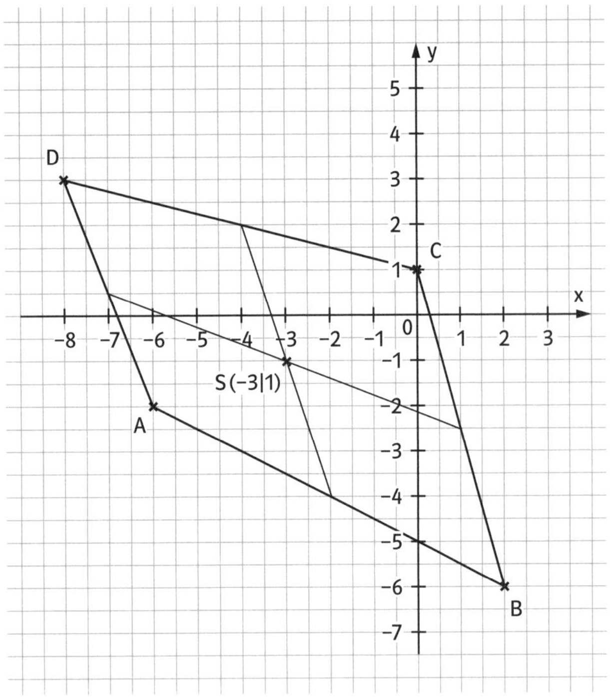

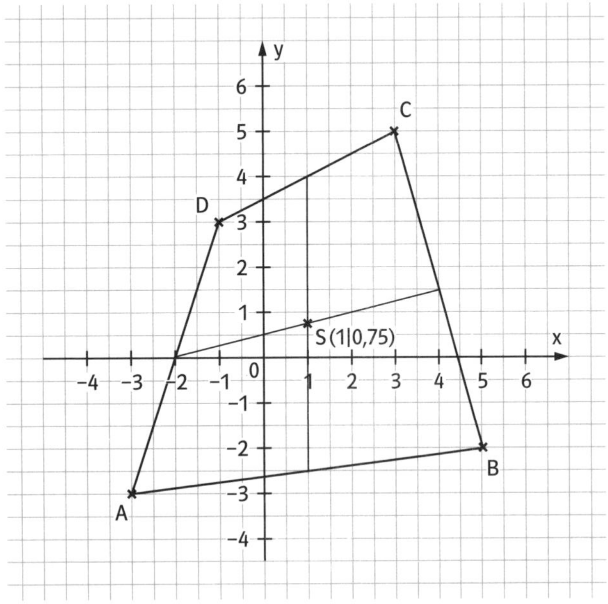

b) $M_x = -3$ $M_y = -1$ $(M_x \mid M_y) = S$
$M_x = 1$ $M_y = 0{,}75$ $(M_x \mid M_y) = S$
c) individuelle Lösungen

13

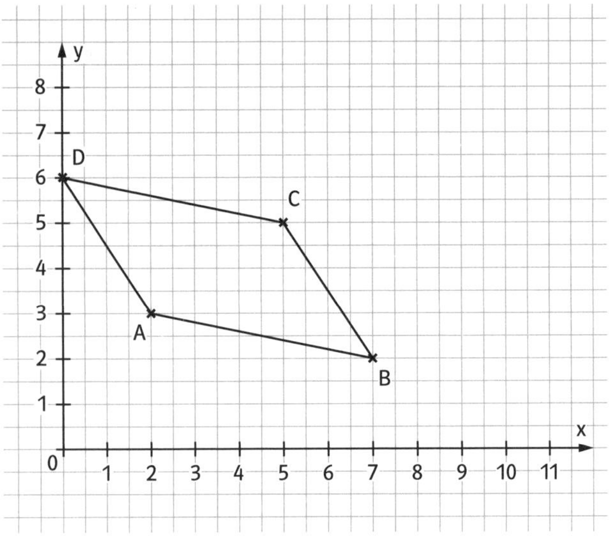

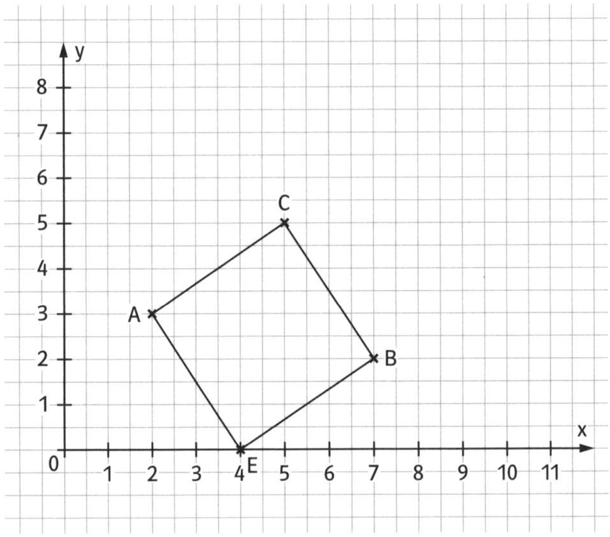

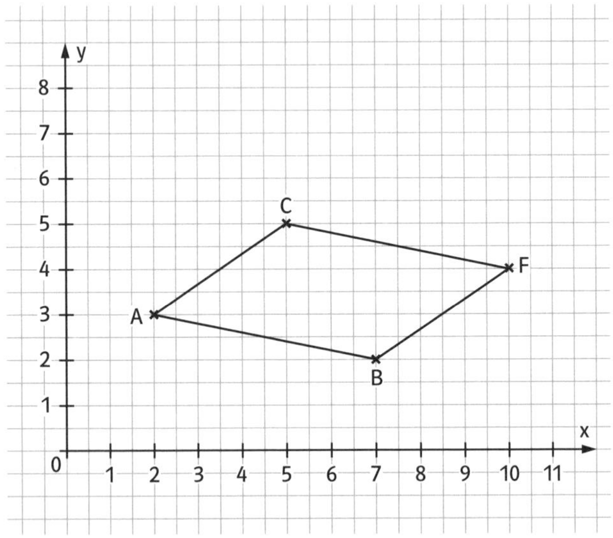

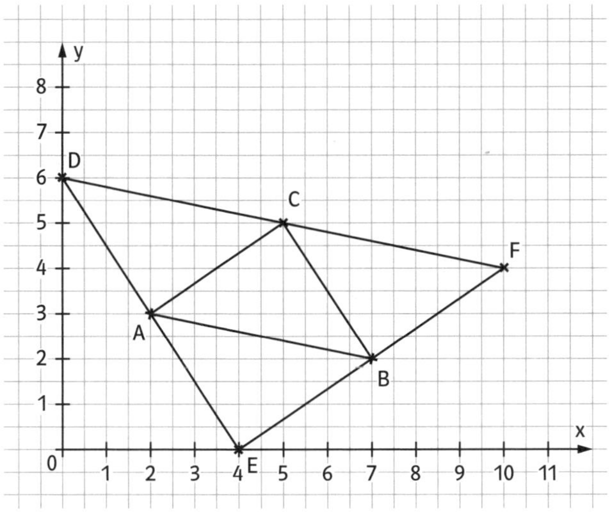

Symmetrie auf engstem Raum

beispielhafte Lösungen:

- 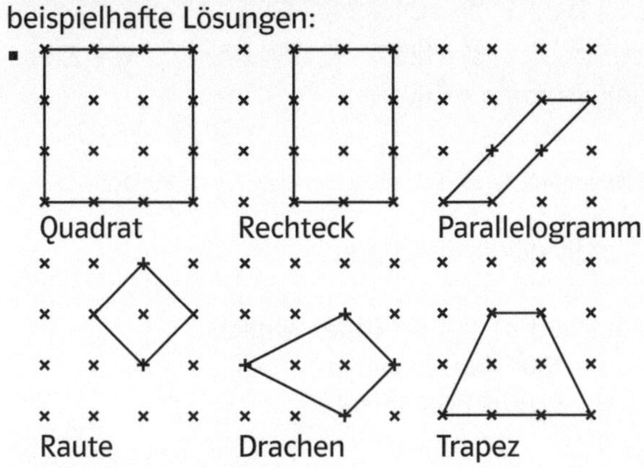

- 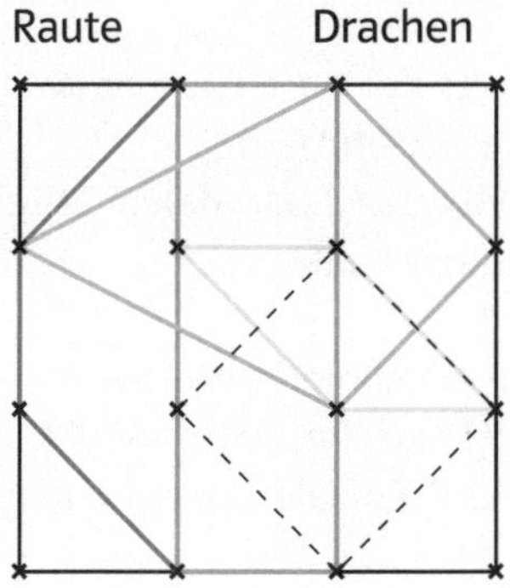

Alle 16 Nägel werden als Eckpunkte verwendet, die Raute ist allerdings auch ein Quadrat.

- 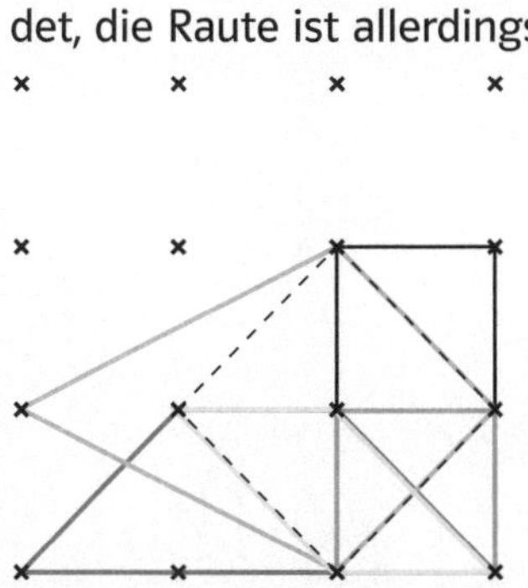

Nur 9 der 16 Nägel werden als Eckpunkte verwendet.

2 Vierecke. Winkelsumme

Seite 113

Einstiegsaufgabe

➔ Nein, es geht mit Drachen nicht.
➔ individuelle Lösungen

1 a) $\delta = 130°$ b) $\delta = 121°$
c) $\alpha = 130°$

2 a)

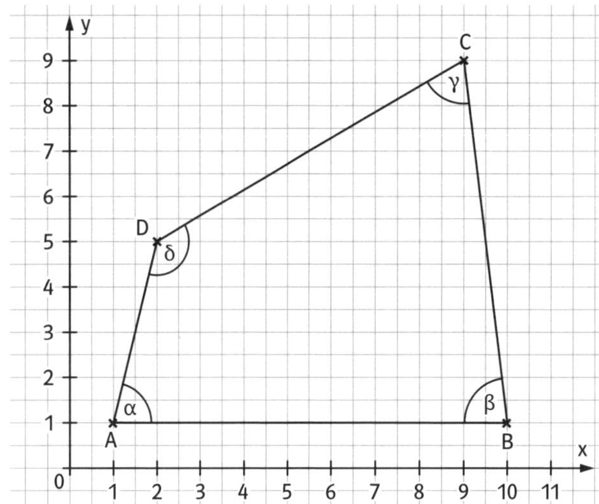

$\alpha = 76°$ $\beta = 83°$ $\gamma = 67°$ $\delta = 134°$
Winkelsumme = 360°

b)

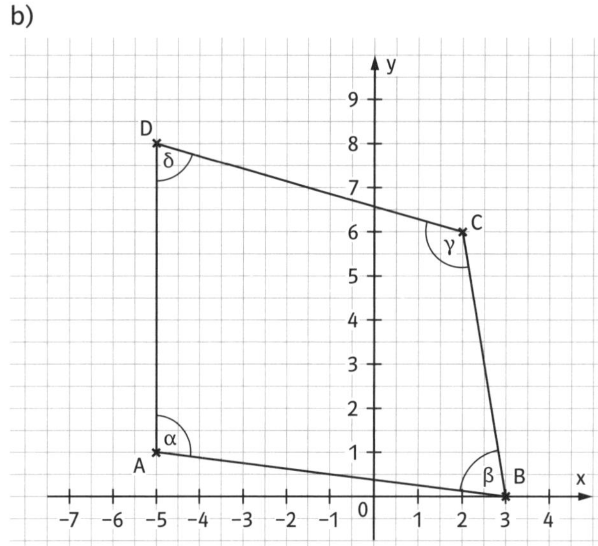

$\alpha = 97°$ $\beta = 74°$ $\gamma = 116°$ $\delta = 73°$
Winkelsumme = 360°

c)

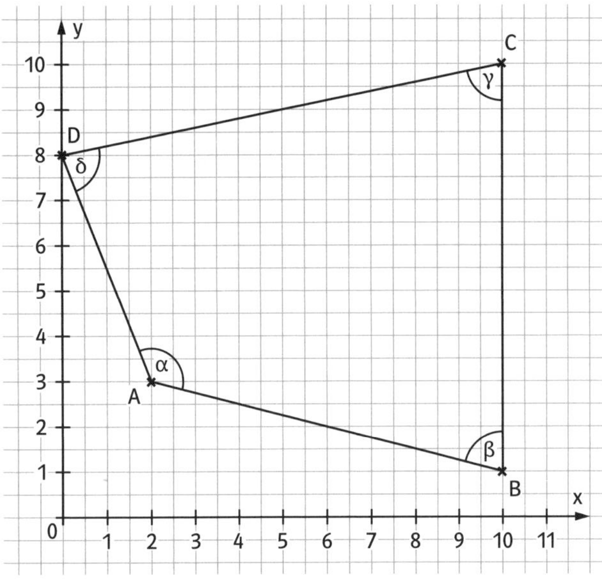

$\alpha = 126°$ $\beta = 75°$ $\gamma = 79°$ $\delta = 80°$
Winkelsumme = 360°

d)

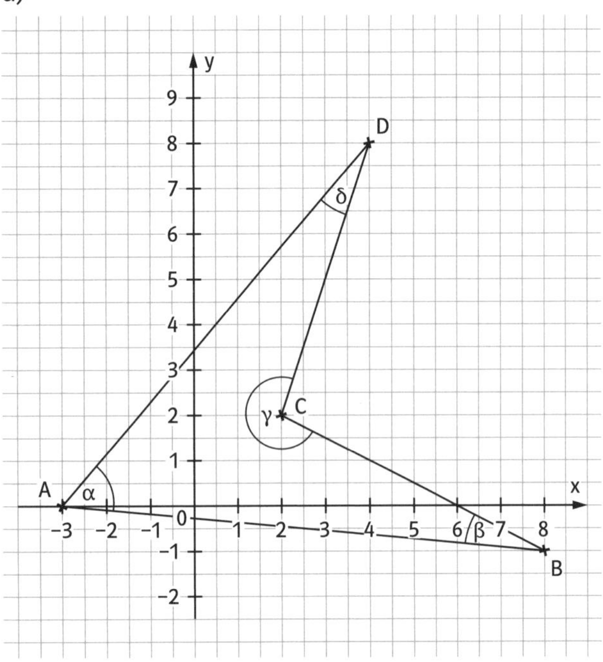

$\alpha = 54°$ $\beta = 22°$ $\gamma = 262°$ $\delta = 22°$
Winkelsumme = 360°

e)

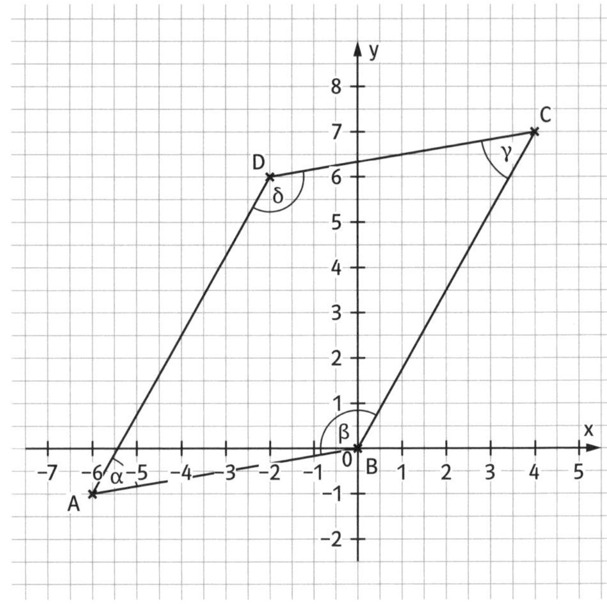

$\alpha = 51°$ $\beta = 129°$ $\gamma = 51°$ $\delta = 129°$
Winkelsumme = 360°

Seite 114

3 individuelle Lösungen

4 a) und b) $\beta = \gamma$ (Stufenwinkel)
$\alpha + \gamma = 180°$ (Nebenwinkel)
$\beta = \gamma = \delta$ (Wechselwinkel)

5 a) Winkel, die an einer der parallelen Seiten anliegen, sind gleich groß (Symmetrie).
b) Winkel, die an einer der nicht-parallelen Seiten anliegen, ergeben zusammen 180°.

6 Die eingezeichneten Hilfslinien unterteilen die Vierecke in jeweils 4 Dreiecke. Der Winkel ε befindet sich beim Punkt P. Für die Dreiecke gilt:
$\delta_1 + \gamma_1 + \varepsilon_1 = 180°$; $\delta_2 + \alpha_1 + \varepsilon_2 = 180°$;
$\alpha_2 + \beta_1 + \varepsilon_3 = 180°$; $\beta_2 + \gamma_2 + \varepsilon_4 = 180°$
$\alpha + \beta + \gamma + \delta + \varepsilon_1 + \varepsilon_2 + \varepsilon_3 + \varepsilon_4 = 720°$
Wegen $\varepsilon_1 + \varepsilon_2 + \varepsilon_3 + \varepsilon_4 = 360°$ gilt also:
$\alpha + \beta + \gamma + \delta = 360°$

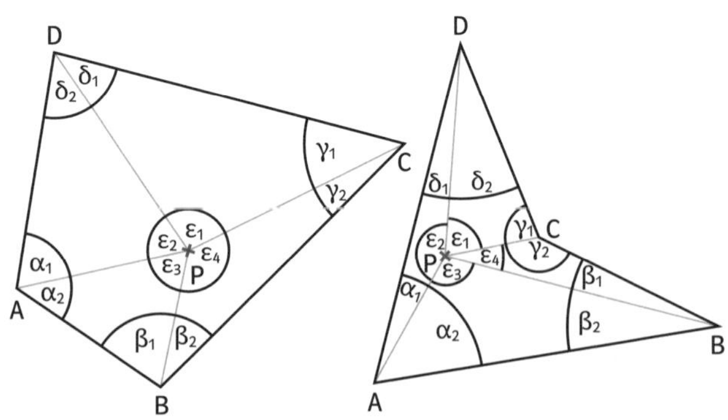

7 a) $\beta = 45°, \gamma = 135°, \delta = 135°$
b) $\alpha = 80°, \beta = 80°, \delta = 100°$
c) $\beta = 125°, \gamma = 55°, \delta = 125°$
d) $\alpha = 105°, \beta = 75°, \delta = 75°$
e) $\gamma = 40°, \delta = 120°$
f) $\alpha = 138°, \beta = 95°$
g) $\alpha = 12°, \gamma = 12°$
h) $\gamma = 240°, \delta = 36°$

8 a) $\beta = 130°, \delta = 100°$
b) $\gamma = 120°, \delta = 72°$
c) $\alpha = 80°, \gamma = 100°, \delta = 75°$
d) $\alpha = 140°, \beta = 50°, \gamma = 110°, \delta = 60°$

9 a) $\beta = 2\alpha, \gamma = 3\alpha, \delta = 4\alpha$
$\alpha + \beta + \gamma + \delta = \alpha + 2\alpha + 3\alpha + 4\alpha = 360°, 10\alpha = 360°$
$\alpha = 36°, \beta = 72°, \gamma = 108°, \delta = 144°$
b) $\beta = 2\alpha, \gamma = 2\beta = 4\alpha, \delta = 2\gamma = 4\beta = 8\alpha$
$\alpha + \beta + \gamma + \delta = \alpha + 2\alpha + 4\alpha + 8\alpha = 360°$
$\alpha = 24°, \beta = 48°, \gamma = 96°, \delta = 192°$
c) $\beta = \alpha + 20°, \gamma = \beta + 20° = \alpha + 40°, \delta = \gamma + 20°$
$= \alpha + 60°$
$\alpha + \beta + \gamma + \delta = \alpha + \alpha + 20° + \alpha + 40° + \alpha + 60°$
$= 4\alpha + 120° = 360°, 4\alpha = 240°$
$\alpha = 60°, \beta = 80°, \gamma = 100°, \delta = 120°$
d) $\frac{\alpha}{2} = \beta, \frac{\beta}{2} = \gamma = \frac{\alpha}{4}, \frac{\gamma}{2} = \delta = \frac{\beta}{4} = \frac{\alpha}{8}$
$\alpha + \beta + \gamma + \delta = \alpha + \frac{\alpha}{2} + \frac{\alpha}{4} + \frac{\alpha}{8} = 15\frac{\alpha}{8} = 360°$
$\alpha = 192°, \beta = 96°, \gamma = 48°, \delta = 24°$
e) individuelle Lösungen

Weißt du wie viel Rauten ...

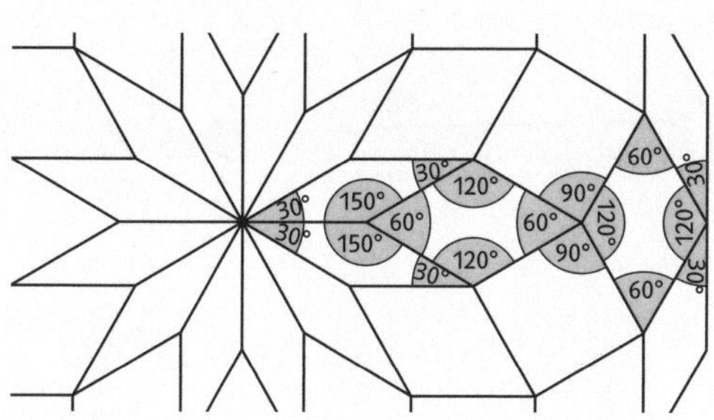

3 Vierecke konstruieren

Seite 115

Einstiegsaufgabe
→ Quadrat, Rechteck, Raute, Parallelogramm, Trapez, Drachen
→ unendlich viele Möglichkeiten
→ unendlich viele Möglichkeiten

Seite 116

1 a)

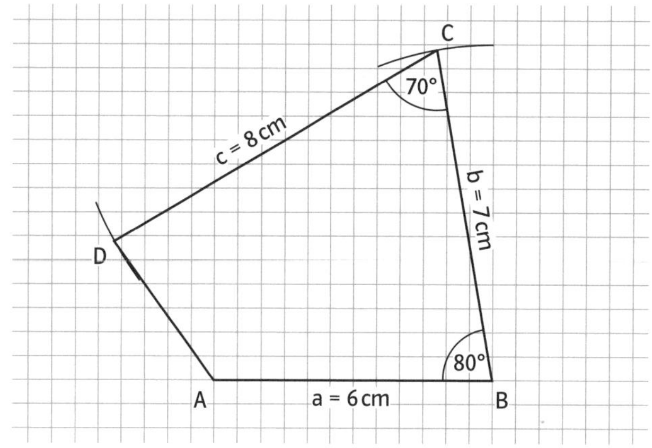

b)

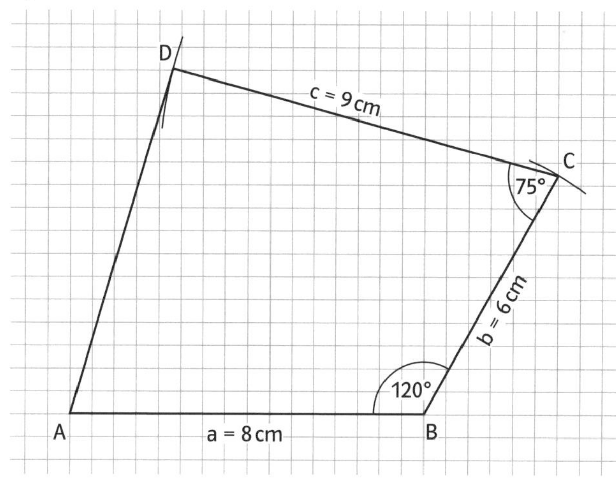

c)

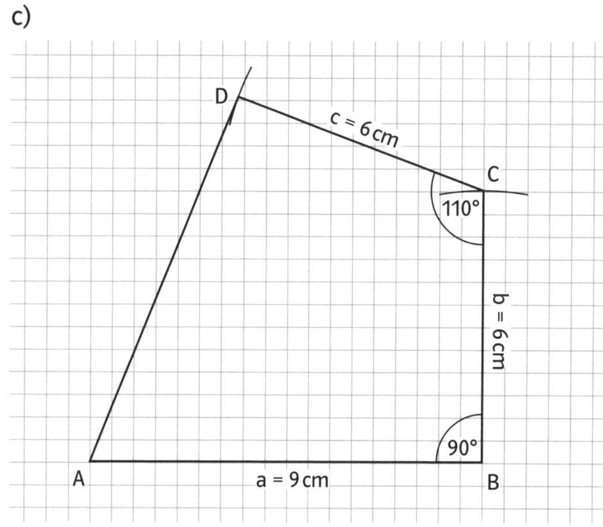

d)

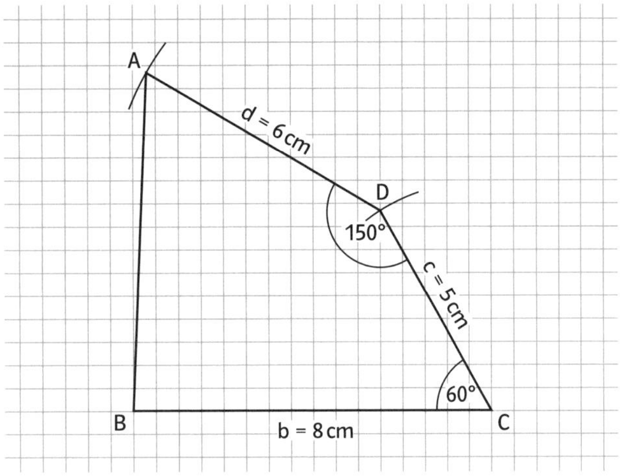
A
d = 6 cm
D
150°
c = 5 cm
60°
B
b = 8 cm
C

2 a)

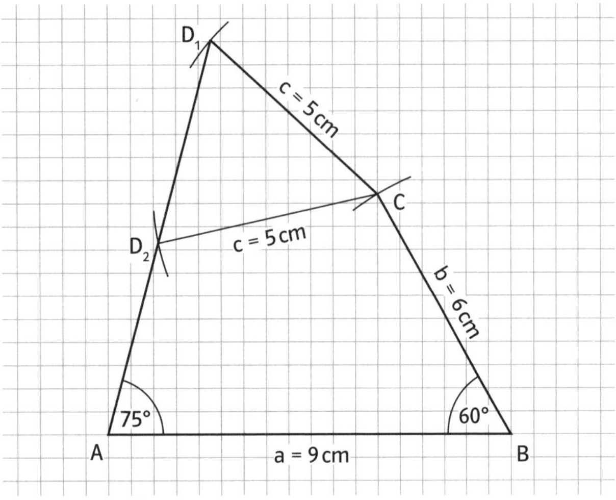
D1
c = 5 cm
C
D2
c = 5 cm
b = 6 cm
75°
60°
A
a = 9 cm
B

b)

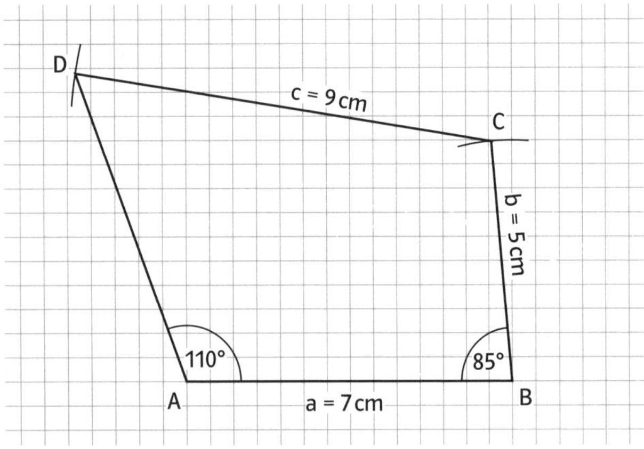
D
c = 9 cm
C
b = 5 cm
110°
85°
A
a = 7 cm
B

c)

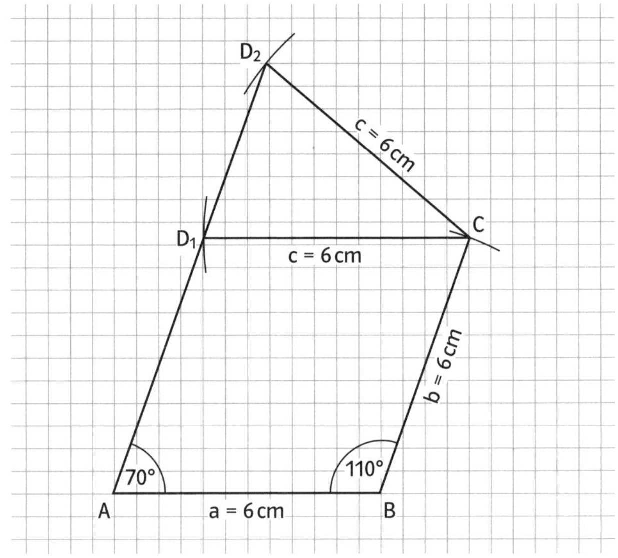
D2
c = 6 cm
D1
C
c = 6 cm
b = 6 cm
70°
110°
A
a = 6 cm
B

3 a)

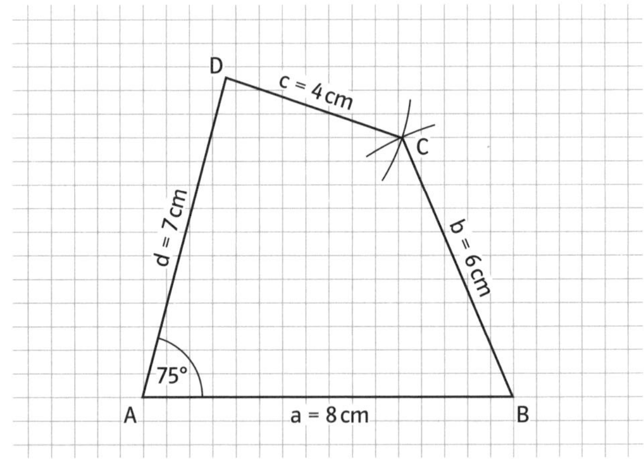
D
c = 4 cm
C
d = 7 cm
b = 6 cm
75°
A
a = 8 cm
B

b)

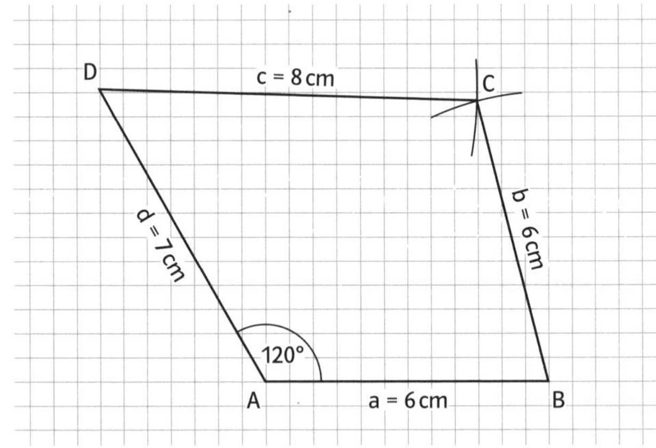
D
c = 8 cm
C
d = 7 cm
b = 6 cm
120°
A
a = 6 cm
B

4

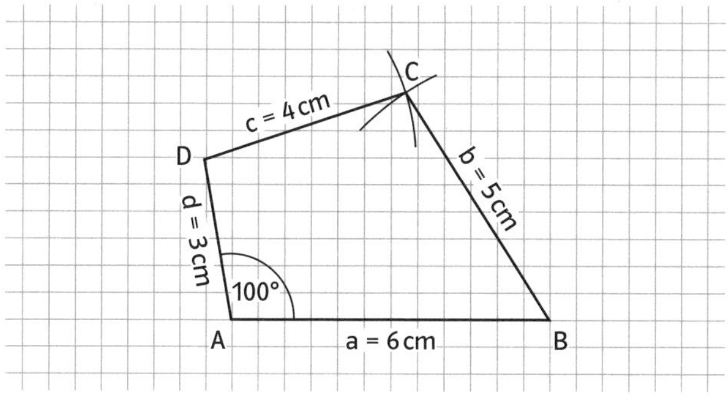

5 a)

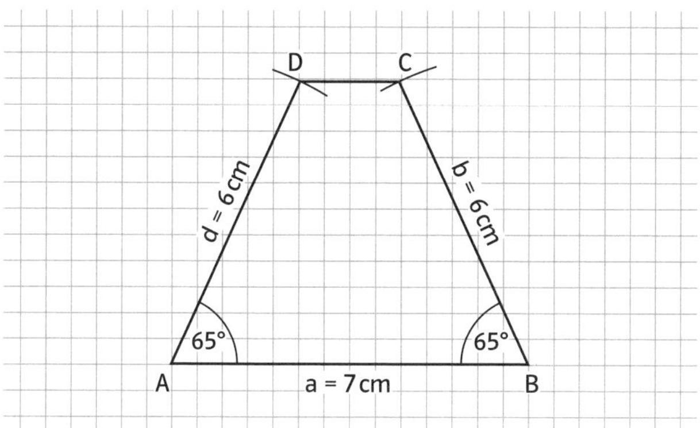

b)

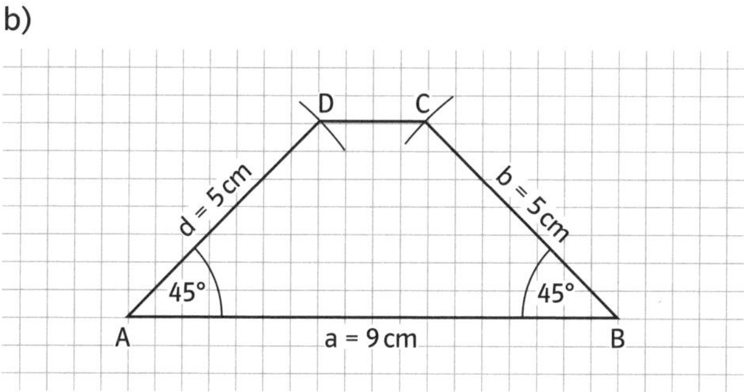

c)

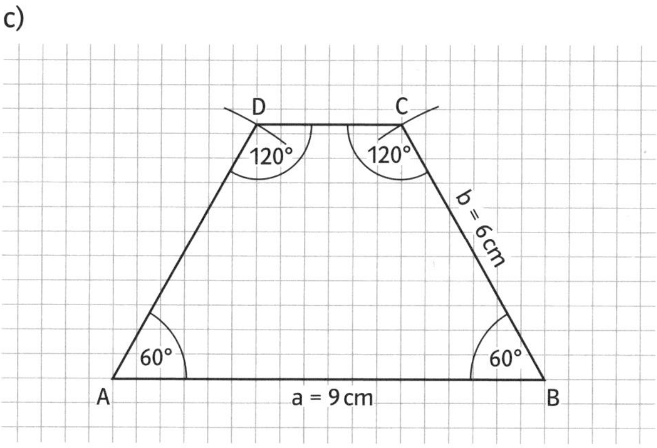

Seite 117

6 a)

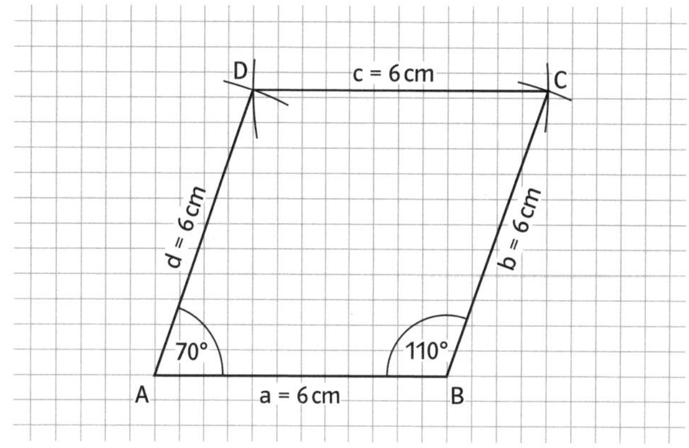

b)

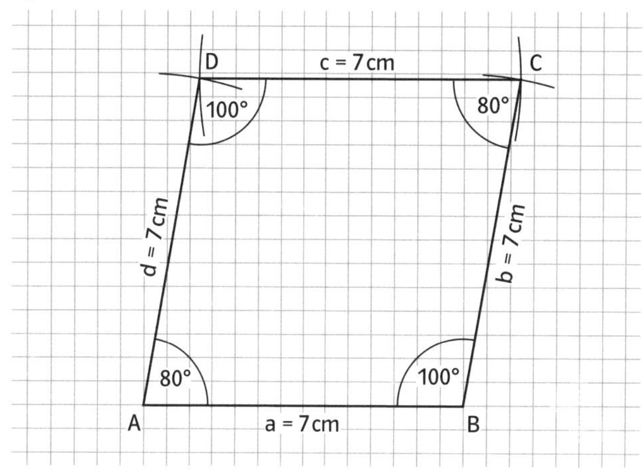

c)

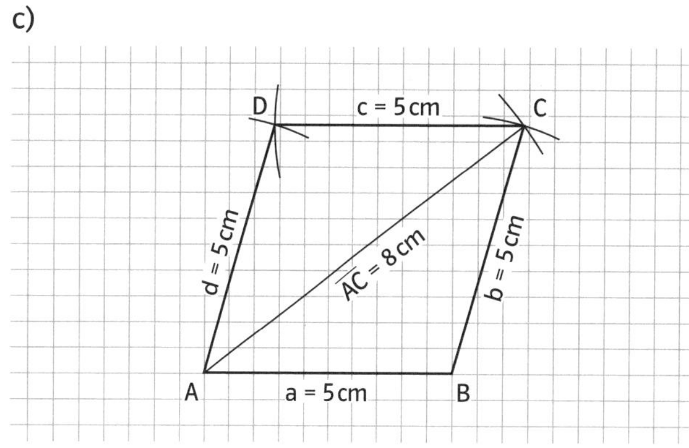

d)

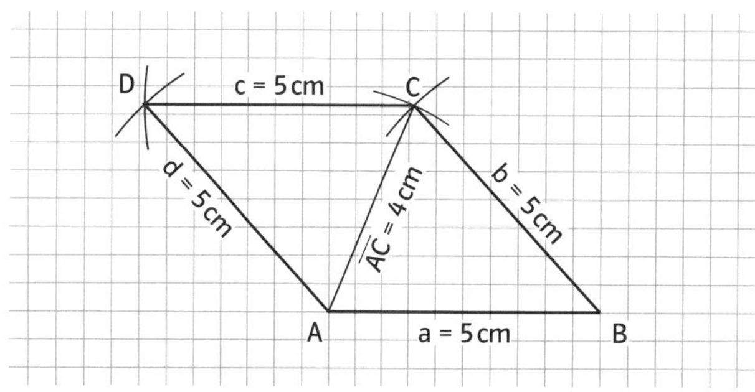

7 a)

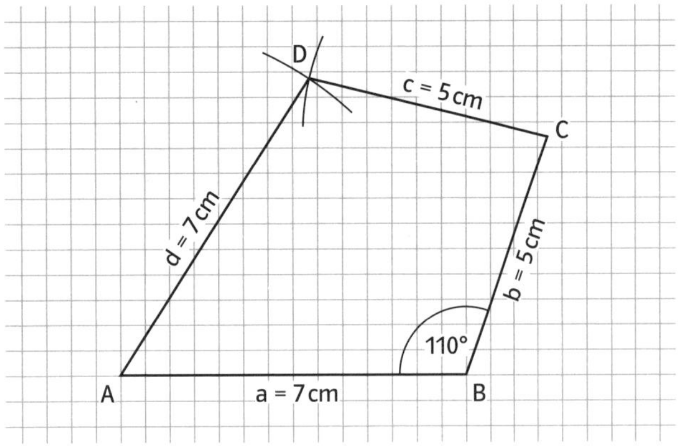

b)

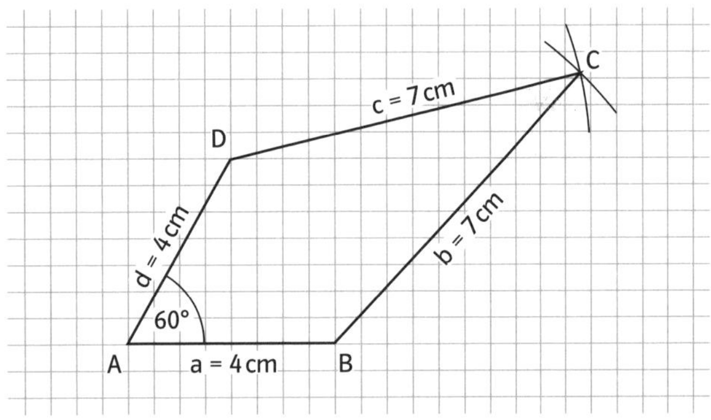

c)

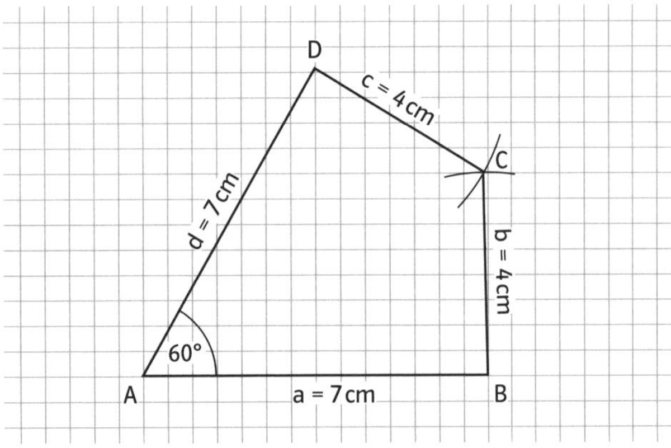

d)

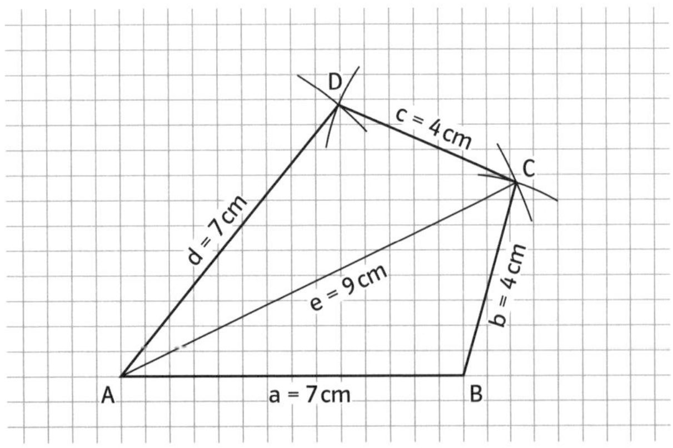

e)

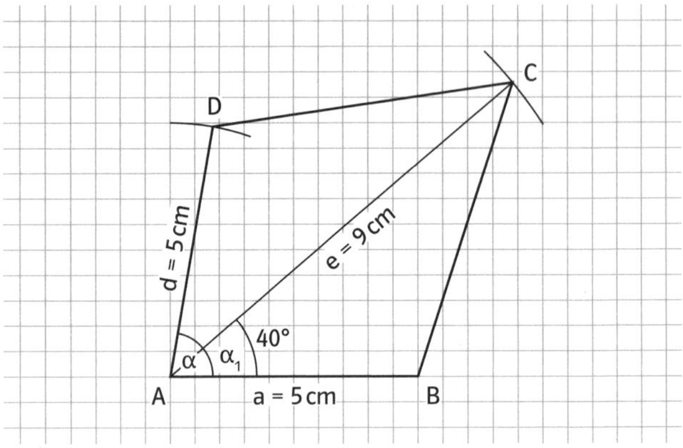

f)

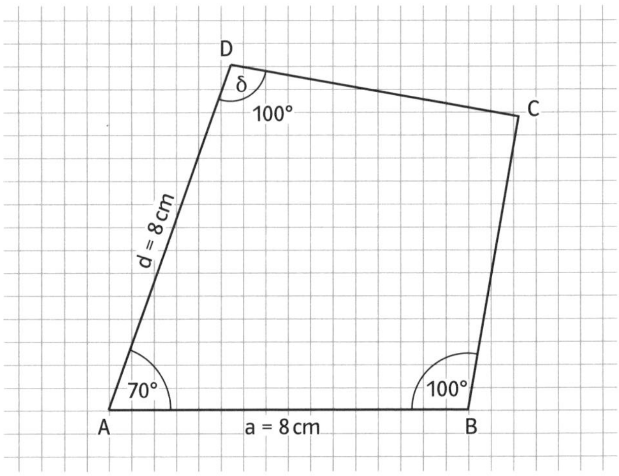

8

	Seiten	Winkel
Quadrat	1	0
Raute	1	1
Trapez	2	1
Drachen	2	1
Rechteck	2	0
Parallelogramm	2	1

9

Name: Quadrat
Seite: a = b = c = d
a || c, b || d
Winkel: $\alpha = \beta = \gamma = \delta = 90°$
Diagonalen: $\overline{AC}$ halbiert $\overline{BD}$
$\overline{BD}$ halbiert $\overline{AC}$
$\overline{AC} = \overline{BD}$
AC senkrecht auf BD

Name: Raute
Seite: a = b = c = d
a || c, b || d
Winkel: $\alpha = \gamma$, $\beta = \delta$
keine rechten Winkel

Diagonalen:	$\overline{AC}$ halbiert $\overline{BC}$
	$\overline{BD}$ halbiert $\overline{AC}$
	$\overline{AC} \neq \overline{BD}$
	$\overline{AC}$ senkrecht auf $\overline{BD}$

Name:	symmetrisches Trapez
Seiten:	$b = d$
	$a \parallel c$
Winkel:	$\alpha = \beta$, $\gamma = \delta$
	keine rechten Winkel
Diagonalen:	$\overline{AC}$ halbiert nicht $\overline{BD}$
	$\overline{BD}$ halbiert nicht $\overline{AC}$
	$\overline{AC} = \overline{BD}$
	$\overline{AC}$ nicht senkrecht auf $\overline{BD}$

Name:	Drachen
Seiten:	$a = d$, $b = c$
Winkel:	$\beta = \delta$
Diagonalen:	$\overline{AC}$ halbiert $\overline{BD}$
	$\overline{BD}$ halbiert nicht $\overline{AC}$
	$\overline{AC} \neq \overline{BD}$
	$\overline{AC}$ senkrecht auf $\overline{BC}$

Name:	Rechteck
Seiten:	$a = c$, $b = d$
	$a \parallel c$, $b \parallel d$
Winkel:	$\alpha = \beta = \gamma = \delta = 90°$
Diagonalen:	$\overline{AC}$ halbiert $\overline{BD}$
	$\overline{BD}$ halbiert $\overline{AC}$
	$\overline{AC} = \overline{BD}$
	$\overline{AC}$ nicht senkrecht auf $\overline{BC}$

W-Vierecke

- individuelle Lösung
- $2\alpha + 2\beta = 360°$, also ist $\alpha + \beta = 180°$. Daraus folgt $\frac{\alpha}{2} + \frac{\beta}{2} = 90°$.

4 Regelmäßige Vielecke

Seite 118

Einstiegsaufgabe

→ individuelle Lösungen
→ individuelle Lösungen
→ individuelle Lösungen

Seite 119

1 individuelle Lösungen

2 a) $360° : 6 = 60°$ $\alpha = 180° - 60° = 120°$

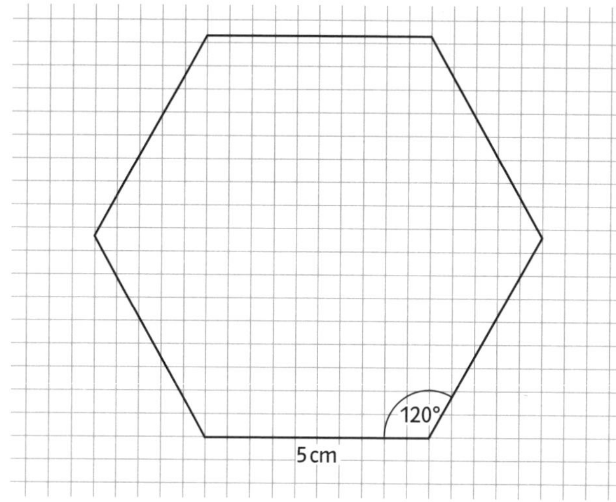

b) $360° : 8 = 45°$ $180° - 45° = 135°$

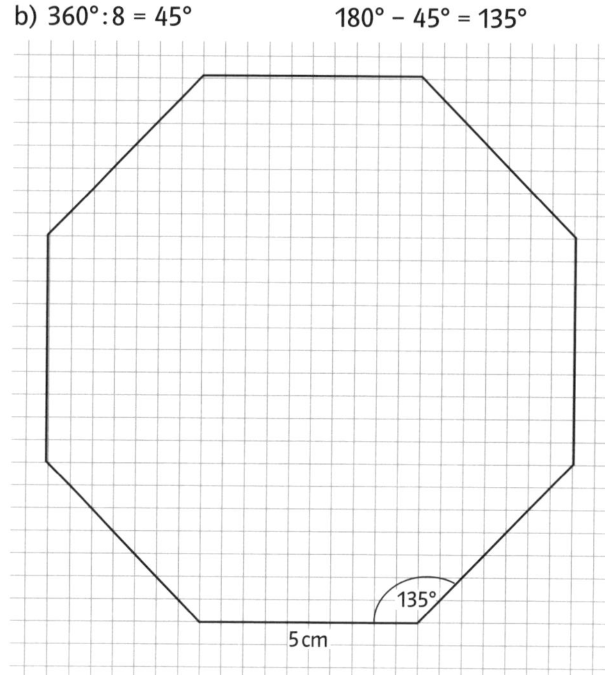

c) $360° : 5 = 72°$ $180° - 72° = 108°$

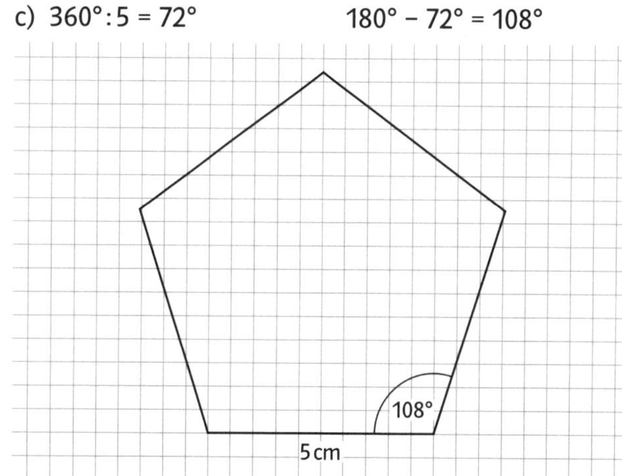

d) 360° : 9 = 40°　　　180° − 40° = 140°

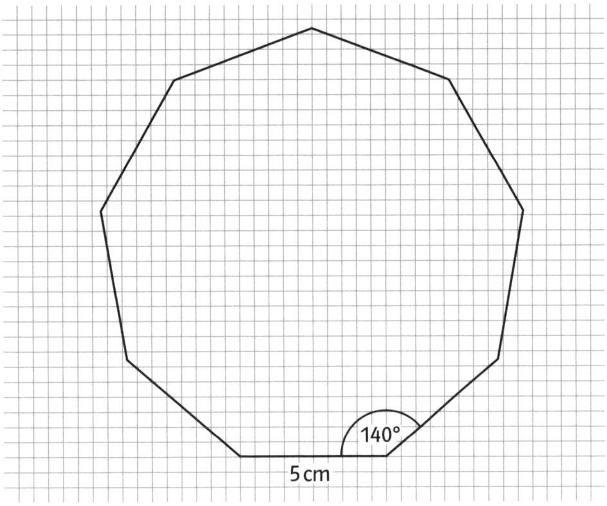

c)

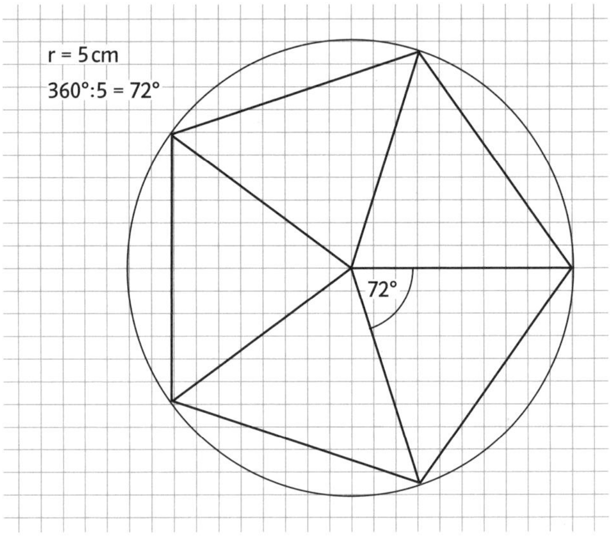

3 a)

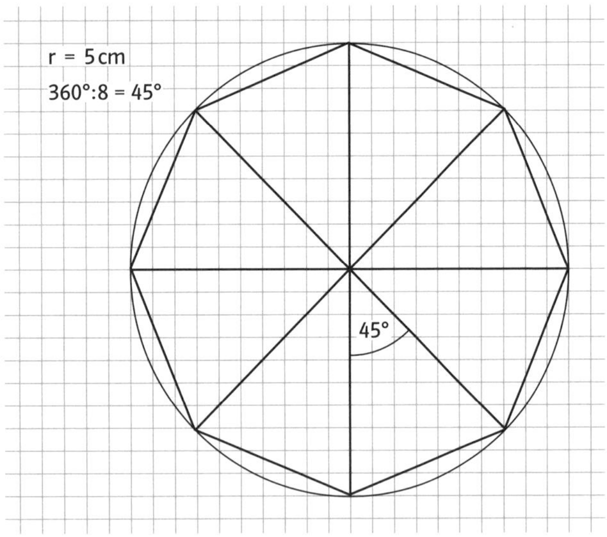

d)

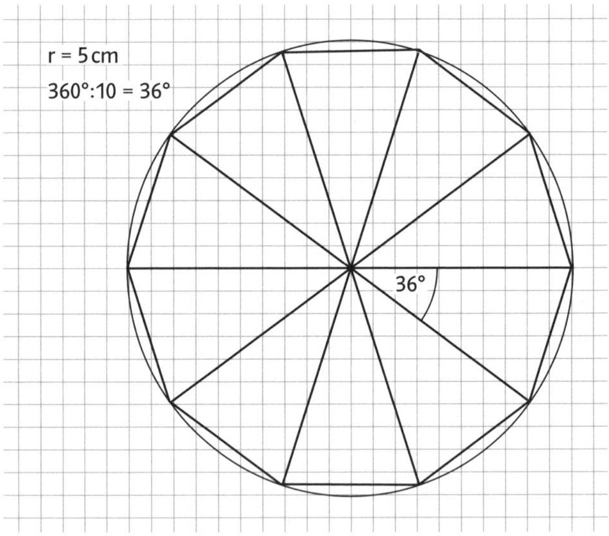

b)

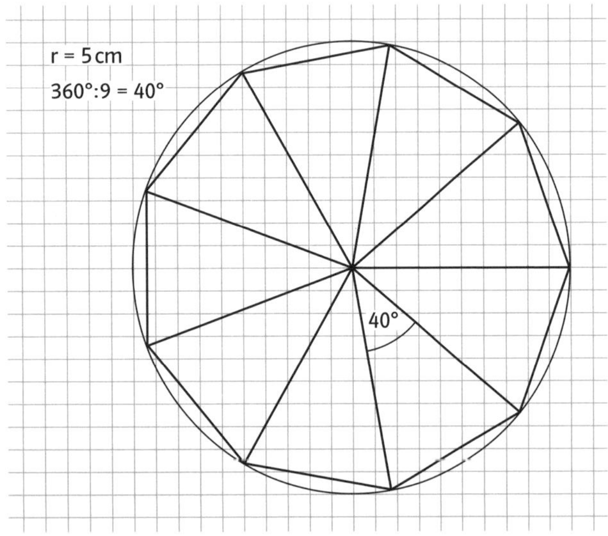

4 a)

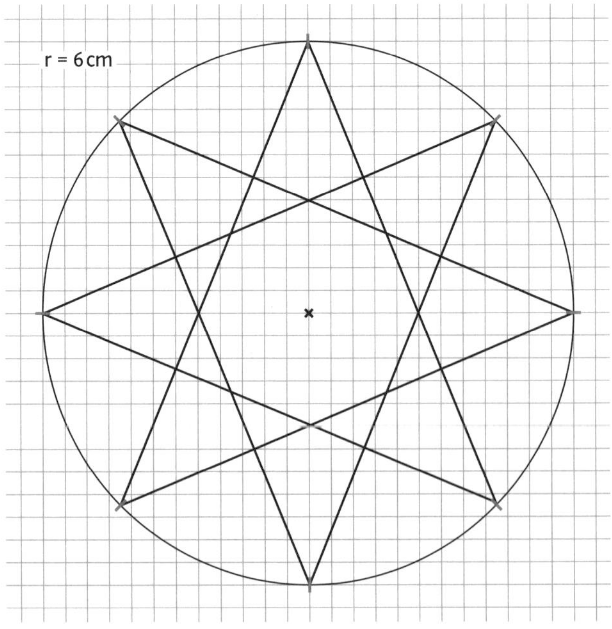

b)

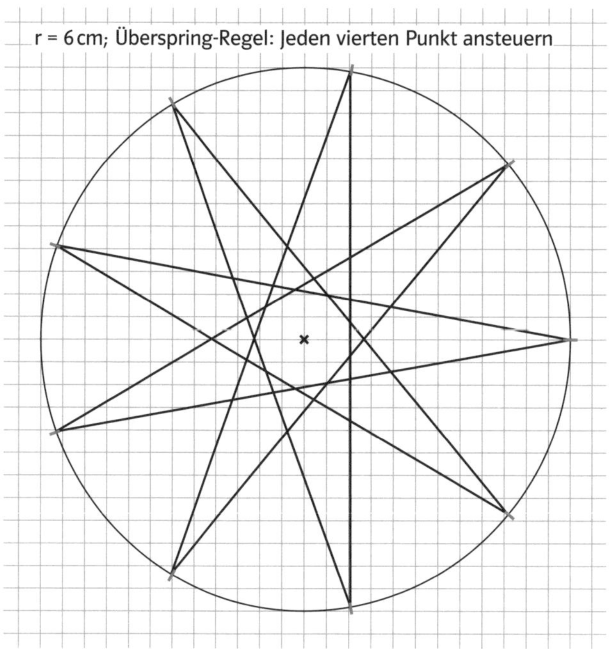

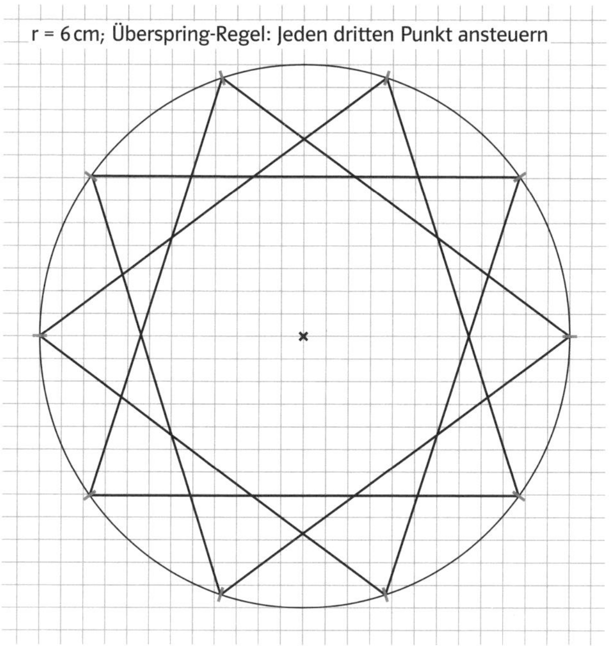

c)

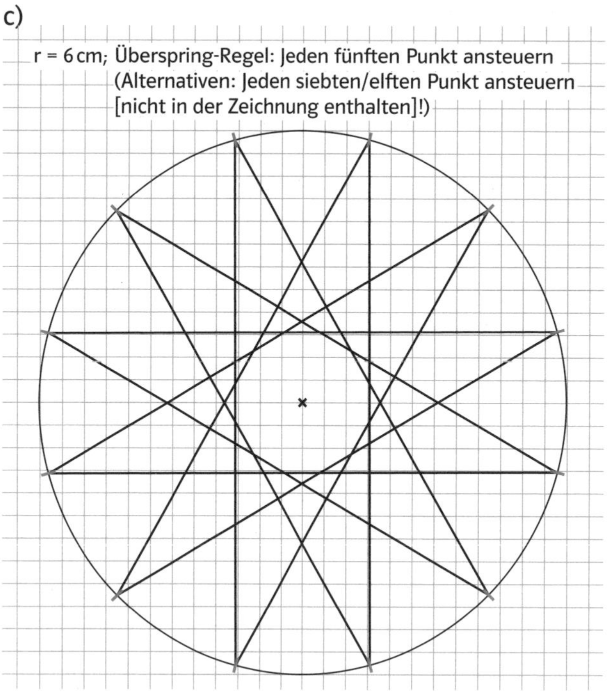

5 a) und b)

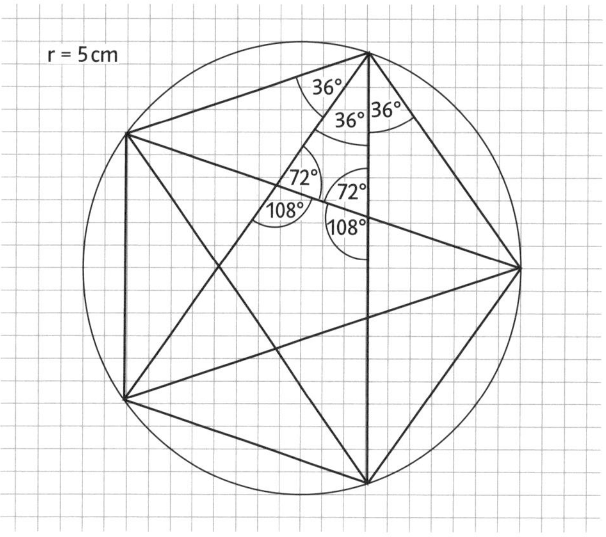

6

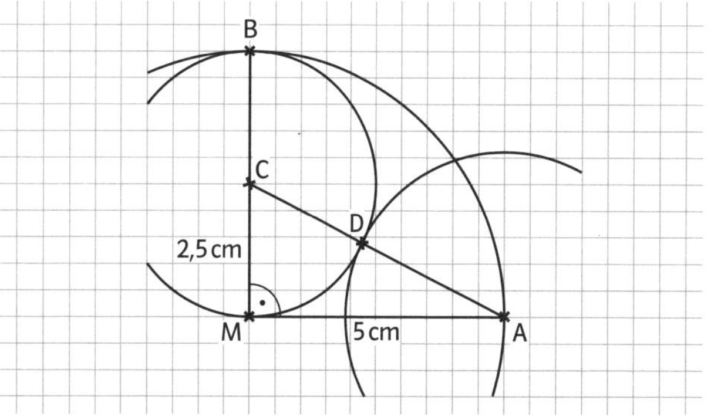

Zunächst konstruiere einen Kreis um M mit dem Radius 5 cm. Zeichne dann eine Strecke von M zu einem Kreispunkt A und im 90°-Winkel eine zweite zum Kreispunkt B (beide Strecken sind somit 5 cm lang). Konstruiere den Mittelpunkt C der Strecke

$\overline{MB}$ und zeichne von C eine Strecke zu A. Schlage nun einen Kreis um C mit dem Radius 2,5 cm. Dieser verläuft durch M und schneidet $\overline{AC}$ in D. Schlage anschließend einen Kreis um A mit dem Radius $\overline{AD}$. Die Schnittpunkte dieses Kreises mit dem ursprünglichen Kreis bilden die nächsten beiden Ecken des regelmäßigen Zehnecks.
Von diesen Schnittpunkten ausgehend konstruiere die weiteren Ecken des regelmäßigen Zehnecks, indem du jeweils Kreise mit dem Radius AD um die bereits konstruierten Eckpunkte schlägst.
So könnte es am Ende aussehen:

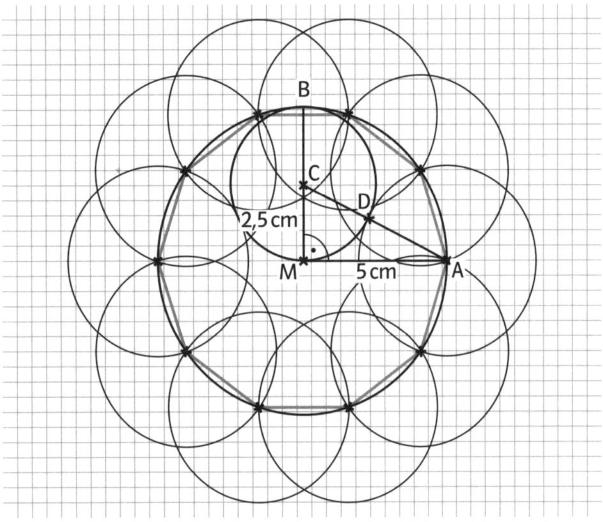

Seite 120

7 a)

n	3	4	5	6	8	9	10
δ	120°	90°	72°	60°	45°	40°	36°
α	60°	90°	108°	120°	135°	140°	144°
W	180°	360°	540°	720°	1080°	1260°	1440°

n	12	15	16	18	20	24
δ	30°	24°	22,5°	20°	18°	15°
α	150°	156°	157,5°	160°	162°	165°
W	1800°	2340°	2520°	2880°	3240°	3960°

b) 2 Fünfecke und ein Zehneck. Ja, es funktioniert, denn 108° + 108° + 144° = 360°.
Fünfeck, Sechseck, Achteck: Die drei lassen sich nicht lückenlos aneinander legen, denn:
108° + 120° + 135° = 363° ≠ 360°.

8 $180° \cdot 8 - 360° = 1080°$

9 In jedem n-Eck ist die Winkelsumme gleich $(n - 2) \cdot 180°$, da man jedes n-Eck in $(n - 2)$ Dreiecke zerlegen kann.

Sechseck-Puzzles

▪

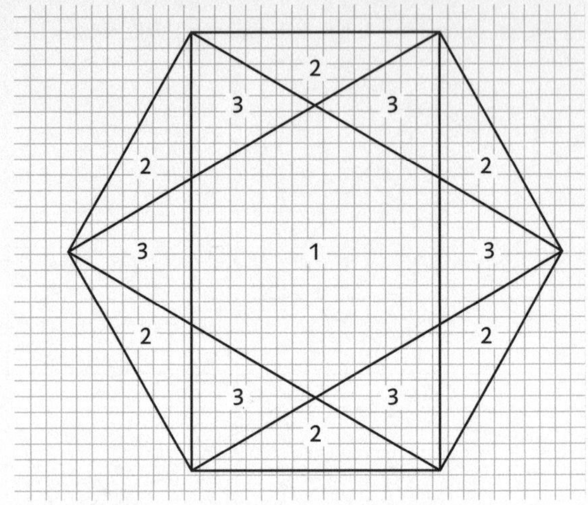

▪ linker Stern

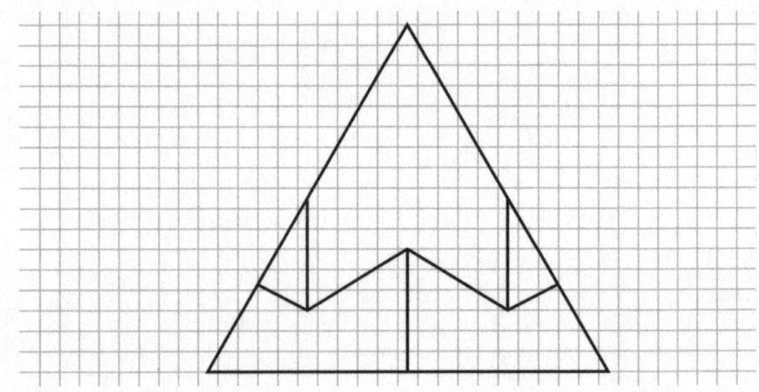

▪ rechter Stern

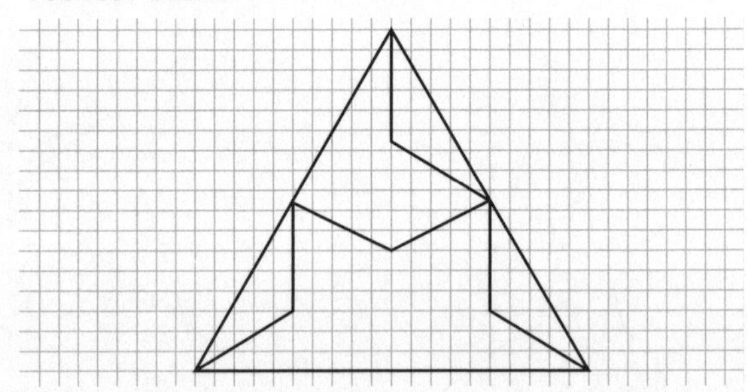

▪

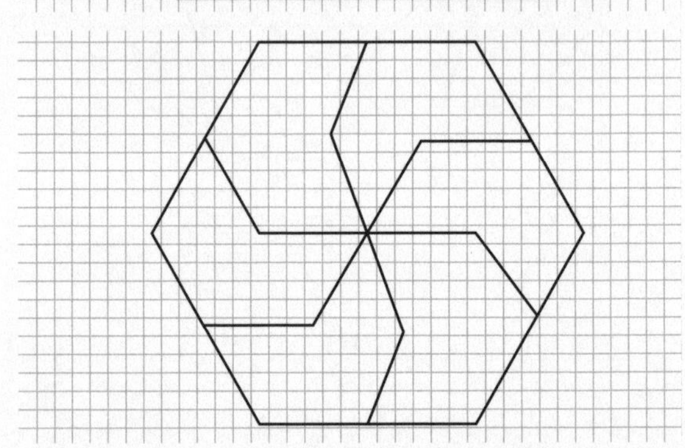

▪

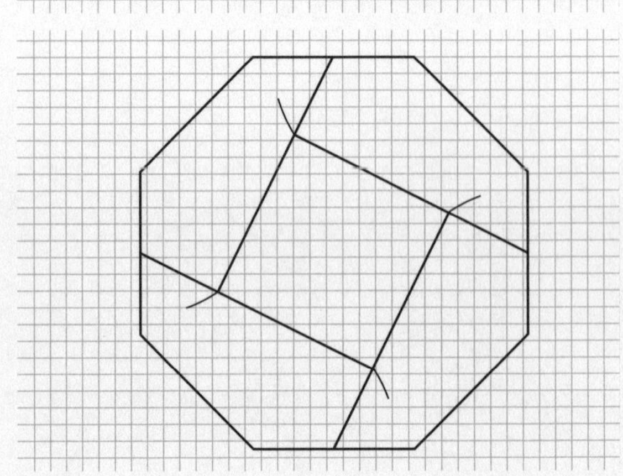

Üben • Anwenden • Nachdenken

Seite 122

1 a)

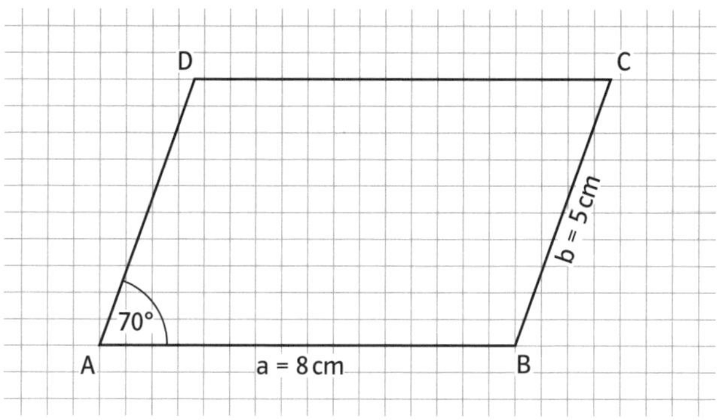

b)

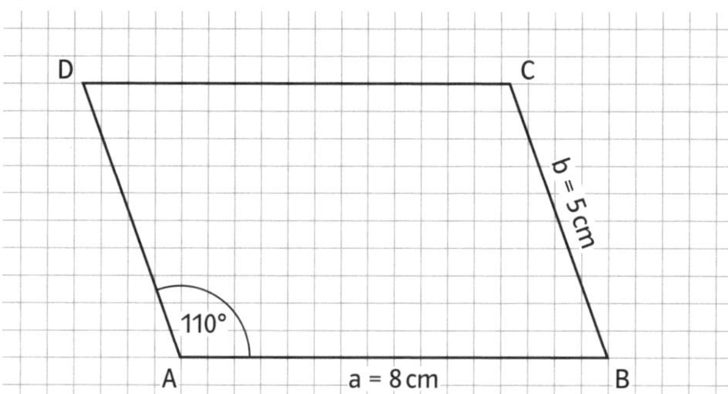

Das Parallelogramm ist gespiegelt: 70° + 110° = 180°.

2 Quadrat, Raute, Drachen

3

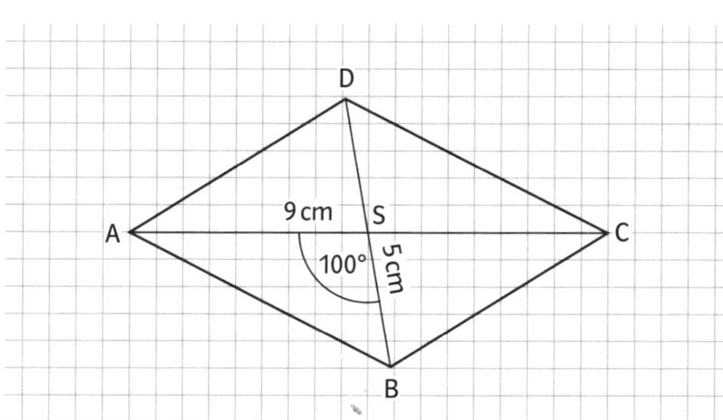

4 a)

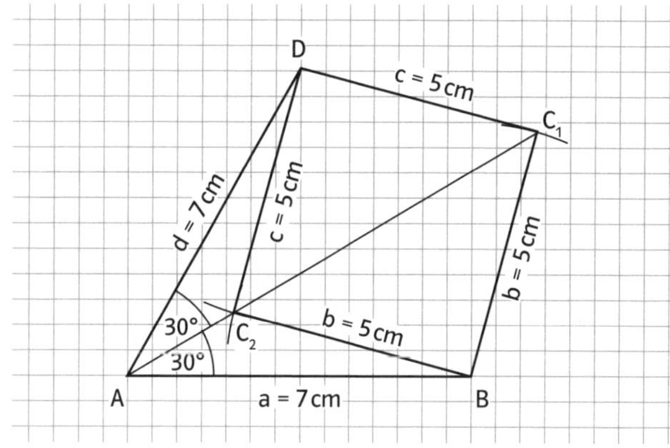

b)

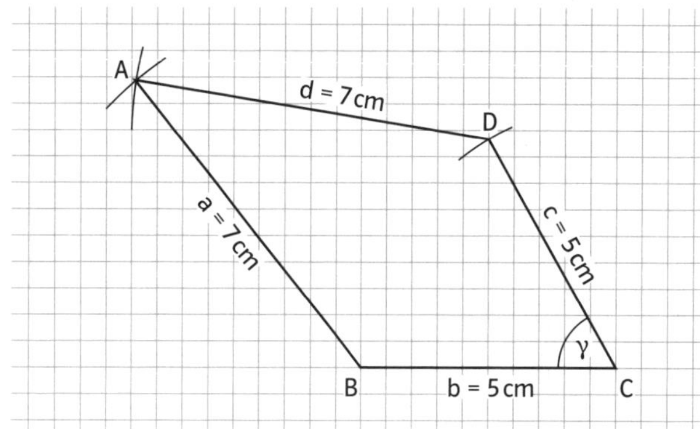

c)

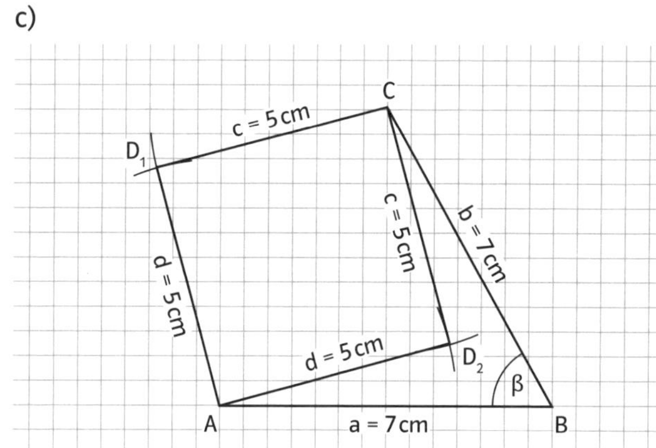

5

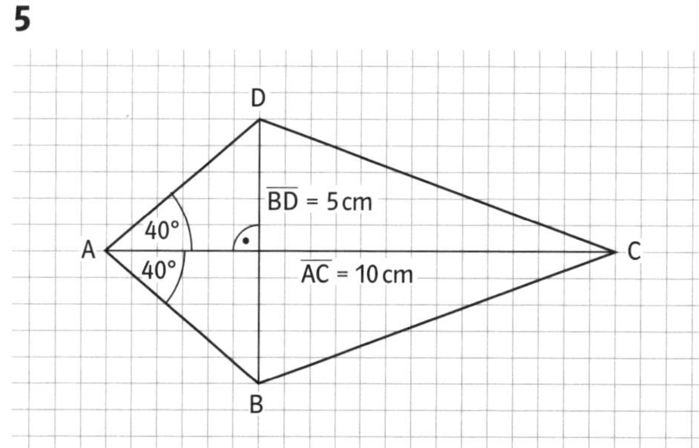

6 Geht man von jeweils 2 kongruenten Dreiecken aus, dann müssen folgende Bedingungen erfüllt sein:
a) keine
b) rechtwinklige Dreiecke
c) rechtwinklige und gleichschenklige Dreiecke
d) gleichschenklige Dreiecke
e) geht nicht f) keine

7 $\varepsilon = 75°$

8 a)

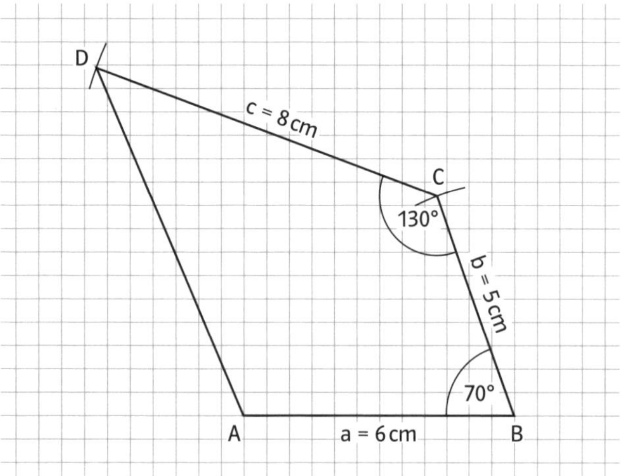

b)

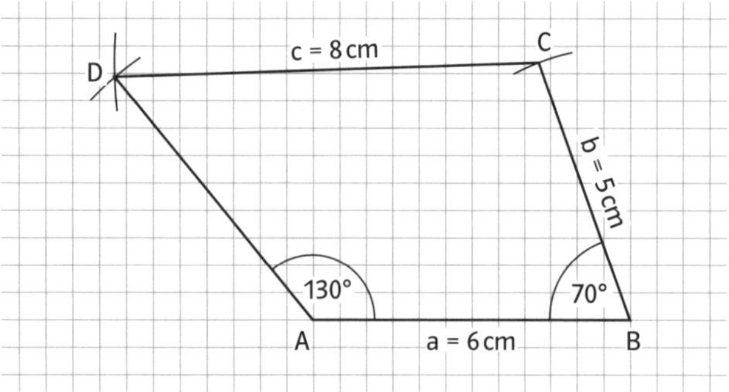

9 a) $\varepsilon = 30°$ b) $\varepsilon = 50°$

10 a) bis c)

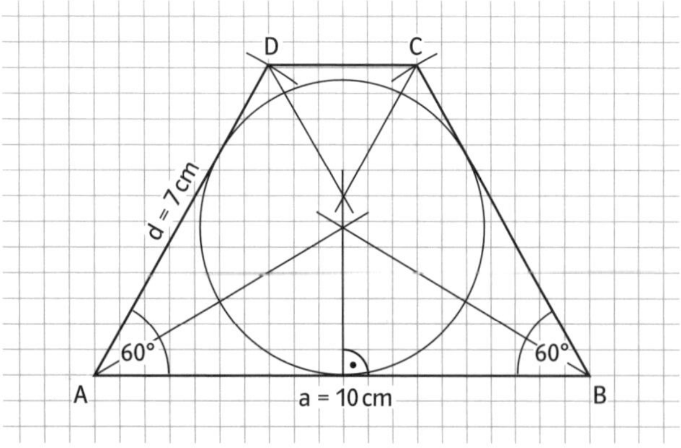

b) Die Schnittpunkte der Winkelhalbierenden von α und β sowie von γ und δ liegen auf der Symmetrieachse.

c) Der „Inkreis", dessen Mittelpunkt der Schnittpunkt der Winkelhalbierenden von α und β ist, ist kein „echter" Inkreis, da er die Seite $\overline{CD}$ nicht berührt. Auf die gleiche Art und Weise kann man einen unechten Inkreis zeichnen, dessen Mittelpunkt der Schnittpunkt der beiden Winkelhalbierenden von γ und δ ist.

11

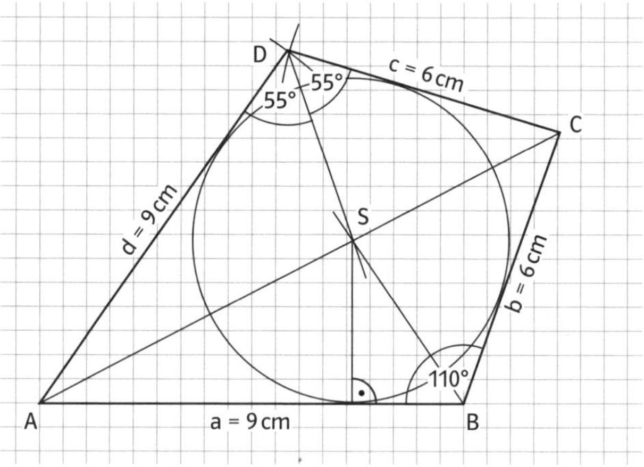

Seite 123

12 a) individuelle Lösungen
b) individuelle Lösungen

13 a)

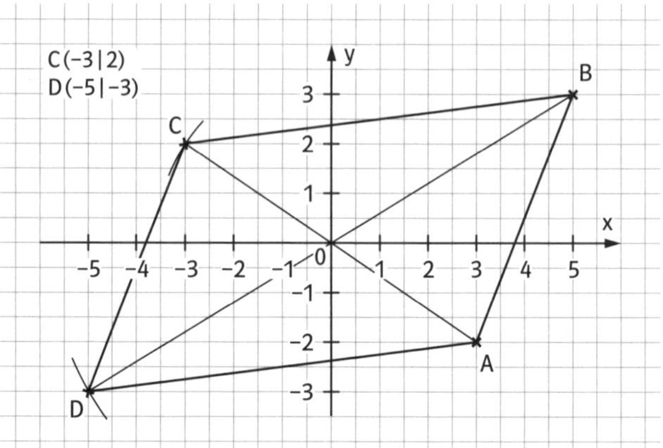

b) individuelle Lösung
Die Punkte C und D haben bzgl. der x- und y-Koordinate das entgegengesetzte Vorzeichen von A und B.

14 a) D(−3 | 4)

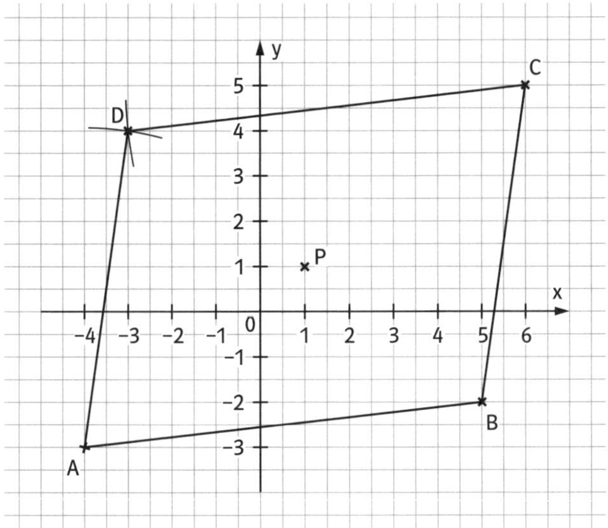

b) Die Mittelwerte p aller vier x-Koordinaten und q aller y-Koordinaten sind 1.
Man erhält somit den Punkt P(1 | 1) und dieser ist der Diagonalenschnittpunkt des Parallelogramms.

15 a) M(2 | 4)

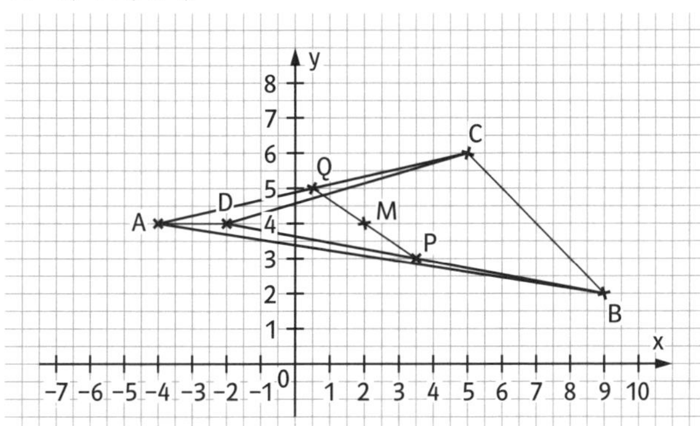

b) von A, B, C, D
c) individuelle Lösungen

16

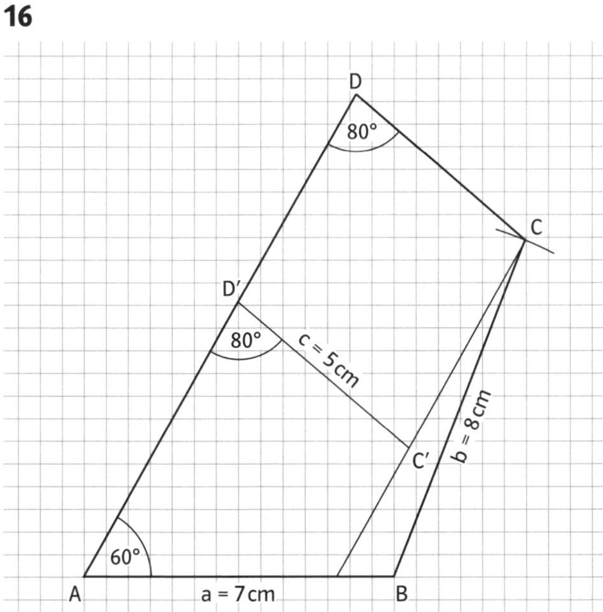

Rätselhafte Winkel

- γ = 15°
- ABD ist gleichseitig.

Seite 124–125

Parkette

- individuelle Lösung
- individuelle Lösung
- An die erste Seite des Fünfecks wird ein Zehneck angelegt. Da sich ein Restwinkel von 108° ergibt, muss daneben ein Fünfeck liegen. Daneben passt nur ein Zehneck, usw. An die letzte Seite des Fünfecks passt jedoch weder ein Fünf- noch ein Zehneck.
-

n	3	4	5	6	8	9	10
α	60°	90°	108°	120°	135°	140°	144°

n	12	15	16	18	20	24
α	150°	156°	157,5°	160°	162°	165°

Anna könnte die 270° z. B. mit einem 20-Eck und einem 5-Eck vervollständigen. Es gibt viele Möglichkeiten, von denen aber nur wenige zu einem Parkett führen.

- Zum Beispiel 60° + 120°; 3 · 60°; …
- individuelle Lösungen
- Die kleinstmögliche Winkelsumme beträgt dann 60° + 90° + 108° + 120° = 378°. Tobias hat Recht.
- individuelle Lösung
- Information
- individuelle Lösungen

Seite 126

17 1: 1 Symmetrieachse
2: 1 Symmetriepunkt mit Winkel 120° und 240°
3: 1 Symmetrieachse, 1 Symmetriepunkt mit 120° und 240°
4: 1 Symmetrieachse
5: 2 Symmetrieachsen
6: 3 Symmetrieachsen und 1 Symmetriepunkt mit 120° und 240°
7: 1 Symmetriepunkt mit 180°

18 a) 4 Symmetrieachsen, 1 Symmetriepunkt mit 90°, 180°, 270°
b) 4 Symmetrieachsen, 1 Symmetriepunkt mit 90°, 180°, 270°
c) individuelle Lösungen

7 Proportional und umgekehrt proportional

Auftaktseite: Wer, wie was und zu wem?

Seiten 128 bis 129

Fingerrennen
- Lena, Miriam und Fabian sind an der Startlinie gestartet. David hat in der Mitte der Strecke begonnen. David und Miriam sind mit gleicher Geschwindigkeit gelaufen, Fabian und Lena haben ihr Tempo verändert.
- individuelle Lösung
- individuelle Lösung
- individuelle Lösung
- individuelle Lösung

Punkte im Quadratgitter
- individuelle Lösung
- Die Punkte liegen auf einer Geraden bzw. Hyperbel.
- individuelle Lösung
- Ja.
- Die gelben, grünen und blauen Punkte liegen auf einer Geraden, die roten nicht.

1 Dreisatz

Seite 130

Einstiegsaufgabe
➔ 6,60 € : 3 · 2 = 4,40 €
➔ 6,60 € : 3 · 5 = 11 €
➔ individuelle Lösungen

1 a) 1,60 € : 4 · 10 = 4,00 €
b) 6,00 € : 15 · 25 = 10,00 €

2 2,70 € : 3 · 8 = 7,20 €
2,40 € : 4 · 10 = 6,00 €
Jan muss insgesamt 13,20 € bezahlen.

Seite 131

3 a) 0,60 € : 500 · 70 = 0,90 €
b) 2,40 € · 2,5 = 6,00 €
c) 1,80 € : 100 · 250 = 4,50 €
d) 4 : 1,30 € · 5,20 € = 16

4 a) 1-l-Flasche: 0,79 €/l; 1,5-l-Flasche: 0,73 €/l.
Die 1,5-l-Flasche ist günstiger.
b) 250-g-Tüte: 0,06 €/10 g; 150-g-Tüte: 0,066 €/10 g.
Die 250-g-Tüte ist günstiger.

5

Gewicht in kg	Preis in €
4	12,80
10	32,00
8,5	27,20
14,5	46,40
5,75	18,20

6 2,5 l Farbe werden für 15 m^2 benötigt.
80 : 15 = 5,33 Eimer, d.h. 6 Eimer werden noch benötigt.

7 4 Eigelb : 8 · 28 = 14 Eigelb
100 g : 8 · 28 = 350 g feiner Zucker
1 : 8 · 28 = 3,5 unbehandelte Zitronen
500 g : 8 · 28 = 1750 g Mascarpone
150 ml : 8 · 28 = 525 ml starker frischer Espresso
225 g : 8 · 28 = 787,5 g Löffelbiskuits
2 Esslöffel : 8 · 28 = 7 Esslöffel dunkles Kakaopulver

Währungen umrechnen i

- Für 15 € bekommt man 24 CHF.
Für 35 € bekommt man 56 CHF.
Für 72 € bekommt man 115,20 CHF.
- 2,40 CHF sind 1,50 €.
16,00 NOK sind 1,94 €.
Die Schokolade ist in Norwegen teurer.

CHF	NOK
0,10	0,52
0,20	1,03
0,50	2,58
1,00	5,16
2,00	10,31
5,00	25,78
10,00	51,56
20,00	103,13
50,00	257,81

NOK	CHF
0,10	0,02
0,20	0,04
0,50	0,10
1,00	0,19
2,00	0,39
5,00	0,97
10,00	1,94
20,00	3,88
50,00	9,70

- Information
- Information

2 Proportionale Zuordnungen

Seite 132

Einstiegsaufgabe

➔ Von CHEAP kommen die Quittungen über 41,25 l und 48,75 l. Von FIT kommen die Quittungen über 40 l, 40,20 l und 28,56 l.

➔ Das kommt darauf an, wie weit die Tankstellen entfernt sind.

Seite 133

1 1550 €/2500 l = 0,62 €/l
Bayer: 2300 l · 0,62 €/l = 1426 €
Heim: 2950 l · 0,62 €/l = 1829,00 €
Westphal: 3625 l · 0,62 €/l = 2247,50 €

2
240 Portionen/370 Schüler ≈ 0,65 Portionen/Schüler
450 Schüler · 0,65 Portionen/Schüler = 293 Portionen
390 Schüler · 0,65 Portionen/Schüler = 254 Portionen
515 Schüler · 0,65 Portionen/Schüler = 335 Portionen

3 a)

Anzahl Pferde	1	5	18
tägl. Trinkwassermenge in l	60	300	1080

b)

Anzahl Arbeitsstunden	50	150	200
Lohnkosten in €	800	2400	3200

c)

Einnahmen in €	630	720	954
Anzahl Eintrittskarten	70	80	106

d)

Wandfarbe in m²	20	70	110
Wandfarbe in l	3,5	12,25	19,25

4 a) 30 → 1,25 b) 5 → 400 c) 600 → 66,66

5 Proportional sind folgende Zuordnungen:
Gewicht → Anzahl der 1-€-Münzen
Anzahl der Waffeln → Backzeit
(wenn man davon ausgeht, dass man die Waffeln mit **einem** Waffeleisen backen möchte)
Anzahl der Maschinen → Zeit, um 10 000 Nägel herzustellen (wenn man davon ausgeht, dass alle Maschinen gleich schnell arbeiten)

Nichtproportional sind folgende Zuordnungen:
Alter eines Kindes → Körpergröße
(Körpergröße ist nicht vom Alter abhängig)
Anzahl der Arbeitsstunden → Lohn
(Zuschüsse sind möglich)
Anzahl der Eier → Kochzeit
(mehr Eier brauchen keine längere Kochzeit)
Fahrtstrecke → Fahrtdauer
(Geschwindigkeitsbegrenzungen)
Dauer des Spiels → Anzahl der Tore
Gefahrene Strecke → Fahrzeit
(abhängig von der Geschwindigkeit)
Anzahl der Äpfel → Gewicht
(Äpfel können unterschiedliches Gewicht haben)

6
- Balsaholz: 0,12 kg
  Fichte: 0,38 kg
  Buche: 0,68 kg
  Eiche: 1 kg
  Pockholz: 1,2 kg
- Balsaholz: 0,12 kg · 2,5 = 0,3 kg
  Fichte: 0,38 kg · 2,5 = 0,95 kg
  Buche: 0,68 kg · 2,5 = 1,7 kg
  Eiche: 1 kg · 2,5 = 2,5 kg
  Pockholz: 1,2 kg · 2,5 = 3 kg
- individuelle Lösungen
- Balsaholz: 8,33 dm^3
  Fichte: 2,63 dm^3
  Buche: 1,47 dm^3
  Eiche: 1 dm^3
  Pockholz: 0,83 dm^3

Randspalte
1 Brötchen kostet 0,99 € : 7 = 0,14 €.

Seite 134

7
a) 68,0 Pence per litre → 309,0 Pence per gallon
75,0 Pence per litre → 341,0 Pence per gallon
87,0 Pence per litre → 395,5 Pence per gallon
b) 370,0 Pence per gallon → 81,5 Pence per litre
300,0 Pence per gallon → 66,0 Pence per litre
347,0 Pence per gallon → 76,5 Pence per litre
c) 66 Pence per litre → 300,0 Pence per gallon
77 Pence per litre → 350,0 Pence per gallon
88 Pence per litre → 400,0 Pence per gallon

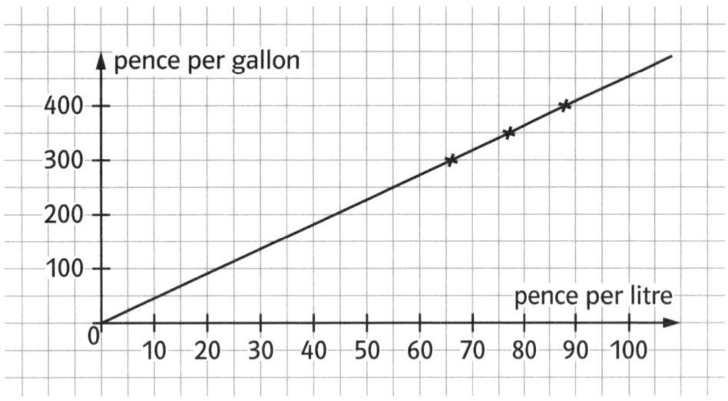

Die Zuordnung ist proportional.

d) 300 : 66 = 4,54

8 a)

mile	km
0	0
10	16,09
20	32,18
30	48,27
40	64,36
50	80,45
60	96,54
70	112,63
80	128,72
90	144,81
100	160,9
110	176,99
120	193,08
130	209,17
140	225,26
150	241,35
160	257,44
170	273,53
180	289,62
190	305,71
200	321,8

b)

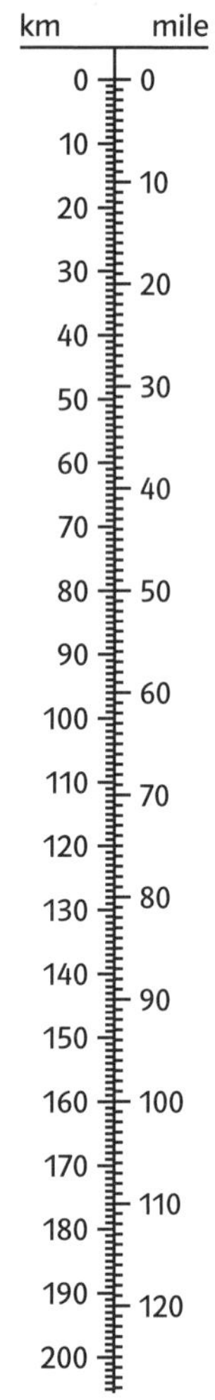

c) 3,5 miles = 5,62 km
12,0 miles = 19,31 km
24,8 miles = 39,90 km
7,0 km = 4,35 miles
25,5 km = 15,85 miles
30,6 km = 19,02 miles

d) (1,609 − 1,600) : 1,609) = 0,559 %

9 a)

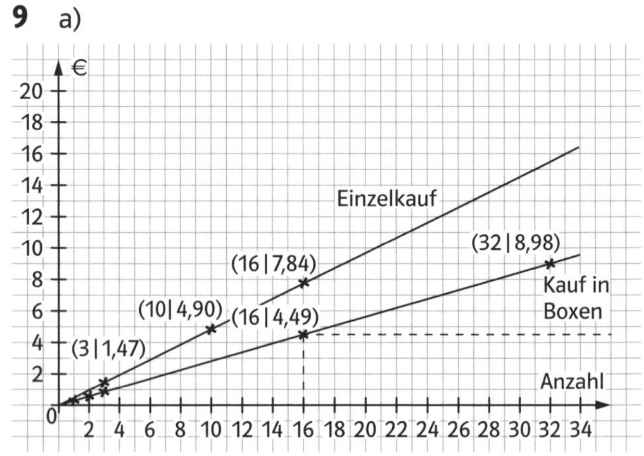

b) Die folgende Tabelle zeigt die jeweils günstigsten Preise bei bestmöglicher Zusammenstellung.

Anzahl der Stifte	Preis in €	Zusammenstellung
1	0,49	1 Einzelstift
2	0,98	2 Einzelstifte
3	1,47	3 Einzelstifte
4	1,96	4 Einzelstifte
5	2,45	5 Einzelstifte
6	2,94	6 Einzelstifte
7	3,43	7 Einzelstifte
8	3,92	8 Einzelstifte
9	4,41	9 Einzelstifte
10	**4,49**	**1 Box**
11	4,49	1 Box
12	4,49	1 Box
13	4,49	1 Box
14	4,49	1 Box
15	4,49	1 Box
16	4,49	1 Box
17	4,98	1 Box und 1 Einzelstift
18	5,47	1 Box und 2 Einzelstifte
19	5,96	1 Box und 3 Einzelstifte
20	6,45	1 Box und 4 Einzelstifte
21	6,94	1 Box und 5 Einzelstifte
22	7,43	1 Box und 6 Einzelstifte
23	7,92	1 Box und 7 Einzelstifte
24	8,41	1 Box und 8 Einzelstifte
25	8,90	1 Box und 9 Einzelstifte
26	**8,98**	**2 Boxen**
27	8,98	2 Boxen
28	8,98	2 Boxen
29	8,98	2 Boxen
30	8,98	2 Boxen
31	8,98	2 Boxen
32	8,98	2 Boxen

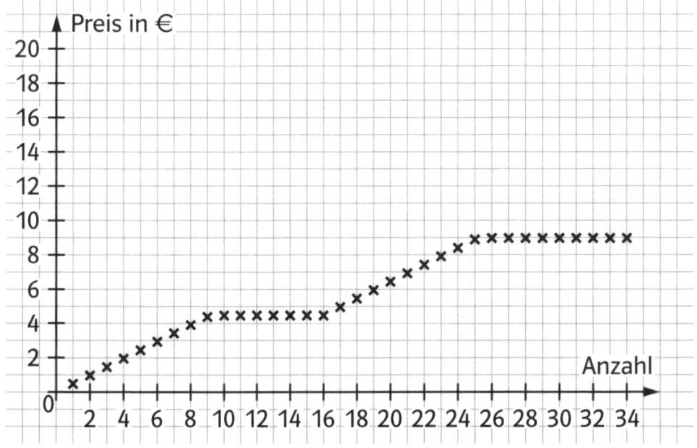

Der Kauf einer Box rentiert sich ab 10 bzw. 26 Stiften.

10

- Rauchschwalbe: 1000 km
  Star: 1750 km
  Kranich: 1300 km
  Regenpfeifer: 2182 km
- Rauchschwalbe: 24 h
  Star: 13,7 h ≈ 13 h 42 min
  Kranich: 18,5 h ≈ 18 h 30 min
  Regenpfeifer: 11 h
- Rauchschwalbe: 41,7 km/h
  Star: 72,9 km/h
  Kranich: 54,2 km/h
  Regenpfeifer: 90,9 km/h

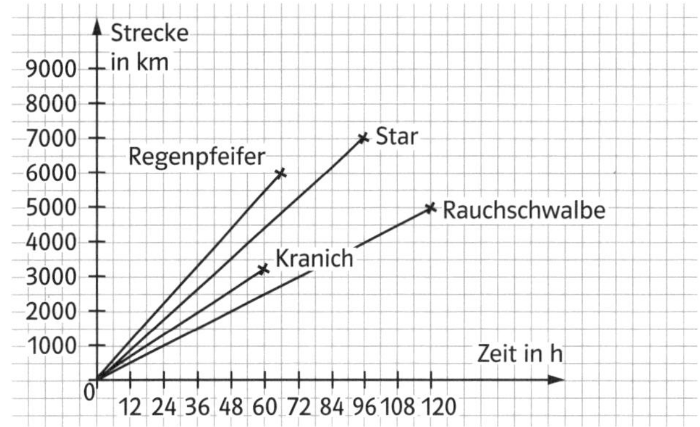

Proportionale Zuordnung

Kraftstoffmenge zu Fahrtstrecke

- Die Zuordnung ist nicht proportional.
- 1. Woche: 8,55 l/100 km
2. Woche: 8,17 l/100 km
3. Woche: 9,07 l/100 km
4. Woche: 7,87 l/100 km
gesamt: 8,295 l/100 km
- unterschiedliche Geschwindigkeiten, Bremsen, …
- individuelle Lösung
- individuelle Lösung

3 Umgekehrter Dreisatz

Seite 135

Einstiegsaufgabe

→ 5 Personen: 1008 €
  6 Personen: 840 €
  8 Personen: 630 €
  7 Personen: 720 €
→ individuelle Lösungen

1 a) $16 \cdot 9 : 12 = 12$ b) $24 \cdot 5 : 30 = 4$

2 a) $20\,\text{km} \cdot 10\,\text{min} : 25\,\text{km} = 8\,\text{min}$
b) $8 \cdot 70\,€ : 7 = 80\,€$

Seite 136

3 $16 \cdot 1{,}50\,€ : 20 = 1{,}20\,€$

4 $6 \cdot 1{,}45\,€ : 9 = 0{,}97\,€$

5 $141 \cdot 75\,€ : 188 = 56{,}25\,€$

6 a)

Anzahl der Gewinner	Gewinn in €
6	1245
9	830

b)

Anzahl der Personen	Kostenbeitrag in €
18	133,25
26	92,25

c)

Geschwindigkeit in km/h	Zeit in h
24	$1\frac{1}{2}$
27	$1\frac{1}{3}$

d)

Ladung in m³	Anzahl der Lkw-Fahrten
7,0	21
9,0	17

Es sind also 17 Fahrten nötig.

7 a) $720\,m^2 \cdot 16 : 640\,m^2 = 18$
b) $720\,m^2 \cdot 16 : 320\,m^2 = 36$
Ja, es gäbe doppelt so viele.

8 20 Jahre : 75 % = $26\frac{2}{3}$ Jahre = 26 Jahre 8 Monate

9 a) 5 große Platten → 6 kleine Platten
$5 \cdot 6 = 30$
b) $25 \cdot 25 = 625$ große Platten
$30 \cdot 30 = 900$ kleine Platten
c) $625 - 250 = 375$ große Platten fehlen oder 450 kleine Platten

10 a) $5 \cdot 4\,h : 4 = 5\,h$; 4 Röhren brauchen also 5 Stunden.
b) 4 Röhren müssen dann noch so viel Wasser liefern wie 5 Röhren in 3 Stunden, also
$3\,h \cdot 5 : 4 = 3{,}75\,h$.
Das Becken ist nach 4,75 h gefüllt.
c) Nach 2 Stunden müssen 4 Röhren noch so viel arbeiten wie 5 Röhren in 2 Stunden, also
$2\,h \cdot 5 : 4 = 2{,}5\,h$. Das Becken ist also nach 4 h 30 min gefüllt.

4 Umgekehrt proportionale Zuordnungen

Seite 137

Einstiegsaufgabe
➔ individuelle Lösungen
➔ individuelle Lösungen
➔ individuelle Lösungen

Seite 138

1 a)

Anzahl der Grundstücke	12	15	16	20
Fläche eines Grundstücks in m²	700	560	525	420

b)

Zahl der Personen	4	5	7	8
Gewinn pro Person in €	1155	924	660	577,5

c)

Schrittlänge in cm	75	80	85	90
Schrittzahl auf 100 m	$133\frac{1}{3}$	125	177,6	111,1

2

Zuordnung	Antiproportionalität ja/nein
Anzahl der Personen → Gewicht einer Portion	ja
Vorrat → Zeit, die der Vorrat reicht	nein
Tageszeit → Zeit bis zum Ende des Tages	nein
Gewicht eines Brotlaibs → Anzahl der Scheiben	nein
Dicke der Bretter → Anzahl der Bretter	ja
Anzahl der Lkw-Fahrten → Zeit zum Aufschütten eines Damms	ja
Geschwindigkeit am Start → Zeit, in der 800 m gelaufen werden	nein

Umgekehrt proportionale Zuordnung:

Länge zu Anzahl von Leisten
individuelle Lösungen

Seite 139

3 a) Fußgänger: $\frac{1}{5}\,h = 12\,min$
Hobbyläufer: $\frac{1}{12}\,h = 5\,min$
Trainierte Läuferin: $\frac{1}{15}\,h = 4\,min$
Radfahrerin: $\frac{1}{20}\,h = 3\,min$
Sportliche Radfahrerin: $\frac{1}{30}\,h = 2\,min$

b)

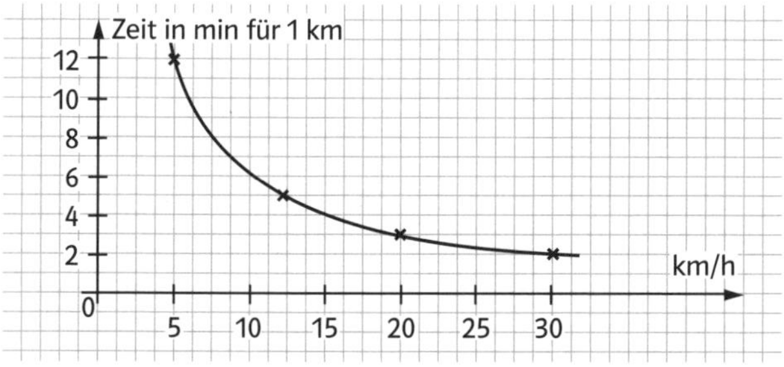

4 a) Die Geschwindigkeit kann variieren.
b) Die Grundstücke sollten rechteckig sein.
c) Es sollten sich möglichst wenige Dezimalstellen ergeben.
d) Die Dachdecker können Pausen machen und unterschiedlich schnell arbeiten.

5 45 Personen: 500 €
40 Personen: 787,50 €
35 Personen: 900 €
30 Personen: 1050 €

6 a)

Dauer (h)	Geschwindigkeit Gegenwind (km/h)	Geschwindigkeit Flugzeug (km/h)
9	0	950
9,24 ≈ 9 h 15 min	25	925
9,5 = 9 h 30 min	50	900
9,77 ≈ 9 h 46 min	75	875
10,06 ≈ 10 h 4 min	100	850
10,36 ≈ 10 h 22 min	125	825

b)

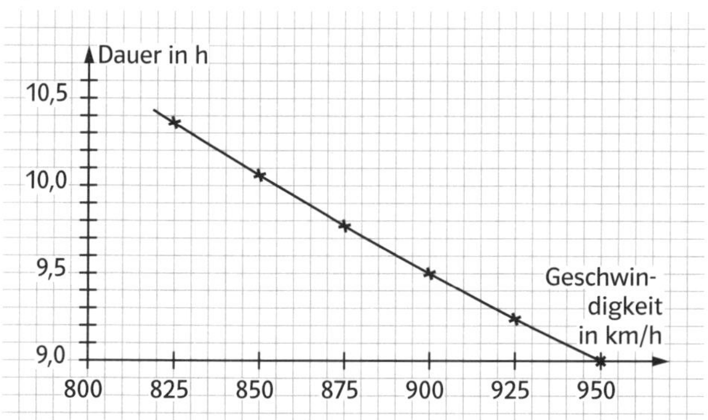

c)

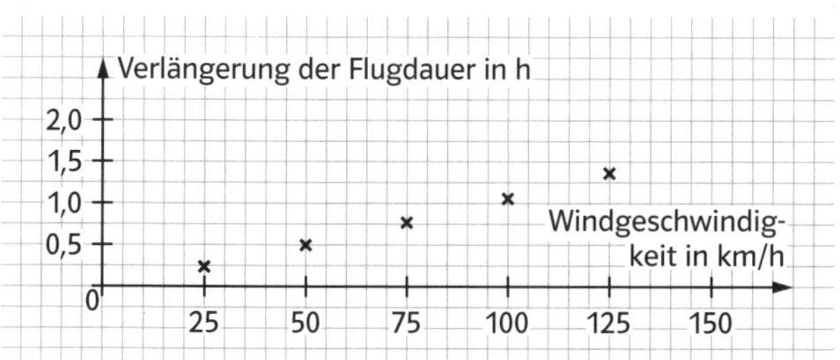

Die Zuordnung ist proportional: Je größer die Windgeschwindigkeit, desto länger ist die Flugdauer.

Punkte einmal anders

- 16 pt: 57 Buchstaben
20 pt: 45 Buchstaben
24 pt: 38 Buchstaben
28 pt: 32 Buchstaben
- nein
- individuelle Lösungen

Üben • Anwenden • Nachdenken

Seite 141

1 a) proportionale Zuordnung
b) umgekehrt proportionale Zuordnung
c) proportionale Zuordnung

2 a)

Kosten in €	1	3	5	13	14
Nägel in g	400	1200	2000	5200	5600

b) In der 1. Auflage des Schülerbuches befindet sich ein Fehler: In der Tabelle muss es in der 1. Zeile und 4. Spalte „6" und nicht „9" heißen.

Zeit in h	36	18	12	6
Anzahl der Arbeiter	1	2	3	6

3 a) weder noch
b) umgekehrt proportional

Eingabegröße	1	2	3	4	5	6	7
Ausgabegröße	24	12	8	6	4,8	4	3,43

4 a) umgekehrt proportional
b) proportional
c) weder noch

5 a)

Eingabegröße	1	2	3	4	5	6	7	8	9	10
Ausgabegröße	34	68	102	136	170	204	238	272	306	340

Eingabegröße	1	2	3	4	5	6	7	8	9	10
Ausgabegröße	1,5	3	4,5	6	7,5	9	10,5	12	13,5	15

6 a)

Eingabegröße	1	2	3	4	6
Ausgabegröße	48	24	16	12	8

b)

Eingabegröße	1	2	3	4	6	7
Ausgabegröße	84	42	28	21	14	12

7 a)

Eingabegröße	1	2	3	4	5
Ausgabegröße	4	8	12	16	20

Eingabegröße	1	2	3	4	5
Ausgabegröße	4	2	$\frac{4}{3}$	1	$\frac{4}{5}$

b)

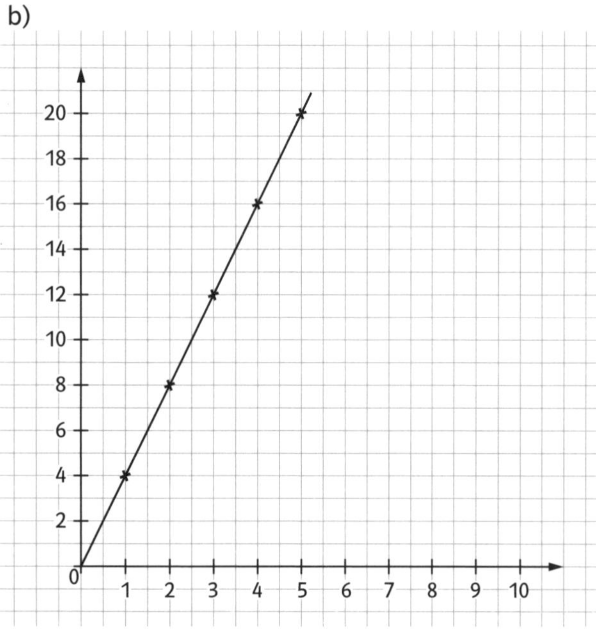

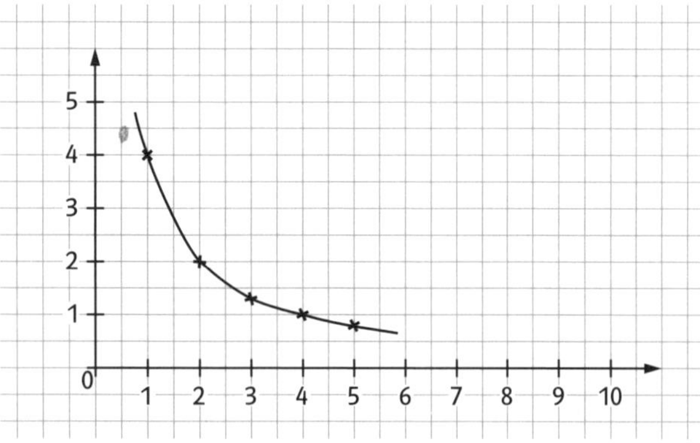

8 a) und b)

Dosen	4	40	12
Tage	3	30	9

9 Da es sich um eine sitzende Statue handelt, ist sie vermutlich etwa 3-mal so groß wie die davor stehende Person, also etwa $3 \cdot 1{,}80\,m = 5{,}40\,m$.

10

Reinigungskräfte	3	6	12	24	60	120	240
Zeit (h)	8	4	2	1	0,4 = 24 min	0,2 = 12 min	0,1 = 6 min

Ab 60 Reinigungskräften wird diese Zuordnung zunehmend unsinniger, da sie sich immer mehr im Weg stehen und somit wieder länger brauchen.

11 Es werden 7,5 Müllwagen benötigt; da es aber keine halben Müllwagen gibt, müssen es 8 sein!

Seite 142

12 a) 48 → M, 36 → S
b) L → 42–44
c) XXL → Damen 50+
XXL → Herren 56+

13 a) $1500\,\frac{m}{s} \cdot 0{,}03\,s = 45\,m$
b)

Tiefe (m)	150	300	450	600	750	900	1050	1200	1350	1500
Schall (s)	$\frac{1}{10}$	$\frac{2}{10}$	$\frac{3}{10}$	$\frac{4}{10}$	$\frac{5}{10}$	$\frac{6}{10}$	$\frac{7}{10}$	$\frac{8}{10}$	$\frac{9}{10}$	1

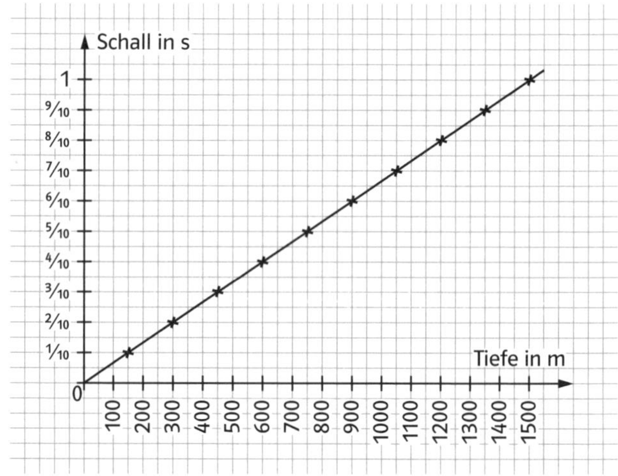

c) 340 m/s

Entfernung (m)	34	68	102	136	170	204	238	272	306	340
Schall (s)	$\frac{1}{10}$	$\frac{2}{10}$	$\frac{3}{10}$	$\frac{4}{10}$	$\frac{5}{10}$	$\frac{6}{10}$	$\frac{7}{10}$	$\frac{8}{10}$	$\frac{9}{10}$	1

Hört man den Donner 3 Sekunden, nachdem man den Blitz gesehen hat, dann ist das Gewitter etwa 1 km entfernt.

14 a) Herr Koenen: $1{,}50\,€ + 15 \cdot 50\,ct = 9{,}00\,€$
Frau Zimmermann: $1{,}50\,€ + 30 \cdot 50\,ct = 16{,}50\,€$
b) Frau Teobald: $(18{,}00\,€ - 1{,}50\,€) : 50\,ct = 33$
Herr Schramm: $(9{,}00\,€ - 1{,}50\,€) : 50\,ct = 15$
Frau Teobald fährt 33 km, Herr Schramm genau 15.

15 a) 0 min – 20 min, 40 min – 60 min
b) Ein Läufer läuft 20 min mit 12 km/h. Dann macht er 20 min Pause. Anschließend läuft er weitere 20 min mit 9 km/h.

Seite 143

Geschwindigkeit

- 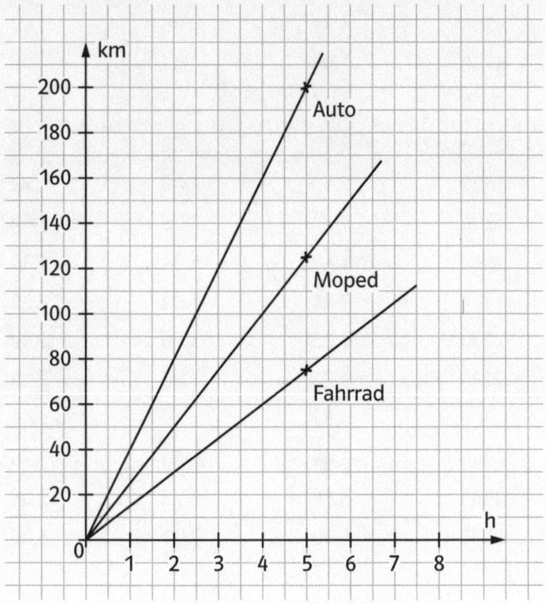

- 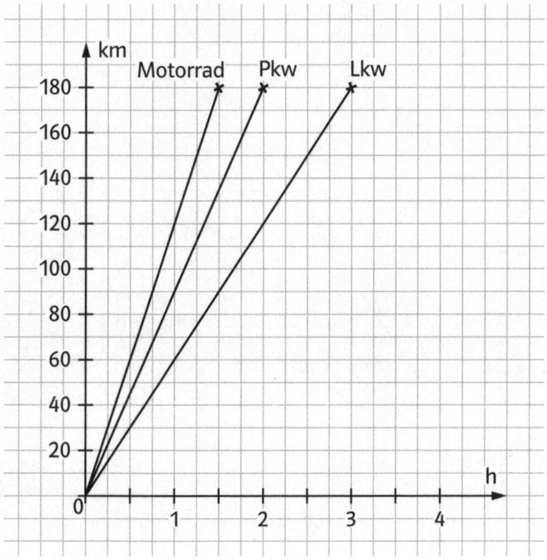

16 a) Familie Schmid: 6 h, Familie Meyer: 5,4 h = 5 h 24 min, Familie Bobic: 4,5 h = 4 h 30 min.

b)

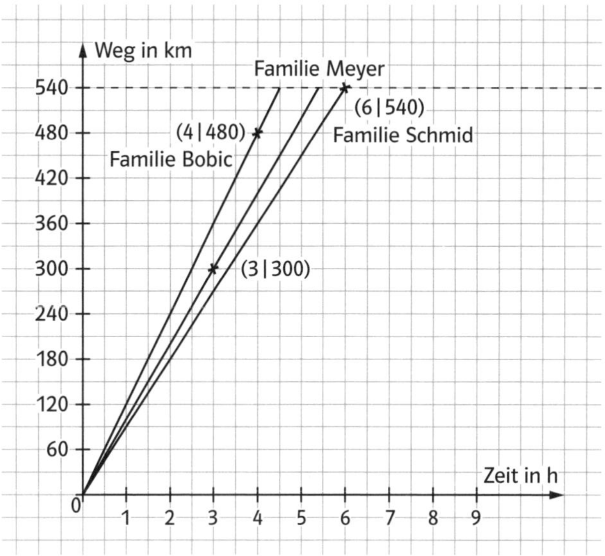

Familie Bobic hat nach 3 h 60 km Vorsprung vor Familie Schmid und 90 km vor Familie Meyer.

17 a) proportionale Zuordnung

b) Der Wert ist aufgerundet, da man nur ganze Rollen kaufen kann.

c)

Umfang in m	Anzahl der Rollen
7	5
8	6
9	6
11	8
13	9
14	10
16	11
17	12
19	13

18 Wand: $3{,}6\,m \cdot 2{,}4\,m = 8{,}64\,m^2$

15 cm · 15 cm-Kachel: $8{,}64\,m^2 : 0{,}0225\,m^2 = 384$

15 cm · 20 cm-Kachel: $8{,}64\,m^2 : 0{,}03\,m^2 = 288$

20 cm · 20 cm-Kachel: $8{,}64\,m^2 : 0{,}04\,m^2 = 216$

19 individuelle Lösungen

Seite 144

20 a) $6 \cdot 4 = 24$; 24 Umdrehungen

b) $7{,}5 \cdot 4 = 30$; 30 Umdrehungen

c) $1\,cm \cdot \frac{3}{4} = 0{,}75\,cm$

d) $1{,}5 \cdot 4 = 6$; 6 Umdrehungen

21 a)

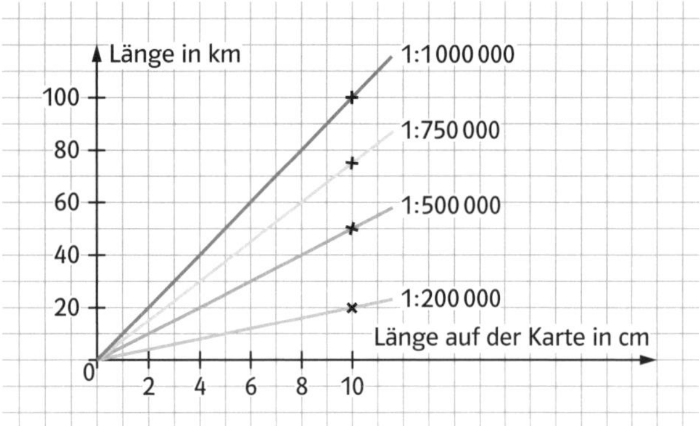

b) 1:200 000 — 12 km
1:750 000 — 45 km
1:500 000 — 30 km
1:1 000 000 — 60 km

c) 1:200 000 — 10 cm
1:750 000 — 2,66 cm
1:500 000 — 4 cm
1:1 000 000 — 2 cm

d) individuelle Lösungen

22 Abhängig davon, wie viele Gebäckstücke gebacken werden sollen, müssen die Rezeptangaben vervielfacht werden.

Folgende Tabelle gibt eine Aufstellung über die Mengen:

	Mehl (g)	Hefe (g)	Milch (ml)	Butter (g)	Honig (g)	Eier (Stück)
16 Gebäckstücke	500	40	150	90	70	3
32 Gebäckstücke	1000	80	300	180	140	6
48 Gebäckstücke	1500	120	450	270	210	9
64 Gebäckstücke	2000	160	600	360	280	12
80 Gebäckstücke	2500	200	750	450	350	15
96 Gebäckstücke	3000	240	900	540	420	18

23

Gewicht (g)	Äpfel (€)	Trauben (€)	Orangen (€)
100	0,16	0,28	0,12
200	0,32	0,56	0,24
300	0,48	0,84	0,36
400	0,64	1,12	0,48
500	0,80	1,40	0,60
600	0,96	1,68	0,72
700	1,12	1,96	0,84
800	1,28	2,24	0,96
900	1,44	2,52	1,08
1000	1,60	2,80	1,20
1100	1,76	3,08	1,32
1200	1,92	3,36	1,44
1300	2,08	3,64	1,56
1400	2,24	3,92	1,68
1500	2,40	4,20	1,80
1600	2,56	4,48	1,92
1700	2,72	4,76	2,04
1800	2,88	5,04	2,16
1900	3,04	5,32	2,28
2000	3,20	5,60	2,40
2100	3,36	5,88	2,52
2200	3,52	6,16	2,64
2300	3,68	6,44	2,76
2400	3,84	6,72	2,88
2500	4,00	7,00	3,00

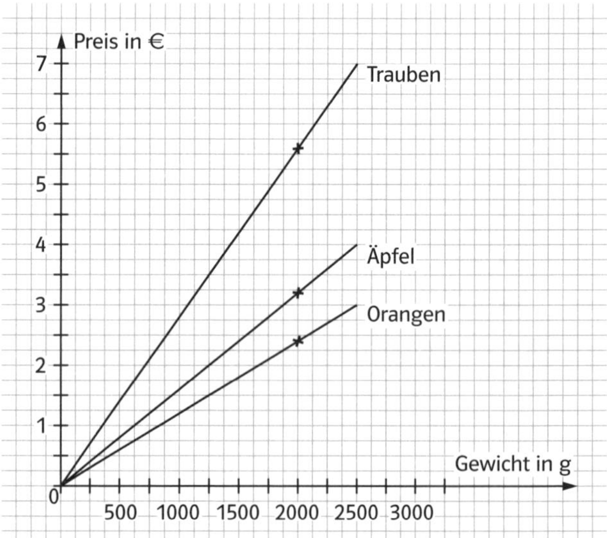

24 a)

Strecke	Umdrehungen hinten	Umdrehungen Pedal
	1	$\frac{18}{48} = \frac{3}{8} = 0{,}375$
100 m	50	$\frac{3}{8} \cdot 50 = \frac{75}{4} = 18{,}75$
4000 m	$50 \cdot 40 = 2000$	$\frac{75}{4} \cdot 40 = 750$

b) Luis benötigt nur $750 \cdot \frac{15}{18} = 625$ Pedalumdrehungen.

25 a) 30-mal
b) $60 \cdot 5\,l = 300\,l$
$300\,l : 15\,l = 20$
c) $300\,l : 15 = 20\,l$
d) $300\,l : 10\,l/\text{min} = 30\,\text{min}$

8 Prozente

Auftaktseite: Wenn wir 100 wären…

Seiten 146 bis 147

In der Schloss-Realschule
Alle Zahlen würden sich vervierfachen. Es gäbe 44 Jungen und 56 Mädchen. Und es ergäbe sich folgende Altersverteilung:

- 12 Jahre: 24
  13 Jahre: 48
  14 Jahre: 28
  Fahrrad: 44
  Zu Fuß: 24
  Öffentliche Verkehrsmittel: 32
- individuelle Lösung

Unterscheidungsmerkmale können zum Beispiel sein: Haarfarbe, Größe, Lieblingsfarben.

Anteile in 10 × 10-Quadraten

- mögliche Lösungen

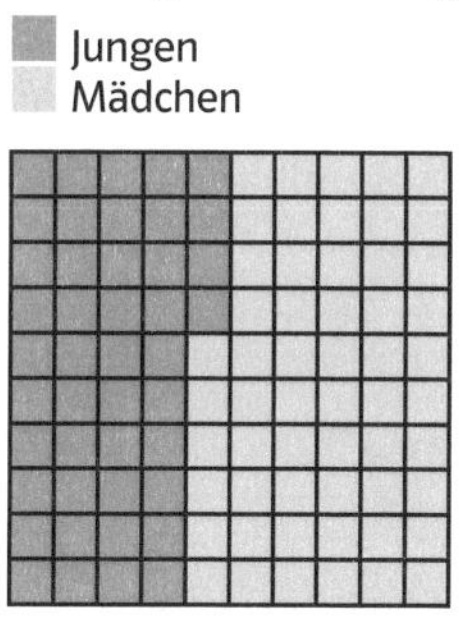

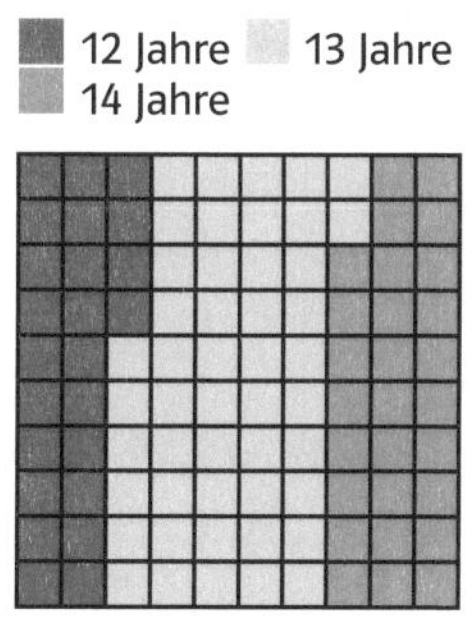

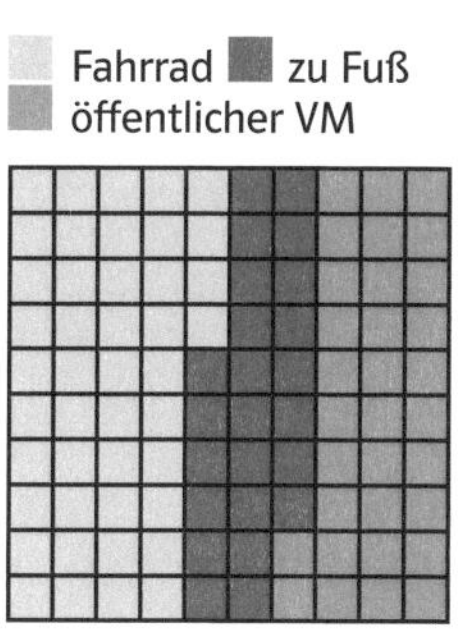

- andere Darstellungen sind zum Beispiel

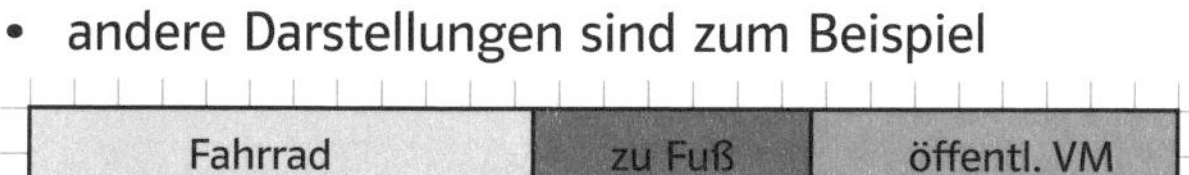

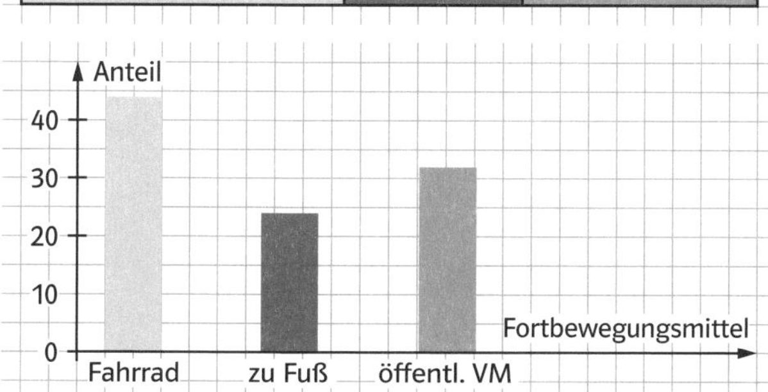

Bei einem 10 × 10-Quadrat oder dem Streifendiagramm kann man sehr schnell Anteile abschätzen. Das Säulendiagramm liefert übersichtlich exakten Werte.

Umfrage
Man müsste einige Kästchen im 10 × 10-Quadrat doppelt belegen. Eine Tabelle oder ein Säulendiagramm wären andere Darstellungsmöglichkeiten.

10 × 10-Quadrate

- 25 %; das sind 25 von 100 Kästchen.
- 50 %; das sind 50 von 100 Kästchen.
- 20 %, 10 %; das sind 20 bzw. 10 von 100 Kästchen.
- 3 und 8 sind keine Teiler von 100: Man erhält also keine „glatten" Anteile, sondern bei 3: $33\frac{1}{3}$ %, bei 8: 12,5 %.

1 Absoluter und relativer Vergleich

Seite 148

Einstiegsaufgabe
➔ Ramota
➔ Ramota: $\frac{8}{30} = \frac{4}{15} = \frac{16}{60}$
Fritz: $\frac{6}{24} = \frac{1}{4} = \frac{15}{60}$
Holpert: $\frac{7}{28} = \frac{1}{4} = \frac{15}{60}$
Damit hat Ramota den größten Anteil gehalten.

1 a) $\frac{4}{5} = \frac{8}{10} > \frac{7}{10}$; $\frac{9}{15} = \frac{27}{45} > \frac{24}{45}$; $\frac{7}{8} = \frac{14}{16} < \frac{15}{16}$
b) $\frac{7}{12} = \frac{35}{60} < \frac{11}{15} = \frac{44}{60}$; $\frac{18}{25} = \frac{144}{200} > \frac{23}{40} = \frac{115}{200}$;
$\frac{19}{18} = \frac{190}{180} > \frac{21}{20} = \frac{189}{180}$

2 a) $\frac{3}{4} = \frac{15}{20} > \frac{7}{10} = \frac{14}{20}$; $\frac{2}{3} = \frac{10}{15} < \frac{4}{5} = \frac{12}{15}$;
$\frac{3}{5} = \frac{24}{40} < \frac{5}{8} = \frac{25}{40}$
b) $\frac{1}{3} = \frac{3}{9} < \frac{4}{9}$; $\frac{9}{10} = \frac{27}{30} > \frac{13}{15} = \frac{26}{30}$; $\frac{7}{12} = \frac{21}{36} < \frac{11}{18} = \frac{22}{36}$

Seite 149

3 a) $\frac{1}{6} < \frac{1}{3} < \frac{1}{2} < \frac{2}{3} < \frac{5}{6}$
b) $\frac{15}{20} = \frac{45}{60}$; $\frac{7}{10} = \frac{21}{30}$; $\frac{11}{15} = \frac{22}{30}$
$\frac{17}{30} < \frac{7}{10} < \frac{11}{15} < \frac{15}{20}$
c) $\frac{19}{80} = \frac{114}{480}$; $\frac{61}{240} = \frac{122}{480}$; $\frac{39}{160} = \frac{117}{480}$; $\frac{27}{120} = \frac{108}{480}$
$\frac{27}{120} < \frac{19}{80} < \frac{39}{160} < \frac{61}{240}$
d) $\frac{17}{12} = \frac{102}{72}$; $\frac{23}{18} = \frac{92}{72}$; $\frac{50}{36} = \frac{100}{72}$; $\frac{31}{24} = \frac{93}{72}$
$\frac{23}{18} < \frac{31}{24} < \frac{50}{36} < \frac{17}{12}$

4 a) $\frac{4}{7} = 0{,}57$; $\frac{5}{8} = 0{,}625$; $\frac{7}{10} = 0{,}7$; $\frac{11}{15} = 0{,}7\overline{3}$

$\frac{4}{7} < \frac{5}{8} < \frac{7}{10} < \frac{11}{15}$

b) $\frac{11}{50} = 0{,}22$; $\frac{17}{70} = 0{,}24$; $\frac{19}{80} = 0{,}2375$; $\frac{21}{90} = 0{,}2\overline{3}$

$\frac{11}{50} < \frac{21}{90} < \frac{19}{80} < \frac{17}{70}$

5 $\frac{3}{10} < 0{,}33 < \frac{1}{3} < \frac{2}{5} < \frac{3}{7} < 0{,}5 < 0{,}55$

Man wandelt alle Brüche in Dezimalbrüche um oder umgekehrt.

6 Jens: $\frac{7}{15} = \frac{28}{60}$; Manuel: $\frac{9}{20} = \frac{27}{60}$

Jens ist besser.

7 7a: $\frac{23}{25} = \frac{138}{150}$; 7b: $\frac{27}{30} = \frac{135}{150}$

Die 7a hat Recht.

8 a) Anzahl der Schüler pro Jahrgang und insgesamt, Verteilung der Jungen und Mädchen im Jahrgang und insgesamt.

b) mögliche Lösung

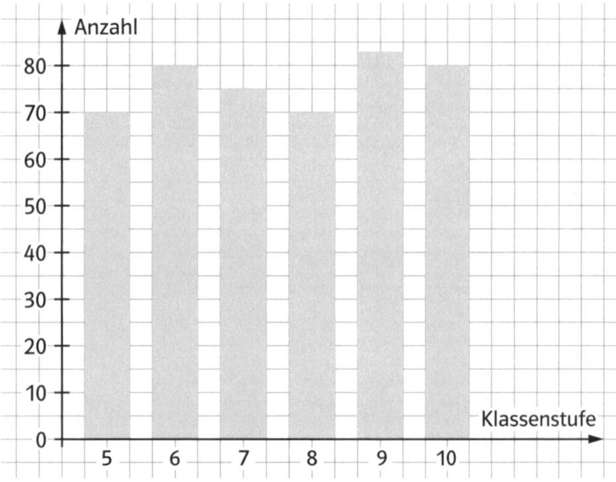

9 a) Frau Schwan, weil sie mehr gewonnen hat.

b) $\frac{12\,000}{200} = 60$; $\frac{1000}{10} = 100$

Herr Gans hat relativ gesehen mehr gewonnen.
Es interessiert nur die Gewinnsumme.

c) $\frac{x\,€}{200\,€} = 100$; $x = 20\,000\,€$

10 Mittel A: $\frac{38}{74} = 0{,}51$; Mittel B: $\frac{118}{236} = 0{,}5$

Mittel A wirkt besser.

Randspalte

Jenny $\frac{1}{1}$; Mandy $\frac{6}{10}$. Eigentlich ist Jenny besser, aber bei ihrer geringen Anzahl von Würfen ist keine verlässliche Aussage möglich.

Aus der Zeitung

- Die gesparte Summe ist in beiden Fällen gleich, man spart beim Taschenrechner aber – relativ gesehen – mehr.
- Der Vorsitzende scheint zu glauben, dass $\frac{1}{10}$ mehr ist als $\frac{1}{8}$, dass also mehr Frauen als Männer unzufrieden sind. Tatsächlich ist es umgekehrt.

2 Prozente

Einstiegsaufgabe

➔ BIG FM	30 %
Antenne 1	20 %
SWR 3	37,5 %
Andere Sender	12,5 %
➔ BIG FM	300
Antenne 1	200
SWR 3	375
Andere Sender	125

1 mögliche Lösungen:

a) 10 % der Autofahrer fuhren zu schnell an der Radarfalle vorbei.

b) 70 % der Haushalte haben einen Mikrowellenherd.

c) Fabian ist sich vollkommen sicher.

d) Mehr als $33\frac{1}{3}$ % kommen von auswärts.

e) Etwa jeder 5. Teilnehmer errang eine Ehrenurkunde.

2 a) $\frac{3}{10} = \frac{30}{100} = 30\,\%$; $\frac{7}{10} = \frac{70}{100} = 70\,\%$;

$\frac{9}{10} = \frac{90}{100} = 90\,\%$; $\frac{7}{20} = \frac{35}{100} = 35\,\%$; $\frac{17}{20} = \frac{85}{100} = 85\,\%$;

$\frac{13}{25} = \frac{52}{100} = 52\,\%$; $\frac{24}{25} = \frac{96}{100} = 96\,\%$; $\frac{19}{50} = \frac{38}{100} = 38\,\%$

b) $\frac{1}{2} = \frac{50}{100} = 50\,\%$; $\frac{1}{4} = \frac{25}{100} = 25\,\%$; $\frac{3}{4} = \frac{75}{100} = 75\,\%$;

$\frac{1}{5} = \frac{20}{100} = 20\,\%$; $\frac{3}{5} = \frac{60}{100} = 60\,\%$; $\frac{4}{5} = \frac{80}{100} = 80\,\%$

c) $\frac{34}{200} = \frac{17}{100} = 17\,\%$; $\frac{198}{200} = \frac{99}{100} = 99\,\%$;

$\frac{33}{300} = \frac{11}{100} = 11\,\%$; $\frac{213}{300} = \frac{71}{100} = 71\,\%$; $\frac{24}{400} = \frac{6}{100} = 6\,\%$;

$\frac{288}{400} = \frac{72}{100} = 72\,\%$; $\frac{75}{500} = \frac{15}{100} = 15\,\%$

d) $\frac{14}{40} = \frac{35}{100} = 35\,\%$; $\frac{15}{50} = \frac{30}{100} = 30\,\%$; $\frac{12}{30} = \frac{40}{100} = 40\,\%$;

$\frac{12}{15} = \frac{80}{100} = 80\,\%$; $\frac{9}{60} = \frac{15}{100} = 15\,\%$; $\frac{36}{80} = \frac{45}{100} = 45\,\%$;

$\frac{144}{240} = \frac{60}{100} = 60\,\%$; $\frac{91}{130} = \frac{70}{100} = 70\,\%$

Seite 151

3 a) $30\% = \frac{30}{100} = \frac{3}{10}$; $60\% = \frac{60}{100} = \frac{3}{5}$;
$55\% = \frac{55}{100} = \frac{11}{20}$; $45\% = \frac{45}{100} = \frac{9}{20}$; $5\% = \frac{5}{100} = \frac{1}{20}$
b) $14\% = \frac{14}{100} = \frac{7}{50}$; $28\% = \frac{28}{100} = \frac{7}{25}$; $48\% = \frac{48}{100} = \frac{12}{25}$;
$64\% = \frac{64}{100} = \frac{16}{25}$; $96\% = \frac{96}{100} = \frac{24}{25}$
c) $25\% = \frac{25}{100} = \frac{1}{4}$; $12{,}5\% = \frac{12{,}5}{100} = \frac{125}{1000} = \frac{1}{8}$;
$62{,}5\% = \frac{62{,}5}{100} = \frac{625}{1000} = \frac{5}{8}$; $2\% = \frac{2}{100} = \frac{1}{50}$; $4\% = \frac{4}{100} = \frac{1}{25}$

4 a) 12% = 0,12; 27% = 0,27; 39% = 0,39;
88% = 0,88; 99% = 0,99
b) 3% = 0,03; 5% = 0,05; 9% = 0,09; 20% = 0,2;
90% = 0,9; 10% = 0,1; 150% = 1,5
c) 4,5% = 0,045; 6,8% = 0,068; 34,5% = 0,345;
0,7% = 0,007; 0,12% = 0,0012

5 a) $\frac{21}{100} = 21\%$ b) $\frac{21}{30} = 70\%$
c) $\frac{21}{50} = 42\%$ d) $\frac{21}{70} = 30\%$

6 a) $0{,}2 > 2\%$; $\frac{3}{5} = 60\%$; $0{,}7 < 75\%$; $0{,}91 > 90\%$
b) $5{,}5\% < 0{,}55$; $70\% < \frac{3}{4}$; $0{,}8 > 0{,}08$; $11\% > \frac{1}{11}$

7 a) Petra hat nicht Recht. $\frac{1}{3} = 33\frac{1}{3}\% > 30\%$
b) $15\% > \frac{1}{7}$
c) Nein.

8 a)
I 25%
II 12,5%
III 25%
IV 6,25%
V 18,75%
VI 3,125%
VII 9,375%
b) mögliche Lösung:
I + III oder III + IV + V
c) mögliche Lösung:

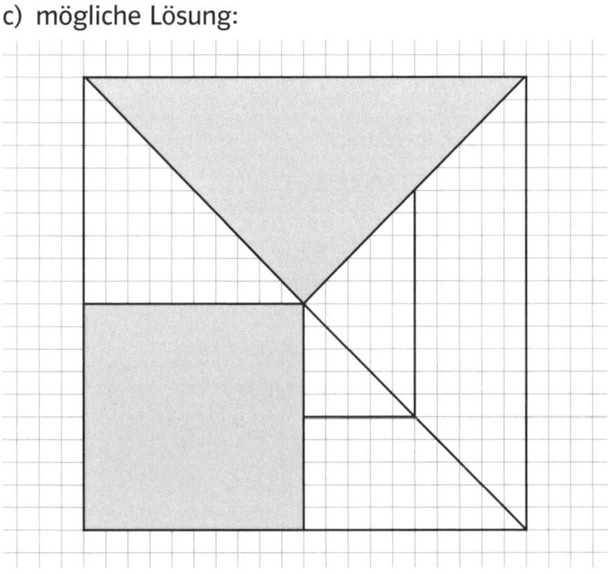

9

39%	10%	17%	41%	8,5%	72%
$\frac{39}{100}$	$\frac{10}{100}$	$\frac{17}{100}$	$\frac{41}{100}$	$\frac{8{,}5}{100}$	$\frac{18}{25}$
0,39	0,1	0,17	0,41	0,085	0,72

4%	9,9%	5%	33%
$\frac{4}{100}$	$\frac{9{,}9}{100}$	$\frac{1}{20}$	$\frac{33}{100}$
0,04	0,099	0,05	0,33

Runden

- 48,1%
34,9%
11,1%
14,3%; das sind 49 Teilnehmer.

Seite 152

Prozentanteile grafisch darstellen

- Andere Diagramme wären zum Beispiel das Balken- oder das Säulendiagramm. Diese liefern schnell einen exakten Überblick. Das Streifendiagramm oder das Kreisdiagramm machen es möglich, schnell zu entscheiden, ob es sich um „die Hälfte", „ein Drittel", „ein Viertel" handelt.
- individuelle Lösungen
- individuelle Lösungen

10 $\frac{2}{3}$ blau; $\frac{1}{3}$ gelb; 67% blau; 33% gelb

11 a) Tennis
b) 8 Handball, 10 Tennis, 7 Fußball
c) 32% Handball, 40% Tennis, 28% Fußball

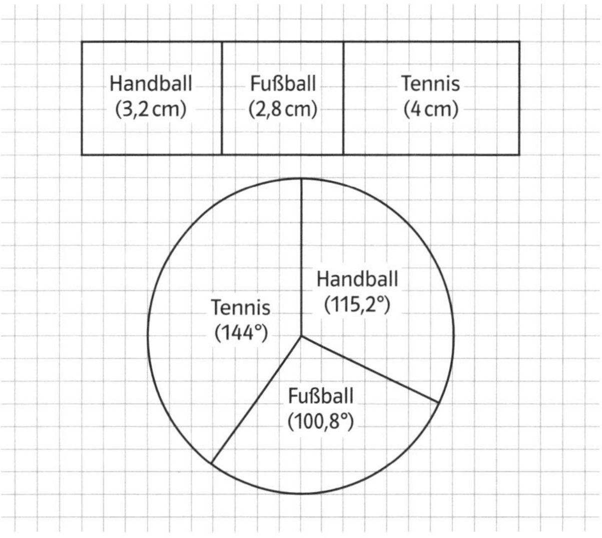

d) individuelle Lösungen
e) individuelle Lösungen
f) individuelle Lösungen

3 Prozentsatz

Seite 153

Einstiegsaufgabe

➔ An der Schiller-Realschule liegt der Anteil der Handybesitzer mit 76 % etwas unter der Angabe in der Zeitung.

Seite 154

1 a) 17 %; 19 %; 33 %
b) 26 %; 32 %; 85 %
c) 70 %; 31,5 %; 12 %
d) 11,5 %; 17,6 %; 33,3 %

2 a) 50 %; 25 %; 20 %
b) 35 %; 71 %; 45 %
c) 44 %; 5 %; 35 %
d) 75 %; 25 %; 12,5 %

3 a) 25,71 %; 29,17 %; 2,36 %
b) 10,59 %; 47,22 %; 88,89 %

4 a) $\frac{63}{450} = 14\,\%$ Ehrenurkunde
$\frac{216}{450} = 48\,\%$ Siegerurkunde
b) $\frac{(450 - 279)}{450} = 38\,\%$
c)

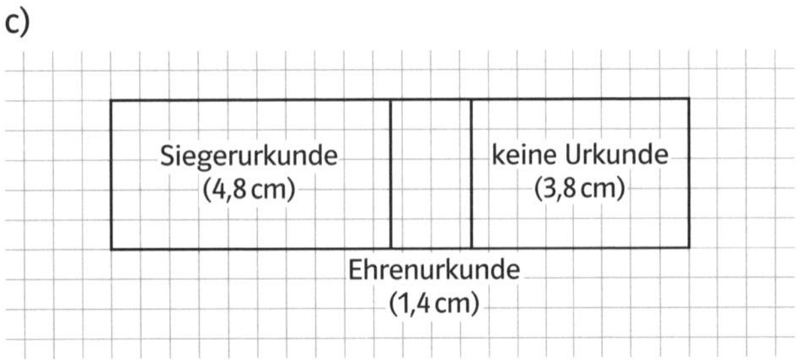

5 a)
Das traue ich mir zu 67,14 %
Ich denke, das liegt mir nicht 11,14 %
Er ist für mich ein vertrautes Werkzeug 49,14 %
Das entspricht meinem Interesse 44,57 %
Ich habe eine andere Meinung 15,43 %
b) Mehrfachnennungen sind möglich
c) Prozentkreis und Prozentstreifen sind nicht sinnvoll, da die Summe 100 % ergeben müsste.

Randspalte

P	G	p %
176 m	320 m	55 %
294 kg	980 kg	30 %
11,7 l	78 l	15 %
75,9 g	230 g	33 %
30,6 km	85 km	36 %
95,20 €	140 €	68 %
4,93 l	5,8 l	85 %
2,85 m	7,5 m	38 %
6,3 h	105 h	6 %

Diagramme am PC

- G = 30 Schüler

12 Jungen sind 40 %, 18 Mädchen sind 60 %.
Die Diagramme sind im Buch dargestellt.
- Der Anteil der Jungen steigt auf 40,625 %, der Anteil der Mädchen sinkt auf 59,375 %.
- Der Anteil der Jungen fällt auf 39,29 %; der Anteil der Mädchen steigt auf 60,71 %.
-

Mädchen	Jungen
17 M. = 56,7 %	13 J. = 43,3 %
16 M. = 53,3 %	14 J. = 46,7 %
15 M. = 50 %	15 J. = 50 %

Jeder Schüler/jede Schülerin entspricht $3\frac{1}{3}$ % der Gesamtklasse. Der Streifen der Jungen wächst jeweils um $3\frac{1}{3}$ %, der der Mädchen wird um $3\frac{1}{3}$ % (= 0,33 cm) kürzer.
Im Kreisdiagramm wächst der Kreisausschnitt der Jungen um $3\frac{1}{3}$ %, also 12°, der der Mädchen wird jeweils um 12° kleiner.

4 Prozentwert

Seite 155

Einstiegsaufgabe

➔ 7a: $\frac{30}{81} = 0{,}37$; 7b: $\frac{27}{81} = 0{,}33$; 7c: $\frac{24}{81} = 0{,}3$
Der Klasse 7a stehen also 37 % der 24 Plätze zu, also etwa 9 Plätze; der Klasse 7b stehen 33 % der 24 Plätze zu, also etwa 8 Plätze, und der Klasse 7c stehen 30 % der 24 Plätze zu, also etwa 7 Plätze.

Seite 156

1 a) 24; 8,5; 77; 100
b) 54; 102; 40; 12
c) 0,15 €; 0,27 ha; 18 s; 9,6 h
d) 0,5 h; 1,44 m; 1,4 m²; 2,25 kg

2 a) 54 €; 172,80 €; 64,60 €; 540 €
b) 0,114 kg; 0,315 t; 0,2 m; 0,09 l
c) 0,30 €; 22,5 m; 33 l
d) 18,75 l; 12,68 €; 36,45 m

3 a) 261,56 €
b) 132,249 km
c) 15,3 kg

4 Hartmut: $50 \cdot 10\,\% = 5$; $10 \cdot 50\,\% = 5$
Claus: $20 \cdot 2\,\% = 0{,}4$; $2 \cdot 20\,\% = 0{,}4$
Achim: $100 \cdot 40\,\% = 40$; $40 \cdot 100\,\% = 40$
Schreibt man die Rechnungen etwas ausführlicher auf, findet man schnell eine Erklärung.
Hartmut rechnet zum Beispiel:
$\frac{10 \cdot 50}{100}$
Das bedeutet $\frac{10}{100} \cdot 50$ also 10 % von 50,
oder $10 \cdot \frac{50}{100}$, also 50 % von 10.

5 a) Erwachsener: 48 kg Wasser; 16 kg Eiweiß; 11,2 kg Fett; 4,8 kg andere Stoffe
Kind: 27 kg Wasser; 9 kg Eiweiß; 6,3 kg Fett; 2,7 kg andere Stoffe
b) individuelle Lösungen

Gesund essen

- Andreas: $300\,g \cdot 32\,\% + 80\,g \cdot 26\,\% = 116{,}8\,g$
Marina: $250\,g \cdot 8\,\% + 80\,g \cdot 1{,}8\,\% = 21{,}44\,g$
- Andreas: 116 kg
Marina: 21 kg

Randspalte

p%	G	P
12 %	50 kg	6 kg
17 %	83 m	14,11 m
39 %	72 €	28,08 €
8,5 %	174 l	14,79 l
87,5 %	38 km	33,25 km
10,5 %	978 g	102,69 g
$3\frac{1}{2}$ %	538 €	18,83 €
$34\frac{1}{4}$ %	230 m	78,775 m
$7\frac{3}{4}$ %	85 kg	6,5875 kg

5 Grundwert

Seite 157

Einstiegsaufgabe

→ 80 Teilnehmer entsprechen 40 %. $\frac{80}{4}$ Teilnehmer entsprechen dann 10 % und $\frac{800}{4}$ Teilnehmer 100 %. Das sind 200 Teilnehmer.

Seite 158

1 a) 150 €; 230 m; 140 km; 7,6 g
b) 750 m; 450 kg; 275 t; 400 min
c) 40 hl; 80 €; 110 m^2; 60 kg
d) 400 g; 440 h; 80 €; 140 l

2 a) 150 m; 350 €; 2609 mm; 1622 mm
b) 300 cm; 23 333 mg; 150 l; 131 579 kg
c) 440 €; 2 035 714 g; 4386 g; 600 m^2
d) 210 km; 430 l; 76 €; 800 g

3 a)

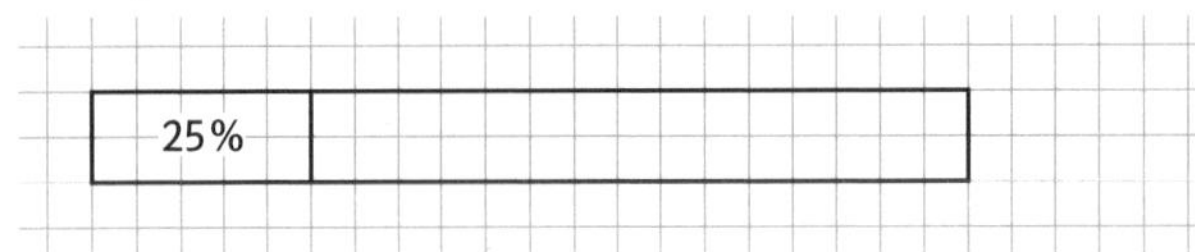

b)

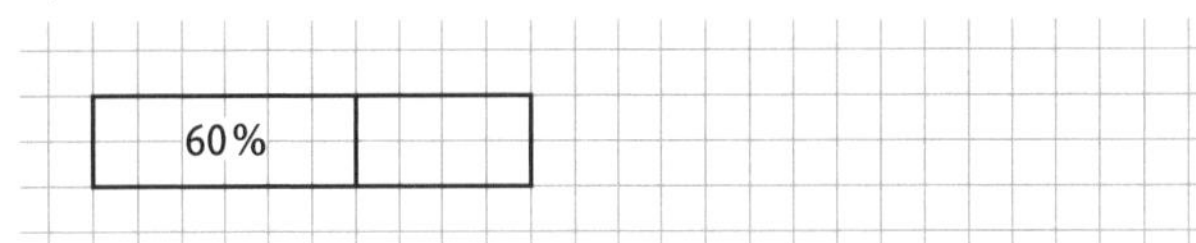

c)

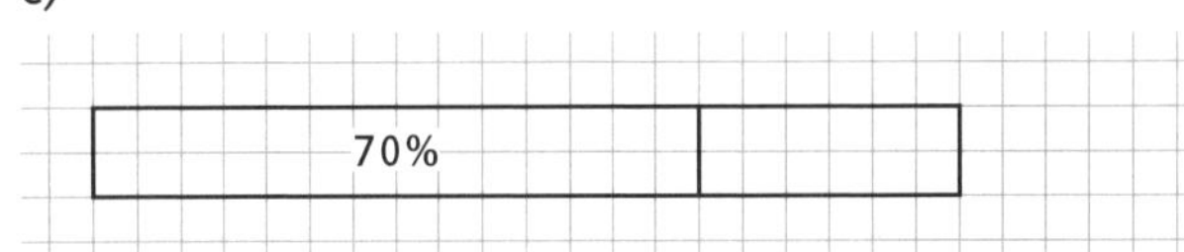

d)

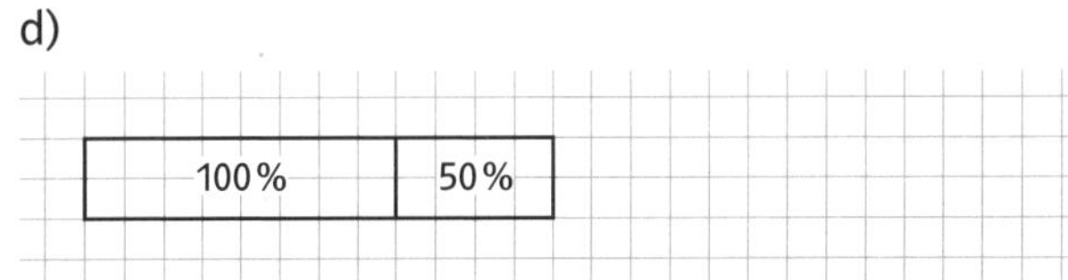

4 a) 95 000 Fußgänger
b) 9000 km^2
c) 45 000 Stimmen
d) 68 000 ha

5 a) G = 2000 €; G = 1000 €; G = 500 €
b) G = 5000 €; G = 2500 €; G = 1666,67 €
c) G = 750 €; G = 1500 €
d) G = 500 €; G = 750 €
Bleibt der Prozentwert P gleich und verdoppelt/verdreifacht man den Prozentsatz p %, halbiert/drittelt sich der Grundwert G. Bleibt der Prozentsatz p % gleich und verdoppelt/verdreifacht man den Prozentwert P, verdoppelt und verdreifacht sich der Grundwert.

6 a) 120 % = 120 €; 100 % = 100 €
b) 80 % = 120 €; 100 % = 150 €
c) 125 % = 500 kg; 100 % = 400 €
d) 75 % = 500 kg; 100 % = 666,667 kg
e) individuelle Lösungen

7 a) mögliche Lösungen: Lampe, Boden, Kerze
b) mögliche Lösungen: Tal, Uhr, ich
c) Mama: 50%; Bauer: 60%; Uhu: 66,6%;
individuelle Lösungen
d) individuelle Lösungen
e) individuelle Lösungen

Randspalte

p%	P	G
12%	72€	600€
15%	13,5m	90m
18%	115,2g	640g
44%	352ha	800ha
56%	252a	450a
7,5%	6,75m	90m
15,5%	93t	600t
0,3%	1,65hl	550hl
41,8%	334,4g	800g

Üben • Anwenden • Nachdenken

Seite 160

1 $\frac{1}{2} = 0{,}5 = 50\,\%$
$\frac{4}{5} = 0{,}8 = 80\,\%$
$\frac{7}{10} = 0{,}7 = 70\,\%$
$\frac{13}{20} = 0{,}65 = 65\,\%$
$\frac{19}{100} = 0{,}19 = 19\,\%$
$\frac{38}{400} = 0{,}095 = 9{,}5\,\%$
$\frac{6}{15} = 0{,}4 = 40\,\%$
$\frac{9}{25} = 0{,}36 = 36\,\%$
$\frac{17}{30} = 0{,}57 = 57\,\%$

2 a) $40\,\% = 0{,}4 = \frac{40}{100} = \frac{2}{5}$
$55\,\% = 0{,}55 = \frac{55}{100} = \frac{11}{20}$
$33\,\% = 0{,}33 = \frac{33}{100}$
$12\,\% = 0{,}12 = \frac{12}{100} = \frac{3}{25}$
$8\,\% = 0{,}08 = \frac{8}{100} = \frac{2}{25}$
$9\% = 0{,}09 = \frac{9}{100}$
$20\% = 0{,}2 = \frac{20}{100} = \frac{1}{5}$

b) $12{,}5\,\% = 0{,}125 = \frac{125}{1000} = \frac{1}{8}$
$4{,}2\,\% = 0{,}042 = \frac{42}{1000} = \frac{21}{500}$
$2{,}5\,\% = 0{,}025 = \frac{25}{1000} = \frac{1}{40}$
$0{,}5\,\% = 0{,}005 = \frac{5}{1000} = \frac{1}{200}$
$120\,\% = 1{,}2 = \frac{120}{100} = \frac{6}{5}$
$200\,\% = 2$

3 individuelle Lösungen

4 a)

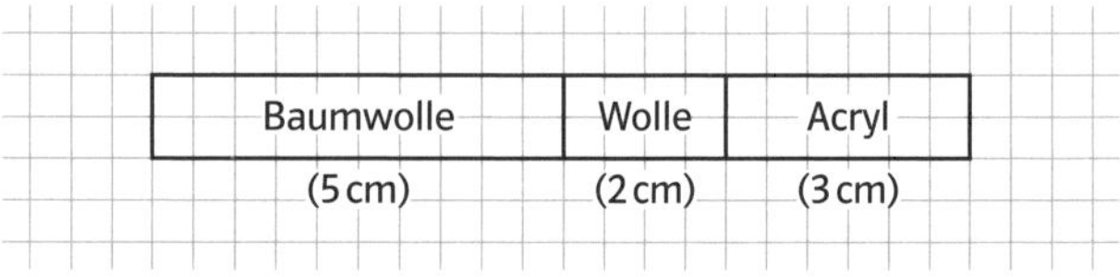

b)

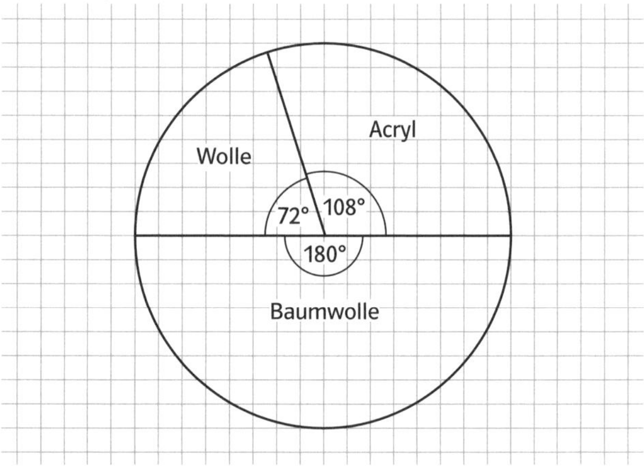

c) 800g · 50% = 400g Baumwolle
800g · 30% = 240g Acrylfaser
800g · 20% = 160g Wolle
d) 180g : 20% = 900g

5 a) Klasse 6, Jungen: $\frac{55}{80} = 68{,}75\,\%$
Klasse 6, Mädchen: $\frac{24}{60} = 40\,\%$
Klasse 7, Jungen: $\frac{36}{40} = 90\,\%$
Klasse 7, Mädchen: $\frac{86}{100} = 86\,\%$
b) Jungen: $\frac{91}{120} = 75{,}8\,\%$
Mädchen: $\frac{110}{160} = 68{,}75\,\%$
c) individuelle Lösung

d) mögliche Lösung:

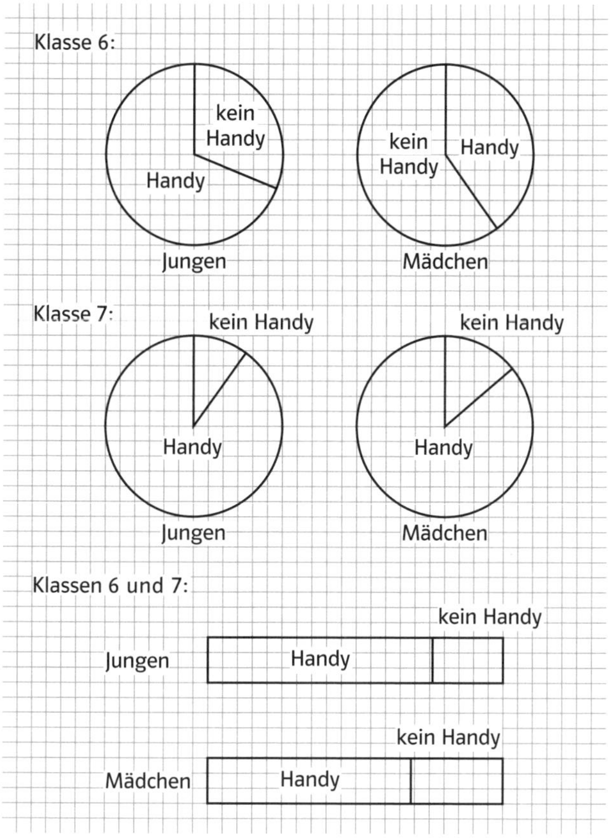

6 Ein Tag hat $24 \cdot 60\,\text{min} = 1440\,\text{min}$

	Schultage		Wochenende	
Medien	m	w	m	w
Fernsehen	2,8 %	3,125 %	10,4 %	9 %
Radio/CD	11,8 %	13,5 %	16 %	16,3 %
Computerspiele	2,1 %	0,7 %	3,5 %	1 %
Internet	0,35 %	0,21 %	0,7 %	0,35 %
Zeitung/Zeitschrift	0,7 %	1 %	0,7 %	0,83 %
Buch	0,35 %	0,7 %	0,7 %	1 %

Mögliche Lösung für die Beschäftigung der Jungen und Mädchen mit Medien an Schultagen.

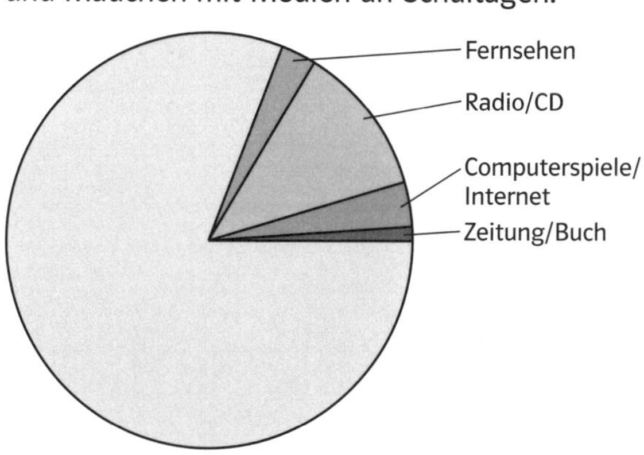

Umgang mit einfachen Formeln

G	p%	P
12,50 €	7 %	0,88 €
456 m	25 %	114 m
80 kg	65 %	52 kg

Seite 161

Ist Inline-Skaten ein gefährlicher Sport?

- mögliche Lösung:

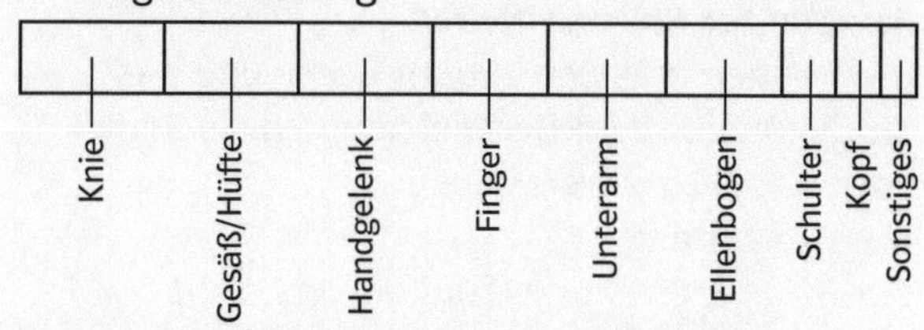

- Überlege, wie Stürze oft ablaufen und welche Schutzkleidung man tragen sollte.
- individuelle Lösung
- individuelle Lösung
- mögliche Lösung:

Fußball 43,1 %
Hand-, Volley-, Basketball 16,3 %
Inlineskaten, Skateboard 10,1 %
Reiten 8,5 %
Skifahren 8,2 %
Tennis, Squash, Badminton 7,9 %
Jogging 5,9 %

Seite 162

Überall Steigungen

- $800\,\text{m} \cdot 16\,\% = 128\,\text{m}$
$1600\,\text{m} \cdot 8\,\% = 128\,\text{m}$
-

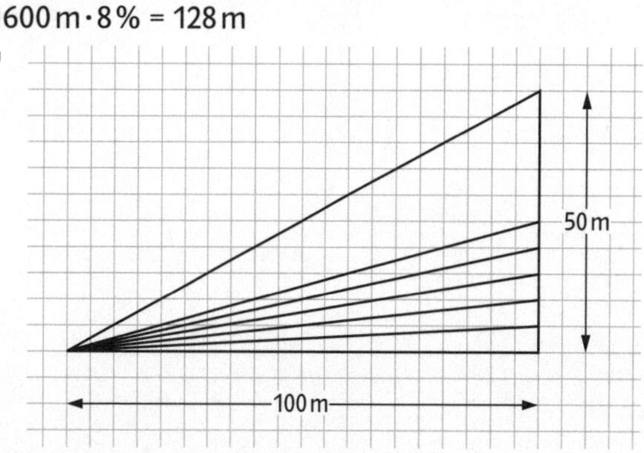

Man erhält Winkel von 2,8°; 5,7°; 8,5°; 11,3°; 14,0° und 26,6°.

Steigungen an Treppen

- $\frac{16}{30} = 53{,}3\,\%$

$\frac{18{,}5}{28} = 66{,}07\,\%$

$\frac{21}{25} = 84\,\%$

- In Schulen ist die Steigung am geringsten.

Das ist sinnvoll, weil in den Treppenhäusern der Schulen sehr viel los ist und gerade Kinder kleine Schritte machen. Je steiler eine Treppe ist, desto gefährlicher ist sie.

Kellertreppen sind deshalb so steil, weil man meist auf wenig Platz die Höhe überwinden muss.

Rampen für Rollstuhlfahrer

Die Treppen müssten extrem flache und breite Stufen haben; zum Beispiel könnten sie 3 cm hoch und 50 cm breit sein.

Aus der Zeitung

Auf 100 m Entfernung (Luftlinie und nicht Wegstrecke) nimmt die Höhe um 100 m ab.

Die steilste Zahnradbahn der Welt

- 1623 : 42 % = 3864 m

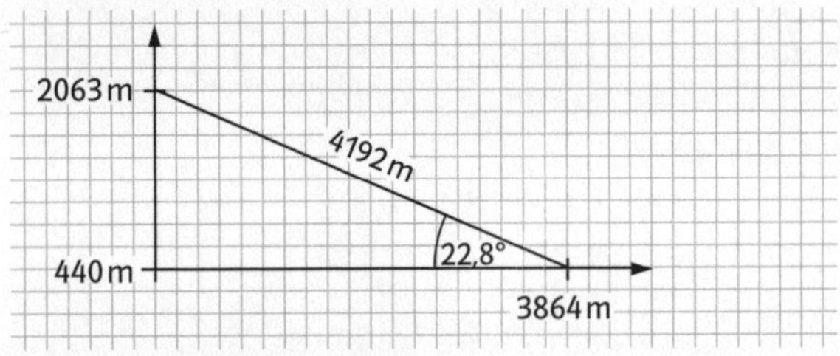

Der Steigungswinkel beträgt etwa 22,8°, die Schienenlänge beträgt 4192 m.

- individuelle Lösung

9 Daten

Auftaktseite: Würfeltest

Seiten 164 bis 165

Die Häufigkeit der Sechs
Die Sechs ist nicht seltener als die anderen Zahlen.
Häufigkeit einer Sechs:

- Beim normalen Würfel: $\frac{1}{6} = 16{,}67\,\%$
- Beim 12er-Würfel: $\frac{1}{12} = 8{,}33\,\%$
- Beim 20er-Würfel: $\frac{1}{20} = 5\,\%$

Beim Monopolyspiel
Es kommt nicht jede Augensumme ebenso oft vor wie beim Wurf mit einem Würfel.
Tipp: Versuche für jede Augensumme verschiedene Würfelpaare zu bilden.
Beispiel: Augensumme 4:
⚁ + ⚁; ⚂ + ⚀; ⚀ + ⚂
drei Möglichkeiten, eine 4 zu würfeln.
Es gibt insgesamt 36 Würfelpaare.

Augensumme	Häufigkeit der Augensumme in Prozent
2	$\frac{1}{36} = 2{,}78\,\%$
3	$\frac{2}{36} = 5{,}56\,\%$
4	$\frac{3}{36} = 8{,}34\,\%$
5	$\frac{4}{36} = 11{,}12\,\%$
6	$\frac{5}{36} = 13{,}9\,\%$
7	$\frac{6}{36} = 16{,}68\,\%$
8	$\frac{5}{36} = 13{,}9\,\%$
9	$\frac{4}{36} = 11{,}12\,\%$
10	$\frac{3}{36} = 8{,}34\,\%$
11	$\frac{2}{36} = 5{,}56\,\%$
12	$\frac{1}{36} = 2{,}78\,\%$

Die 7 tritt am häufigsten und die 2 und 12 treten am seltensten auf.

Säulendiagramm:
Das Säulendiagramm steigt bis zur Augensumme 7 jeweils um 2,78 % an und ab 7 jeweils um 2,78 % ab.

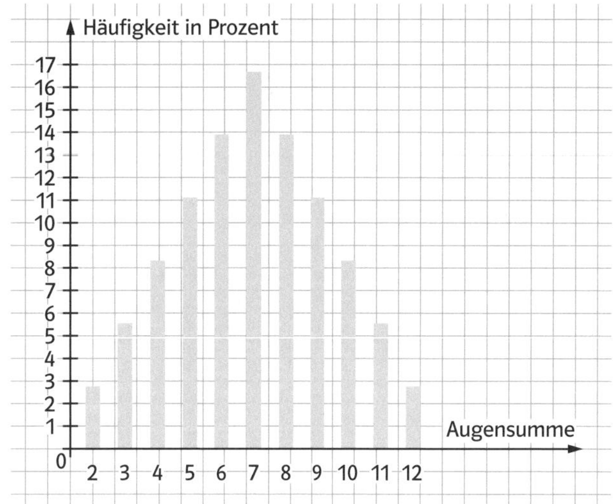

1 Rangliste

Seite 166

Einstiegsaufgabe
➔ 17,0 s – 13,1 s = 3,9 s
➔ 1. Kyra, 2. Jens, 3. Karin
➔ alle Mitschülerinnen und Mitschüler
➔ individuelle Lösung

1 Rangliste: 1; 1; 1; 2; 2; 2; 2; 2; 3; 3; 3; 3; 3; 3; 3; 3; 3; 4; 4; 4; 4; 4; 5; 5; 5; 5.

2 Rangliste: 38; 39; 40; 40; 41; 44; 45; 47; 48; 48; 48; 49; 51
Wert in der Mitte der Liste: 45
Mittelwert:
$\frac{(38 + 39 + 40 + 40 + 41 + 44 + 45 + 47 + 48 + 48 + 48 + 49 + 51)}{13}$
$= 44{,}46$

Seite 167

3 a) 10; 12; 13; 15; 16; 16; 17; 17; 17; 18; 19; 20; 21; 22; 22; 23; 23; 24; 27; 28; 29; 30; 31; 32; 33; 35; 39; 40; 41.
b) 9 Schüler.
c) Weite in der Mitte der Liste: 22 m.

4 a) Kirschkern: 1. Daniel, 2. Janine, 3. Eugen;
Strohhalm: 1. Dennis, 2. Lars, 3. Hakan;
Besen: 1. Markus, 2. Eugen, 3. Anne.

b)

Name	K	S	B	Summe
Kyra	6.	4.	10.	20
Janine	2.	12.	14.	28
Eugen	3.	14.	2.	19
Moni	10.	5.	15.	30
Daniel	1.	7.	9.	17
Linda	8.	9.	11.	28
Dennis	14.	1.	7.	22
Jan	4.	6.	6.	16
Markus	11.	13.	1.	25
Alina	7.	10.	8.	25
Renate	15.	15.	4.	34
Lars	5.	2.	12.	19
Hakan	9.	3.	5.	17
Jochen	13.	11.	13.	37
Anne	12.	8.	3.	23

Ranglisten mit dem Computer

▪

	A	B	C	D	E
1	Weitsprungwettbewerb der Sport AG				
2	Realschule Talhausen				
3					
4					
5					
6	**Name**	**1. Sprung**	**2. Sprung**	**3. Sprung**	**beste Weite**
7	Dennis	2,85	2,74	2,85	2,85
8	Katrin	2,88	2,80	3,04	3,04
9	Paul	2,99	2,58	3,12	3,12
10	Erwin	1,52	3,17	2,85	3,17
11	Achim	2,87	3,17	3,15	3,17
12	Pia	2,84	2,67	3,28	3,28
13	Aishe	3,34	3,27	3,09	3,34
14	Piere	3,15	3,19	3,37	3,37
15	Sarah	3,26	3,32	3,38	3,38
16	Kerstin	2,90	3,17	3,45	3,45
17	Dirk	3,45	3,12	3,41	3,45
18	Ali	3,35	3,45	3,22	3,45
19	Holger	3,29	3,56	3,54	3,56
20	Conny	3,26	3,18	3,57	3,57
21	Alex	3,58	3,61	3,60	3,61
22					
23					

▪

	A	B	C	D	E	F	G
1	Weitsprungwettbewerb der Sport AG						
2	Realschule Talhausen						
3							
4							
5							
6	**Name**	**1. Sprung**	**2. Sprung**	**3. Sprung**	**beste Weite**	**Mittelwert**	
7	Erwin	1,52	3,17	2,85	3,17	2,51	
8	Dennis	2,85	2,74	2,85	2,85	2,81	
9	Paul	2,99	2,58	3,12	3,12	2,90	
10	Katrin	2,88	2,80	3,04	3,04	2,91	
11	Pia	2,84	2,67	3,28	3,28	2,93	
12	Achim	2,87	3,17	3,15	3,17	3,06	
13	Kerstin	2,90	3,17	3,45	3,45	3,17	
14	Aishe	3,34	3,27	3,09	3,34	3,23	
15	Piere	3,15	3,19	3,37	3,37	3,24	
16	Sarah	3,26	3,32	3,38	3,38	3,32	
17	Dirk	3,45	3,12	3,41	3,45	3,33	
18	Conny	3,26	3,18	3,57	3,57	3,34	
19	Ali	3,35	3,45	3,22	3,45	3,34	
20	Holger	3,29	3,56	3,54	3,56	3,46	
21	Alex	3,58	3,61	3,60	3,61	3,60	
22							
23		**Mittelwert aller Sprünge**		3,14	**Mittelwert des Mittelwertes**	3,14	
24							

▪ Der Mittelwert aller durchgeführten Sprünge und der Mittelwert der Mittelwerte sind gleich.

▪ individuelle Lösungen

2 Relative Häufigkeit

Seite 168

Einstiegsaufgabe

➔ Zwar sind in der Max-Planck-Realschule die meisten schadhaften Räder gefunden worden, jedoch wurden hier auch mehr Räder geprüft als in den anderen Schulen. Berechnet man die relative Häufigkeit, findet man – relativ gesehen – in der Anne-Frank-Realschule (mit $\frac{14}{50}$ = 28 %) am meisten mangelhafte Räder.

Seite 169

1 a)

	RS	HS	Gym	So
Jungen	50,55 %	55,56 %	47,54 %	62,21 %
Mädchen	49,45 %	44,44 %	52,46 %	37,79 %

b) individuelle Lösung

2 a) Klasse 7d: 38,46 % haben „ausreichend".
b) 7a: 53,57 %, 7b: 42,86 %, 7c: 50 %, 7d: 42,31 %
c) Bester Notendurchschnitt: 7a mit 3,32.

3 a) Wilhelm-Busch-Realschule:

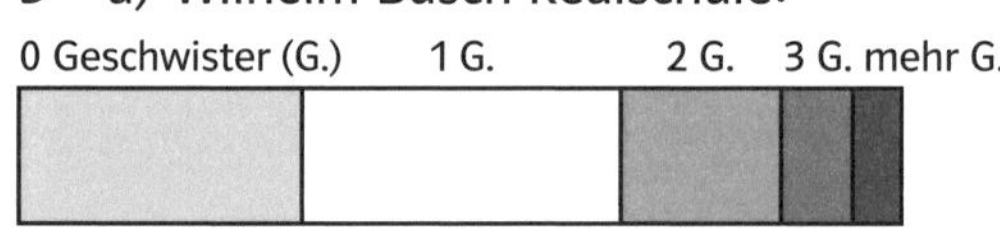

Klasse 7c:

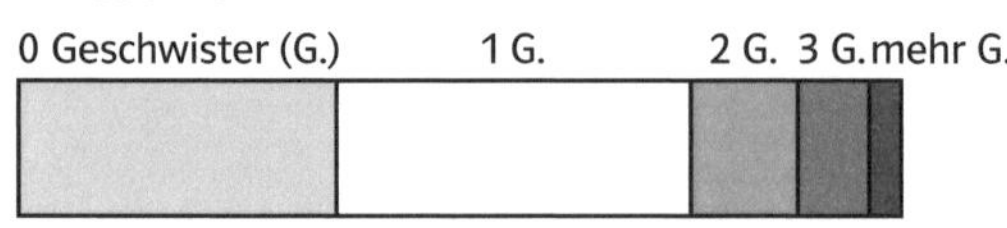

Die Verteilung ist zwar sehr ähnlich, aber das Streifendiagramm zeigt auch einige deutliche Unterschiede: In Klasse 7c haben prozentual mehr Kinder keine Geschwister als in der gesamten Schule. Das Gleiche gilt für **ein** Geschwisterkind.
b) Der Klassenlehrer hat Recht: Der prozentuale Anteil der Einzelkinder ist in der 7c mit 36 % höher als in der gesamten Schule (32,23 %).
c) individuelle Lösung

4 a) Rundungsfehler beim Runden auf eine Nachkommastelle.
b) Gymnasium: 671,656 ≈ 672 Schüler,
Realschule: 391,325 ≈ 391 Schüler,
Hauptschule: 358,596 ≈ 359 Schüler.
c) Die Prozentzahlen sind durch die Rundung auf eine Nachkommastelle ungenau.
Wenn 392 Schüler in die Realschule gehen, ist ihr relativer Anteil immer noch 27,5 %.

Seite 170

Geheimschrift

- Jeder Buchstabe außen wird durch den darunter liegenden Buchstaben innen verschlüsselt. Beim Entschlüsseln einer so verschlüsselten Botschaft, muss man also eigentlich nur einen Buchstaben entschlüsseln und dann die Scheibe so einstellen, dass der verschlüsselte und der Originalbuchstabe beieinander liegen.
- individuelle Lösung
- individuelle Lösung
- Der Buchstabe E kommt am häufigsten vor, N am zweithäufigsten.
- Fehler im ersten Druck: In der drittletzten Zeile muss es statt PYPEPX heißen: LYPEPX. Die geheime Botschaft kann man durch Bestimmung der Häufigkeiten der Geheimtextbuchstaben entschlüsseln: Der häufigste Geheimtextbuchstabe wird zu E entschlüsselt, der zweithäufigste zu N usw.
- individuelle Lösung
- Die Wissenschaft der Geheimschrift ist schon mehrere Tausend Jahre alt. Zu allen Zeiten bemühten sich Menschen wichtige Botschaften zu verschlüsseln, damit sie kein Unbefugter lesen konnte. Es werden immer wieder neue Verfahren der Codierung entwickelt.
- Morsealphabet: E, T, A, N, I, M sind einfach codiert, weil sie häufig vorkommen.
- Seltene Buchstaben sind komplizierter codiert.
- SOS = ••• – – – •••
- – – • • •••• • •• – – – • – • • •• – •

•• – • • – •

• – •• – •• – •

– • – • – • – • •• – • •••

– •• • – – • – • •••• – ••• – – – – ••

• – •

•• – – –

• – – – – – ••••

•• – •••• • – •

3 Stichproben

Seite 171

Einstiegsaufgabe

➔ Die Überprüfung aller Mandarinen wäre zu aufwändig.

➔ $3:50\cdot 7500 = 450$ kernhaltige Mandarinen.

1 a) $\frac{6}{1000}\cdot 200\,000 = 1200$ defekte Lampen.

b) Die relative Häufigkeit eines Defekts ist $\frac{6}{1000} = 0{,}006$, also weniger als 1%. Bei 100 Lampen wäre noch nicht mal eine defekt.

2 a) Ja.

b) Möglichst tief einstechen, um zu sehen, ob der Kuchen auch entfernt vom Rand durchgebacken ist.

Seite 172

3 Im Schülerbuch der 1. Auflage ist ein Fehler: Es handelt sich um **94 500** Autos.

a) Opel: $\frac{139}{576}\cdot 94\,500 \approx 22\,804$

BMW: $\frac{65}{576}\cdot 94\,500 \approx 10\,664$

Mercedes: $\frac{59}{576}\cdot 94\,500 \approx 9680$

Ford: $\frac{102}{576}\cdot 94\,500 \approx 16\,734$

VW: $\frac{149}{576}\cdot 94\,500 \approx 24\,445$

b) Wollte man die Stichprobe auf ganz Deutschland übertragen, hätte man nicht nur Autos **eines** Landkreises zählen dürfen. Außerdem kann es sein, dass auf dem Fest besonders häufig Autos **einer** bestimmten Marke vorkamen.

4 1-Personen-Haushalte: $\frac{485}{1000}\cdot 290\,842 \approx 141\,058$

2-Personen-Haushalte: $\frac{259}{1000}\cdot 290\,842 \approx 75\,328$

3-Personen-Haushalte: $\frac{121}{1000}\cdot 290\,842 \approx 35\,192$

4-Personen-Haushalte: $\frac{92}{1000}\cdot 290\,842 \approx 26\,757$

Mehrpersonenhaushalte: $\frac{43}{1000}\cdot 290\,842 \approx 12\,506$

5 a)

Inhalt	Anzahl
36	7200
37	16 800
38	135 600
39	459 000
40	1 510 200
41	561 600
42	212 400
43	97 200

b) $\frac{12\cdot 36 + 28\cdot 37 + 226\cdot 38 + 765\cdot 39 + 2517\cdot 40 + 936\cdot 41 + 354\cdot 42 + 162\cdot 43}{5000}$

$= 40{,}1562$ (Mittelwert).

$40{,}1562\cdot 20 = 803{,}124$

Er hat etwa 803 Streichhölzer gekauft.

c) $\frac{765 + 2517 + 936 + 354 + 162}{5000} = 94{,}68\,\%$

d) $\frac{765 + 2517 + 936 + 354}{5000} = 91{,}44\,\%$

e) $\frac{12 + 28}{5000} = 0{,}8\,\%$ der Schachteln können reklamiert werden.

Sinnvolle Stichprobe???

- Anzahl der zu prüfenden Dachpfannen abhängig von der Größe des Daches; Dachpfannen nicht nur an einer Stelle überprüfen, besser: Auswahl über Dach verteilen.
- Mehrere Schulen befragen; Hauptschule, Realschule, Gymnasium und Grundschule berücksichtigen; Schulen aus verschiedenen Stadtteilen und Ortschaften.
- Stichprobe nicht auf Stadtzentrum beschränken, da Wohnfläche in der Stadt meist kleiner ist als auf dem Land. Deshalb Stichprobe auf Stadtzentrum, Stadtrand, Land verteilen. Außerdem mehr als 100 Haushalte befragen.
- In den Sommerferien generell weniger Fahrgäste, deshalb Befragung nicht in der Ferienzeit durchführen.
- Sinnvoller: jeden Kunden befragen.

4 Zentralwert

Seite 173

Einstiegsaufgabe

→ Obwohl der Durchschnitt gleich 34 ist, haben alle Familien, außer Familie Kögel, weniger als 34 Kühe.

Seite 174

1 a) Mittelwert = 9, Zentralwert = 9;
Mittelwert = 11, Zentralwert = 9;
Mittelwert = 15, Zentralwert = 9.
Hier ist stets Mittelwert ≥ Zentralwert.
b) Mittelwert = 35, Zentralwert = 35;
Mittelwert = 33, Zentralwert = 35;
Mittelwert = 31, Zentralwert =35.
Hier ist stets Mittelwert ≤ Zentralwert.
c) Mittelwert = 23, Zentralwert = 23;
Mittelwert = 23, Zentralwert = 23;
Mittelwert = 23, Zentralwert = 23;
Mittelwert = 23, Zentralwert = 23.
Hier ist stets Mittelwert = Zentralwert.

2 Mit Randwerten:
a) Mittelwert = 19,33, Zentralwert = 19;
b) Mittelwert = 12,09, Zentralwert = 14;
c) Mittelwert = 21,9, Zentralwert = 15,5;
d) Mittelwert = 36,7, Zentralwert = 35;
e) Mittelwert = 21, Zentralwert = 21.
Ohne Randwerte:
a) Mittelwert = 19,57, Zentralwert = 19;
b) Mittelwert = 12,55, Zentralwert = 14;
c) Mittelwert = 18,875, Zentralwert = 15,5;
d) Mittelwert = 34,625, Zentralwert = 35;
e) Mittelwert = 21, Zentralwert = 21.

3 Liste 1: Zentralwert = 5
3 Werte sind ≤ Zentralwert $\left(\frac{3}{5} = 60\,\%\right)$
3 Werte sind ≥ Zentralwert $\left(\frac{3}{5} = 60\,\%\right)$
Liste 2: Zentralwert = 5
5 Werte sind ≤ Zentralwert $\left(\frac{5}{8} = 62{,}5\,\%\right)$
5 Werte sind ≥ Zentralwert $\left(\frac{5}{8} = 62{,}5\,\%\right)$
Liste 3: Zentralwert = 3
6 Werte sind ≤ Zentralwert $\left(\frac{6}{10} = 60\,\%\right)$
7 Werte sind ≥ Zentralwert $\left(\frac{7}{10} = 70\,\%\right)$
Liste 4: Zentralwert = 8
4 Werte sind ≤ Zentralwert $\left(\frac{4}{8} = 50\,\%\right)$
4 Werte sind ≥ Zentralwert $\left(\frac{4}{8} = 50\,\%\right)$

Wenn das Ergebnis des Zentralwerts in einer Stichprobe häufiger als ein Mal vorkommt, ergibt die Summe **mehr** als 1. Liegt der Zentralwert bei einer Liste mit einer geraden Anzahl von Werten zwischen zwei Werten, summieren sich die in der Aufgabe gefragten Mengen zu 100 %.

4 Rangliste: −4; −2; −1; −1; 0; +2; +2; +3; +3; +4; +5
Mittelwert: $\frac{11}{11} = 1$; (+1)
Zentralwert: +2
Die beiden Kennwerte liegen relativ nah beieinander, da es keine großen Ausreißer gibt. Dennoch gibt der Zentralwert hier noch weitere Hinweise: die Hälfte aller Nennungen liegt über 2 und die Hälfte darunter.

Seite 175

5 Rangliste: 38; 40; 42; 43; 43; 49; 52; 55; 69; 72; 83; 94
a) Durchschnitt: 56,67, Zentralwert: 50,5
b)

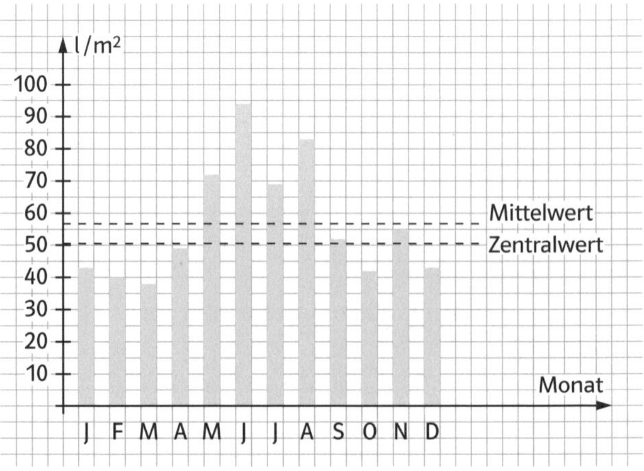

6 Durchschnittsverdienst: 1470 €
Zentralwert: 1150 €
Thomas wird argumentieren, dass nur 6 Mitarbeiter (30 %) mehr als den Durchschnittsverdienst verdienen und der Zentralwert bei lediglich 1150 € liegt.

Wohin mit dem Kakao?

- Das Lager kann überall zwischen den beiden Zimmern liegen oder an den Zimmern selbst. Der Transportweg bleibt immer gleich (18 m).
- Der Kakao muss beim mittleren der drei Zimmer, also bei der Klasse 5b, gelagert werden, denn: 5a; 5b; 6a, Zentralwert: 5b. Der Transportweg beträgt 34 m.
- Der Kakao kann überall zwischen dem Zimmer der 6a und dem Zimmer der 5b gelagert werden, denn: 5a; 5b; 6a; 6b, Zentralwert liegt zwischen 5b und 6a.
- Der Kakao muss beim Zimmer der 6b gelagert werden, da es das mittlere Zimmer ist: 5a; 5b; 6a; 6b; 7a; 7b; 7c, Zentralwert: 6b.

Regel:
1. Fall: ungerade Anzahl von Zimmern:
Lager direkt beim mittleren Zimmer (Zentralwert); dabei spielen die Entfernungen der Zimmer voneinander keine Rolle.
2. Fall: gerade Anzahl von Zimmern:
Lager kann zwischen den beiden mittleren Zimmern liegen oder direkt an diesen.

Seite 176

Wie werten Statistiken aus

- Becken 1: Mittelwert = 653,6; Zentralwert = 633,5
Becken 2: Mittelwert = 624,5; Zentralwert = 621
Becken 3: Mittelwert = 661,9; Zentralwert = 637,5
- Mittelwert für alle drei Becken: 646,67;
Zentralwert für alle drei Becken: 629
- Spannweite Becken 1: 299
Spannweite Becken 2: 284
Spannweite Becken 3: 347

Aussagen (eine Auswahl):
1. Die große Spannweite in Becken 3 zeigt, dass der Unterschied zwischen dem leichtesten Fisch und dem schwersten Fisch sehr groß ist.
2. In Becken 1 und 3 liegt der Mittelwert deutlich über dem Zentralwert ⟹ Es gibt mindestens einen Fisch mit hohem Gewicht.
3. Mittelwert und Zentralwert stimmen in Becken 2 fast überein ⟹ Ausgeglichene Gewichtsverteilung der Fische.
4. Der Mittelwert in Becken 3 ist größer als der Mittelwert in Becken 1 und 2 ⟹ Der Aufzuchtserfolg ist in Becken 3 am höchsten.

- Gründe (eine Auswahl):
1. Wassertemperatur in den Becken
2. Art und Menge des Futters
3. Größe der Becken/Anzahl der Fische in einem Becken

Seite 177

Auf welchem Rangplatz liegt der Zentralwert?

- Mittelwert: 3,927
Zentralwert: 4 (der Zentralwert liegt zwischen den Plätzen $\frac{436}{2} = 218$ und $\left(\frac{436}{2} + 1\right) = 219$).
häufigster Wert: 2
Aussagen (eine Auswahl):
1. Im Durchschnitt verbringen die Jugendlichen etwa 4 h vor dem Computer (Mittelwert).
2. Die meisten Jugendlichen (42 %) verbringen am Computer 2 h (häufigster Wert).

- Mittelwert: 2,413
Zentralwert: 2 (der Zentralwert liegt zwischen den Plätzen $\frac{150}{2} = 75$ und $\left(\frac{150}{2} + 1\right) = 76$).
häufigster Wert: 2
Aussagen (eine Auswahl):
1. Die Jugendlichen gehen im Schnitt etwa $2\frac{1}{2}$-mal im Monat in die Disco.
2. Die meisten Jugendlichen (≈ 20 %) gehen 2-mal pro Monat in die Disco.
3. Da Zentralwert und Mittelwert nah beieinander liegen, unterscheiden sich die Nennungen nicht sehr stark.

Üben • Anwenden • Nachdenken

Seite 179

1 a) Die Hausaufgaben nur einiger Schüler, nicht der ganzen Klasse, werden kontrolliert.
b) Zum Beispiel zufällige Auswahl von 5 Schülern.
c) TV-Einschaltquote, Umfragen zum Konsumverhalten, Produktkontrollen, …

2 a) Relative Häufigkeiten in %:

	100-Stichrobe	200-Stichprobe	Gesamt
Türkisch	13	12,5	12,1
Griechisch	5	5,5	5,99
Italienisch	1	1	1,53
Spanisch	0	1	0,89
Sonstige	2	1	1,53

b) Stichproben können zu klein sein, um repräsentativ genug zu sein. Auch sollte man darauf achten, dass die Bedingungen optimal sind (schlechte Beispiele siehe Schülerbuchseite 172, Kasten).
c) Zu kleine Stichproben können evtl. ungenügende repräsentative Werte liefern und dadurch die Wirklichkeit verzerren.

3 a) Minimum: 2 Fehler
Maximum: 11 Fehler
Spannweite: 11 – 2 = 9
Zentralwert: 8
Mittelwert: 7,56
b) Minimum: 2 Fehler
Maximum: 12 Fehler
Spannweite: 12 – 2 = 10
Zentralwert: 8
Mittelwert: 7,67

4 individuelle Lösung

5 a) 2; 5; 6; 8; 11; 11; 12; 12; 12; 14; 16; 16; 17; 17; 18; 18; 19; 19; 20; 20; 21; 22; 23; 23; 24; 25; 26
b) Minimum: 2
Maximum: 26
Spannweite: 26 – 2 = 24
Zentralwert: 17
Mittelwert: 16,19
c) Die Schüler mit 20 Punkten (Katrin und Kim) können als Erste behaupten, dass mindestens 25 % der Mitschüler genauso gut oder besser geschrieben haben. Alle Schüler, die weniger als 20 Punkte haben, können dies dann auch behaupten.
Skizze:

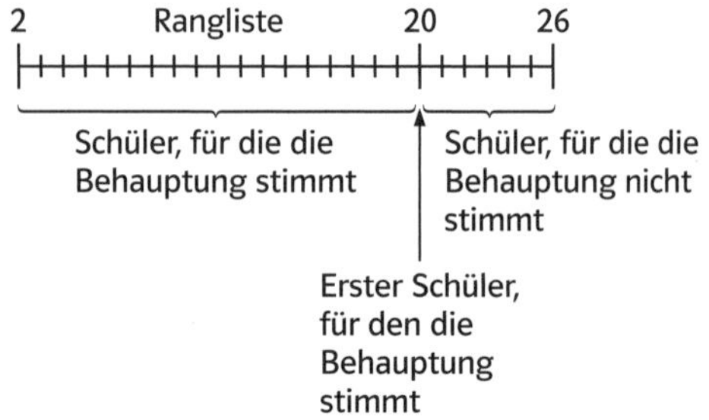

d) Der Schüler mit 22 Punkten (Viktor) kann als Erster behaupten, dass mindestens 80 % seiner Mitschüler genauso gut oder schlechter geschrieben haben. Alle Schüler, die mehr als 22 Punkte geschrieben haben, können dies dann auch behaupten.

Seite 180 – 181

Umfrage zum Freizeitverhalten Jugendlicher

- individuelle Lösungen

Urliste zur Fragestellung Hobbys

-

1. Ob Mädchen oder Jungen mehr Zeit für ihr Hobby verwenden.
2. Wie viel Zeit Mädchen, Jungen oder gesamtdurchschnittlich für ihr Hobby verwenden.
3. Wie viel Geld Mädchen, Jungen oder gesamtdurchschnittlich für ihr Hobby ausgeben.

Kennwerte:
Ausgaben pro Monat
Minimum: Gesamt: 10 €; Mädchen: 20 €; Jungen: 10 €
Maximum: Gesamt: 170 €; Mädchen: 75 €; Jungen: 170 €
Mittelwert: Gesamt: $\frac{1058\,€}{29}$ = 36,5 €; Mädchen: $\frac{531\,€}{15}$ = 35,40 €; Jungen: $\frac{527\,€}{14}$ = 37,64 €
Zentralwert: Gesamt: 30 €; Mädchen: 30 €; Jungen: 27,50 €
Zeit pro Woche
Minimum: Gesamt: 3 h; Mädchen: 3 h; Jungen: 3 h
Maximum: Gesamt: 16 h; Mädchen: 15 h; Jungen: 16 h
Mittelwert: Gesamt: $\frac{236\,h}{29}$ = 8,10 h; Mädchen: $\frac{108\,h}{15}$ = 7,20 h; Jungen: $\frac{128\,h}{14}$ = 9,10 h
Zentralwert: Gesamt: 8 h; Mädchen: 7 h; Jungen: 9,50 h
Ein mögliches Diagramm:
Durchschnittliche Zeit pro Woche, die für Hobbys verwendet wird.

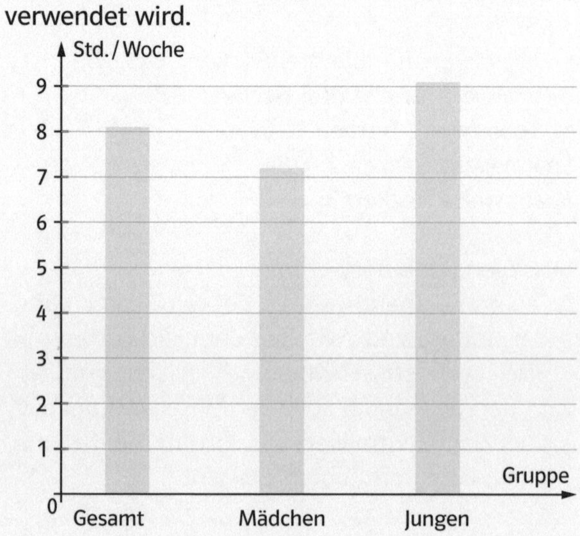

Seite 182

Zentralwert mit dem Computer

- Liegen der Mittelwert und der Zentralwert der Umfrage nah beieinander, ändern sie sich nach der Streichung nicht wesentlich. Die Spannweite wird kleiner.
- Der Modalwert liefert den häufigsten Wert einer Datengruppe. Im Beispiel ist 1,20 der häufigste Wert.

6 a) bis c) Berechnet man den Mittelwert, ist die Behauptung des Züchters korrekt: Der Mittelwert beträgt 60,58 cm. Allerdings ist dies nicht die ganze Wahrheit: Wenn man die Werte einzeln betrachtet, bemerkt man, dass gerade mal fünf der zwölf Hunde größer oder gleich 60 cm groß sind. Größer als 60 cm sind vier Hunde, nämlich Bellina, Birda und Cäsar. Eine bessere Auskunft über den Zuchterfolg bietet der Zentralwert, der gerade mal bei 59 cm liegt. Der Züchter sollte also nicht einfach so behaupten, dass seine Hunde im Schnitt größer als 60 cm sind.

7 a) 717 Kinder
b) 64 von 375, also $\frac{64}{375} \approx 17{,}1\,\%$
c) (38 + 15 + 4 + 1) von 375, also $\frac{58}{375} \approx 15{,}5\,\%$
d) Das sind alle Kinder, die in Familien mit mehr als drei Kindern leben, also 258 Kinder.

8 Zentralwert = 899 € und Mittelwert = 912 €.
Es sollte besser der Zentralwert als Anhaltspunkt gegeben werden, also etwa 900 €.

Schnittpunkt 3, Mathematik für Realschulen, Baden-Württemberg

1. Auflage 1 6 5 4 | 10 09 08

Alle Drucke dieser Auflage sind unverändert und können im Unterricht nebeneinander verwendet werden. Die letzten Zahlen bezeichnen jeweils die Auflage und das Jahr des Druckes.

Internetadresse: www.klett.de

Redaktion: Isabelle Hetzler, Elke Linzmaier

Zeichnungen: media office gmbh, Kornwestheim
Bildkonzept Umschlag: SoldanKommunikation, Stuttgart
Umschlagfoto: Klaus Mellenthin, Stuttgart

Reproduktion: Meyle + Müller Medien-Management, Pforzheim
DTP / Satz: media office gmbh, Kornwestheim
Druck: Druckhaus Götz GmbH, Ludwigsburg
Printed in Germany

ISBN 978-3-12-740373-2

9 783127 403732